就这么高效/好看/有趣/简单的通关秘籍系列

Photoshop 就这么好看

曹培强 卢楠 刘爱华 赵馨璐 编著

電子工業出版社
Publishing House of Electronics Industry
北京•BEIJING

内容简介

本书以实例为主线体现软件的功能和知识点，根据Photoshop 2021的使用习惯由简到繁，精心设计了119个实例，循序渐进地讲解了使用Photoshop 2021制作和设计专业平面作品所需要的全部知识。全书共分12章，包括掌握Photoshop 2021软件的基础操作，选择与移动的实战应用，图像校正与色彩调整，画笔与绘图的使用，填充、描边与擦除的使用，修整工具的使用，图层的使用，路径与图形工具的使用，蒙版与通道的使用，滤镜的使用，照片修饰与调整，平面设计综合应用等内容。

本书采用实例教程的编写形式，兼具技术手册和应用技巧参考手册的特点，内容实用，讲解清晰，可以作为图形设计初、中级读者的学习用书，也可以作为大中专院校相关专业及图形设计培训班的教材。

本书附带书中所有实例的源文件、素材文件和教学视频。

图书在版编目（CIP）数据

Photoshop就这么好看 / 曹培强等编著. —北京：电子工业出版社，2022.4
（就这么高效/好看/有趣/简单的通关秘籍系列）
ISBN 978-7-121-42857-9

Ⅰ. ①P⋯ Ⅱ. ①曹⋯ Ⅲ. ①图像处理软件 Ⅳ. ①TP391.413

中国版本图书馆CIP数据核字（2022）第021703号

责任编辑：夏平飞
印　　刷：涿州市般润文化传播有限公司
装　　订：涿州市般润文化传播有限公司
出版发行：电子工业出版社
　　　　　北京市海淀区万寿路173信箱　　邮编：100036
开　　本：880×1230　1/16　印张：13.5　字数：421千字
版　　次：2022年4月第1版
印　　次：2025年1月第3次印刷
定　　价：65.00元

凡所购买电子工业出版社图书有缺损问题，请向购买书店调换。若书店售缺，请与本社发行部联系，联系及邮购电话：（010）88254888，88258888。

质量投诉请发邮件至 zlts@phei.com.cn，盗版侵权举报请发邮件至 dbqq@phei.com.cn。

本书咨询联系方式：（010）88254579。

前　言

感谢你打开本书。当你打开本书时，恭喜你！你找到了一本技术全面、实例丰富的平面设计类图书。书中大量的实例都是手把手教你，你不需要担心自己学不会，因为本书是一本从基础做起的实例式教程，只要你肯花时间跟随学习就能入门，就能增强你学习的信心！

当计算机成为当今人们不可或缺的工具之后，平面设计也从之前的手稿设计变为计算机辅助设计了。通过计算机中的平面设计软件，不但节约了设计时间，也从根本上解决了对手绘不熟悉的设计人员的苦恼。在所有平面设计软件中，Photoshop 当之无愧成为了领头羊，原因是操作简单、容易上手且能按照设计师的意愿随意添加图像特效。

市面上的 Photoshop 书籍总体分为两种：一种是以理论为主的功能讲解；另一种是以实例为主的实例操作。对于新学习软件的读者，总是会被理论或直接的实例搞得一头雾水，不知哪个功能具体在什么时候使用。围绕这样的困惑，我们特意为读者推出这本在实例中穿插软件功能的 Photoshop 书籍。全书采用实例讲解的方式将理论穿插其中，从而使读者能够更容易地了解软件功能在设计中的运用，使读者在学习时少走弯路，直接体验设计的乐趣。

希望通过本书的学习，能够帮助读者解决学习中的难题，提高读者的技术水平，使读者快速成为高手。

本书特点

- 内容全面，基本涵盖了 Photoshop 2021 中的所有知识点。
- 语言通俗易懂，讲解清晰，前后呼应，让你学习起来更加轻松，阅读更加容易。
- 实例丰富，技巧全面实用，技术含量高，与实践紧密结合。
- 注重理论与实践的结合。书中实例的运用都是根据软件某个重要的知识点展开的，能够使读者更容易理解和掌握相关知识，方便记忆知识点，进而能够举一反三。

本书章节安排

本书依次讲解了掌握 Photoshop 2021 软件的基础操作，选择与移动的实战应用，图像校正与色彩调整，画笔与绘图的使用，填充、描边与擦除的使用，修整工具的使用，图层的使用，路径与图形工具的使用，蒙版与通道的使用，滤镜的使用，照片修饰与调整，平面设计综合应用等内容。

本书作者有着多年丰富的教学与实际工作经验，在编写本书时最希望能够将自己实际授课和作品设计制作过程中积累下来的宝贵经验与技巧展现给读者。希望读者能够在体会 Photoshop 2021 软件强大功能的同时，把设计思想和创意通过软件反映到图形设计制作的视觉效果上来。

本书读者对象

本书主要面向初、中级读者，是一本非常合适的入门与提高教材。本书对于每个功能的讲解都从必备的基础操作开始，以前没有接触过 Photoshop 2021 的读者无须参照其他书籍即可轻松入门，接触过 Photoshop 2021 的读者同样可以从中快速了解 Photoshop 2021 中的各种功能和知识点，自如地踏上新的台阶。

本书的源文件和素材文件，读者可登录华信教育资源网（www.hxedu.com.cn）下载，教学视频可通过扫描相应实例旁的二维码观看。

本书由曹培强、卢楠、刘爱华和赵馨璐编著，参加编写的人员还有王红蕾、陆沁、王秋燕、吴国新、时延辉、戴时影、刘冬美、刘绍婕、尚彤、张叔阳、葛久平、孙倩、殷晓锋、谷鹏、胡渤、赵頔、张猛、齐新、王海鹏、张杰、张凝、周荥、周莉、金雨、陆鑫、刘智梅、陈美容、付强、王君赫、潘磊、曹培军等。

由于时间仓促，且作者水平有限，书中疏漏和错误之处在所难免，敬请读者批评指正。

作　者

目录

第1章 掌握Photoshop 2021软件的基础操作 001

第2章 选择与移动的实战应用 016

第3章 图像校正与色彩调整 038

第 10 章　滤镜的使用　145

第 11 章　照片修饰与调整　159

第 12 章　平面设计综合应用　178

习题答案　208

掌握 Photoshop 2021 软件的基础操作

本章内容

- 认识工作界面
- 认识图像处理流程
- 设置和使用标尺与参考线
- 设置暂存盘和使用内存
- 设置显示颜色
- 改变画布大小添加图片边框
- 改变照片分辨率
- 了解位图、双色调颜色模式
- 了解 RGB、CMYK 颜色模式
- 位图、像素以及矢量图
- Photoshop 中图片编修流程表

本章讲解 Photoshop 的基本操作知识，主要涉及文件的基本操作（新建、打开、保存、复制、粘贴）、图像基本概念的认识（像素与分辨率、位图与矢量图、颜色模式）、标尺网格参考线以及界面模式的设置等。

实例 01 认识工作界面

01 实例目的

了解 Photoshop 2021 的工作界面。

02 实例要点

- “打开”命令的使用。
- 界面中各个功能的使用。

03 操作步骤

步骤 1 执行菜单栏中“文件 / 打开”命令，打开随书附带的“素材 / 第 1 章 / 详情广告区”文件，整个 Photoshop 2021 的工作界面如图 1-1 所示。

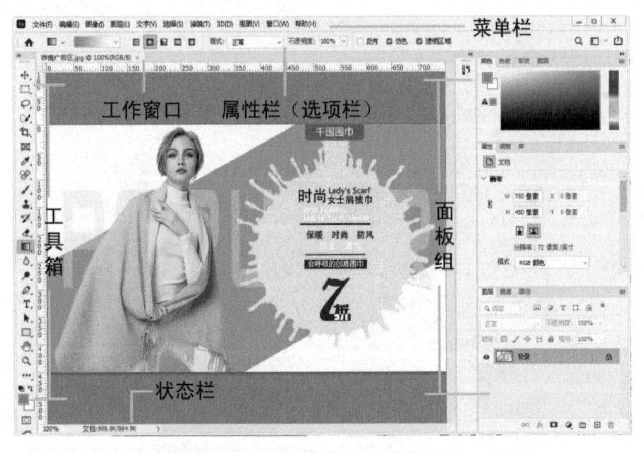

图 1-1 工作界面

步骤 2 标题栏位于整个窗口的顶端，显示了当前应用程序的名称，以及用于控制文件窗口显示大小的窗口最小化、窗口最大化（还原窗口）、关闭窗口等几个快捷按钮。在 Photoshop 2021 中，标题栏与菜单栏在同一行。

步骤 3 Photoshop 2021 的菜单栏由“文件”、“编辑”、“图像”、“图层”、“文字”、“选择”、“滤镜”、“3D”、“视图”、“窗口”和“帮助”共 11 类菜单组成，包含了操作时要使用的所有命令。要使用菜单中的命令，只需将鼠标光标指向菜单中的某项并单击，此时将显示相应的下拉菜单。在下拉菜单中上下移动鼠标进行选择后，再单击要使用的菜单选项，即可执行此命令。如图 1-2 所示的图像就是执行菜单栏中“图像”→“图像旋转”命令后的下拉菜单。

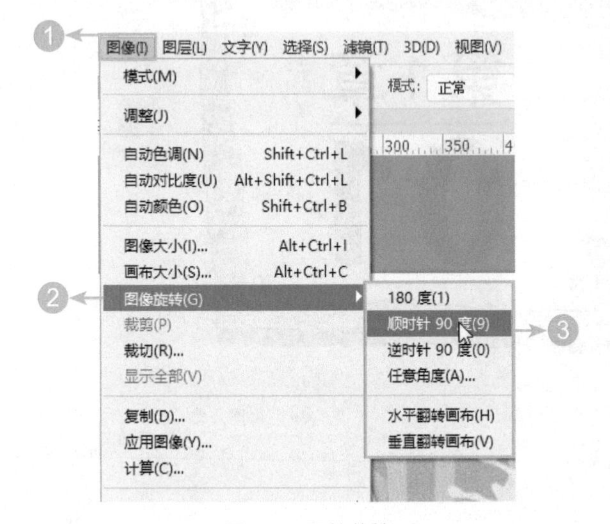

图 1-2 下拉菜单

技巧

如果菜单中的命令呈现灰色，则表示该命令在当前编辑状态下不可用；如果在菜单右侧有一个三角符号 ▸，则表示此菜单包含有子菜单，只要将鼠标移动到该菜单上，即可打开子菜单；如果在菜单右侧有省略号…，则执行此菜单项目时将会弹出与之有关的对话框。

步骤 4 Photoshop 的工具箱位于工作界面的左侧，所有工具全部放置到工具箱中。要使用工具箱中的工具，只要单击该工具图标即可在文件中使用。如果该图标中还有其他工具，单击鼠标右键即可弹出隐藏工具栏，选择其中的工具单击即可使用，如图 1-3 所示的图像就是 Photoshop 的工具箱（此工具箱为 2021 版本的）。

技巧

Photoshop 从 CS3 版本后，只要在工具箱顶部单击三角形转换符号，就可以将工具箱的形状在单长条和短双条之间变换。

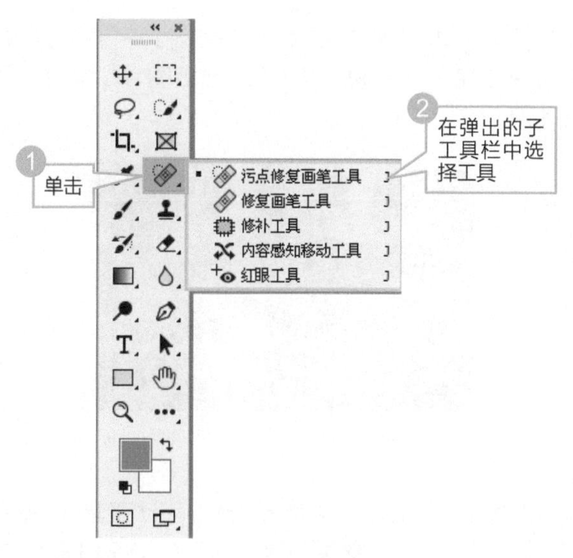

图 1-3　工具箱

步骤 5 ▶▶ Photoshop 的属性栏（选项栏）提供了控制工具属性的选项，显示内容根据所选工具的不同而发生变化。选择相应的工具后，Photoshop 的属性栏（选项栏）将显示该工具可使用的功能和可进行的编辑操作等。属性栏一般被固定存放在菜单栏的下方。图 1-4 就是在工具箱中单击 [] （矩形选框工具）后所显示的属性栏。

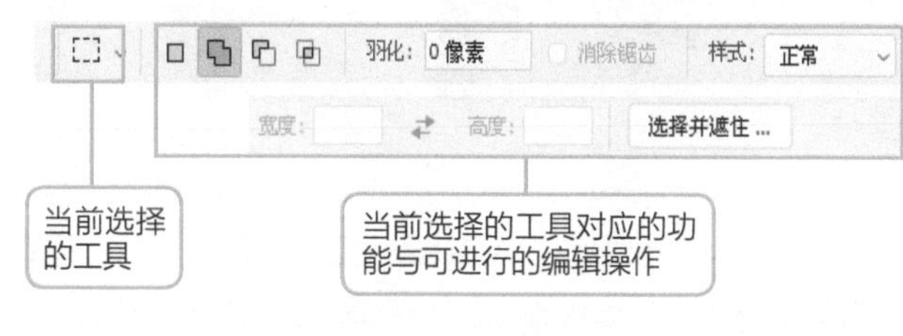

图 1-4　矩形选框工具属性栏

步骤 6 ▶▶ 工作区域是用于绘图、处理图像的。用户可以根据需要执行菜单栏中“视图 / 显示”命令中的适当选项来控制工作区域的显示内容。

步骤 7 ▶▶ 面板组是放置面板的地方，根据设置工作区域的不同会显示与该工作相关的面板，如“图层”面板、“通道”面板、“路径”面板、“样式”面板和“颜色”面板等，默认停留在窗口的右侧，用户可以随时切换以访问不同的面板内容。

步骤 8 ▶▶ 工作窗口可以显示当前图像的文件名、颜色模式和显示比例等信息。

步骤 9 ▶▶ 状态栏在整个窗口的底部，用来显示当前打开文件的一些信息，如图 1-5 所示。单击三角符号打开子菜单，即可显示状态栏包含的所有可显示选项。

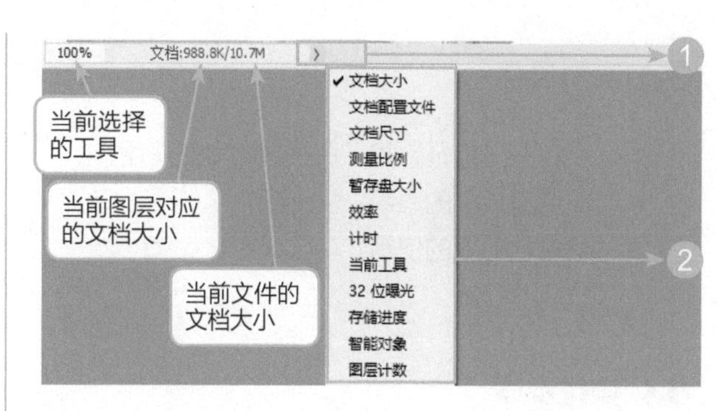

图 1-5　状态栏

其中的各项含义如下：

- 文档大小：在图像所占空间中显示当前所编辑图像的文档大小情况。
- 文档配置文件：在图像所占空间中显示当前所编辑图像的图像模式，如 RGB 颜色、灰度、CMYK 颜色等。
- 文档尺寸：显示当前所编辑图像的尺寸大小。
- 测量比例：显示当前进行测量时的比例尺。
- 暂存盘大小：显示当前所编辑图像占用暂存盘的大小情况。
- 效率：显示当前所编辑图像操作的效率。
- 计时：显示当前所编辑图像操作所用去的时间。
- 当前工具：显示当前进行编辑图像时用到的工具名称。
- 32 位曝光：编辑图像曝光只在 32 位图像中起作用。
- 存储进度：用来显示后台存储文件时的时间进度。
- 智能对象：用来显示当前文档中的智能对象数量。
- 图层计数：用来记录当前文档中存在的图层和图层组的数量。

实例 02　认识图像处理流程

01 实例目的

了解新建文件、保存文件、关闭文件、打开文件的一些基础知识和图像处理的流程。

02 实例要点

- “新建”、“打开”和“保存”命令的使用。
- “移动工具”的应用。
- “缩放”命令的使用。
- 填充前景色。

03 操作步骤

步骤 1 ▶▶ 执行菜单栏中“文件 / 新建”命令或按快捷键 Ctrl+N，打开“新建文档”对话框，将其命名为“新建文档”，设置文件的“宽度”为1280像素，“高度”为800像素，“分辨率”为72像素/英寸，在“颜色模式”中选择“RGB颜色”，选择“背景内容”为“白色”，如图1-6所示。

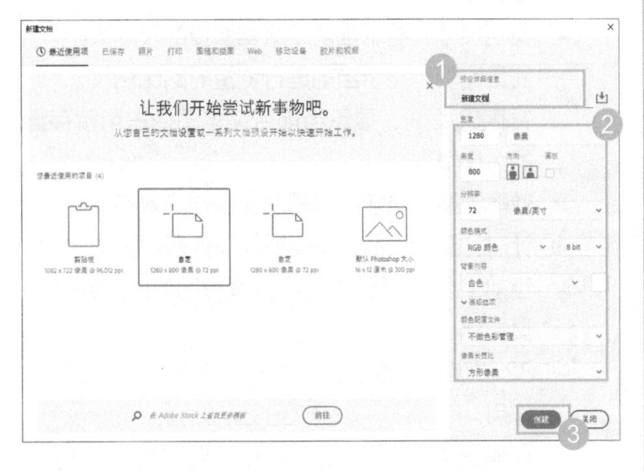

图1-6 “新建文档”对话框

步骤 2 ▶▶ 单击“创建”按钮后，系统会新建一个白色背景的空白文件，如图1-7所示。

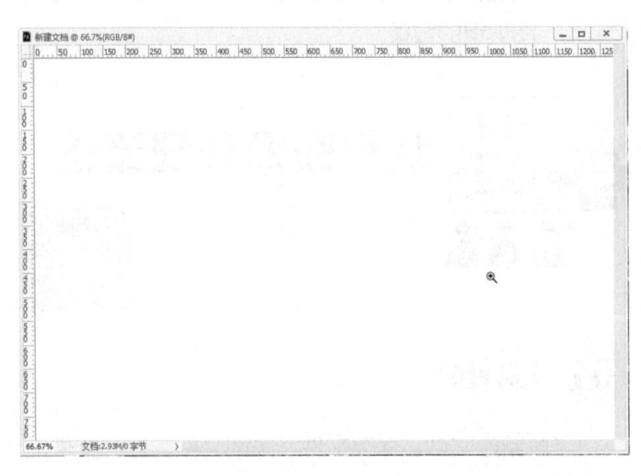

图1-7 新建空白文件

步骤 3 ▶▶ 执行菜单栏中“文件 / 打开”命令，打开随书附带的“素材 / 第1章 / 创意图片”文件，如图1-8所示。

图1-8 素材

步骤 4 ▶▶ 在工具箱中选择 （移动工具），拖曳“创意图片”文件中的图像到刚刚新建的空白文件中，在“图层”面板的新建图层中的名称上双击鼠标左键并将其命名为“相拥”，如图1-9所示。

图1-9 命名

步骤 5 ▶▶ 执行菜单栏中“编辑 / 变换 / 缩放”命令，调出缩放变换框，拖曳控制点将图像缩小，如图1-10所示。

图1-10 缩小图像

技巧

按住键盘上的Shift键拖曳控制点，将会等比例缩放对象；按住键盘上的Shift+Alt键拖曳控制点，将会从变换中心点开始等比例缩放对象。

步骤 6 ▶▶ 按键盘上的Enter键，确认对图像的变换操作。在“图层”面板中选中“背景”图层，按键盘上的

Alt+Delete 键将背景填充为默认的前景色，如图 1-11 所示。

图 1-11　填充

步骤 7 执行菜单栏中“文件 / 另存为”命令，弹出“另存为”对话框，选择好文件存储的位置，设置“文件名”为“认识图像处理流程”，在“保存类型”中选择需要存储的文件格式（这里选择的格式为 PSD 格式），如图 1-12 所示。设置完毕后，单击“保存”按钮，文件即被保存。

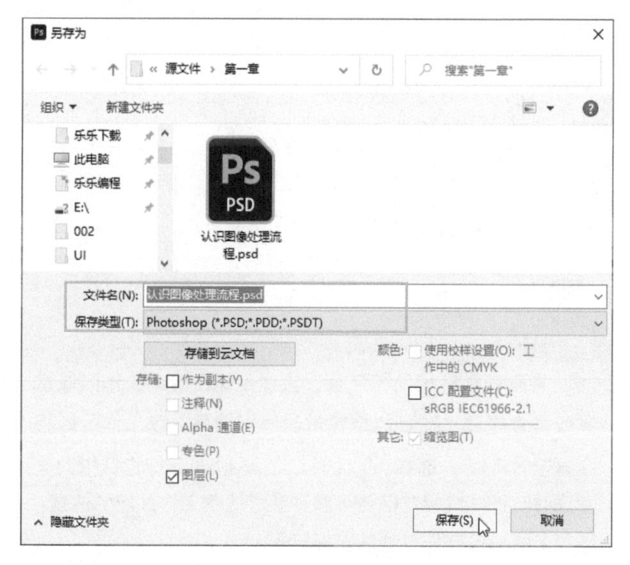

图 1-12　“另存为”对话框

技巧

在 Photoshop 2021 中可以通过“置入”命令将其他格式的图片导入当前文档，在图层中会自动以智能对象的形式显示。

实例 03 设置和使用标尺与参考线

01 实例目的

了解“标尺”和“参考线”的使用方法。

02 实例要点

- “新建”、“打开”和“保存”命令的使用。
- “移动工具”的应用。
- 改变标尺单位。
- 创建参考线。
- 填充前景色。

03 操作步骤

步骤 1 执行菜单栏中“文件 / 打开”命令，打开随书附带的“素材 / 第 1 章 / 舌头”文件，如图 1-13 所示。

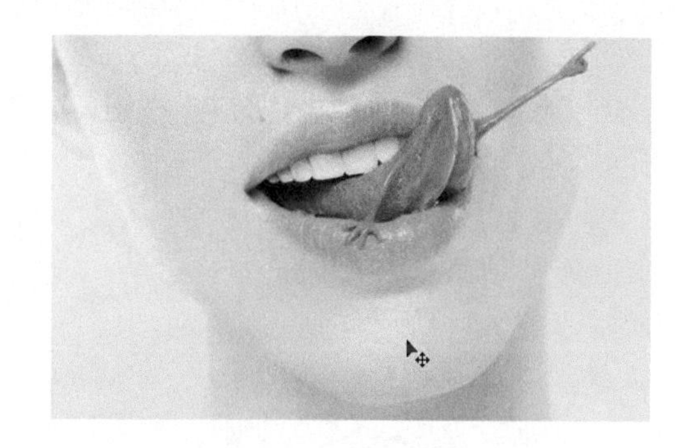

图 1-13　素材

步骤 2 执行菜单栏中“视图 / 标尺”命令或按快捷键 Ctrl+R，可以显示或隐藏标尺，如图 1-14 所示。

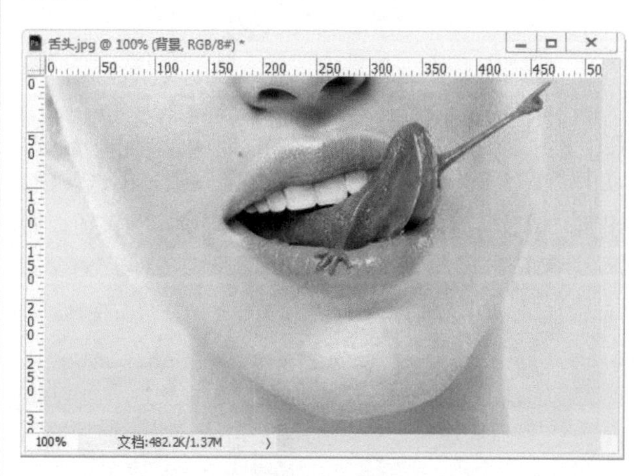

图 1-14　标尺

步骤 3 执行菜单栏中“编辑 / 首选项 / 单位与标尺”命令，弹出“首选项”对话框，在其中可以预置标尺的单位、列尺寸、新文档预设分辨率和点 / 派卡大小，在此只设置标尺的“单位”为“厘米”，其他参数不变，如图 1-15 所示。

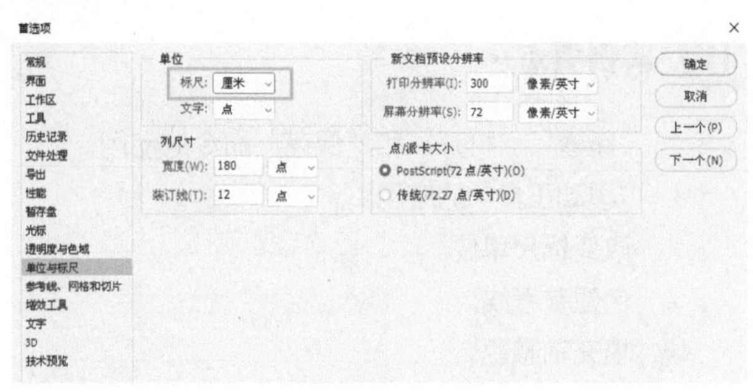

图 1-15 “首选项”对话框

技巧

在标尺上单击鼠标右键，会弹出设置标尺的菜单，在其中可以快速更改标尺的单位。

步骤 4 ▶▶ 设置完毕后，单击“确定”按钮，标尺的单位发生改变，如图 1-16 所示。

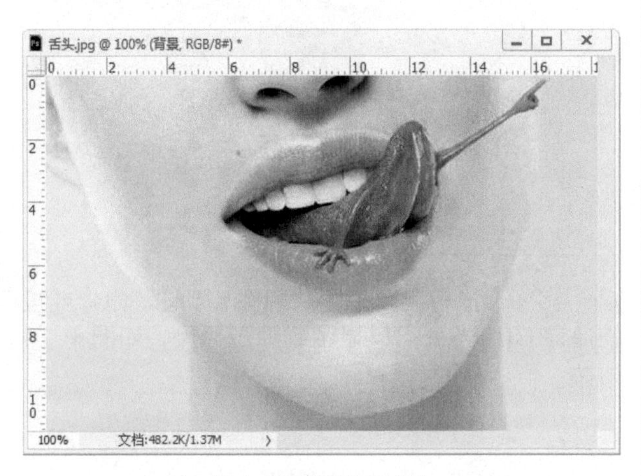

图 1-16 改变标尺单位

步骤 5 ▶▶ 执行菜单栏中“视图 / 新建参考线”命令，弹出“新建参考线”对话框，选中“垂直”单选按钮，设置“位置”为 1.5 厘米，然后单击“确定”按钮，如图 1-17 所示。

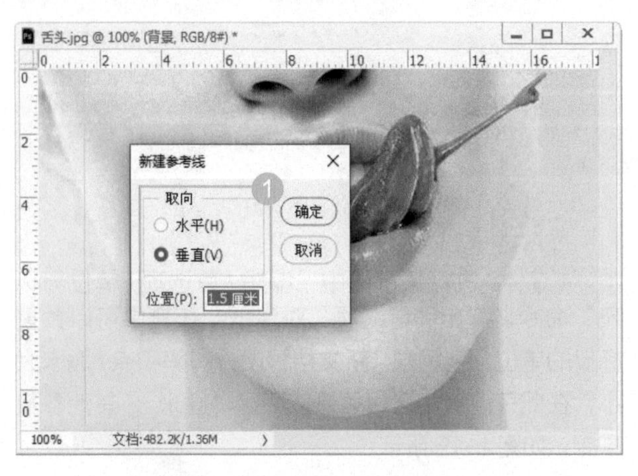

图 1-17 设置参考线位置（1）

步骤 6 ▶▶ 执行菜单栏中“视图 / 新建参考线”命令，打开“新建参考线”对话框，选中“水平”单选按钮，设置“位置”为 9.5 厘米，然后单击“确定”按钮，如图 1-18 所示。

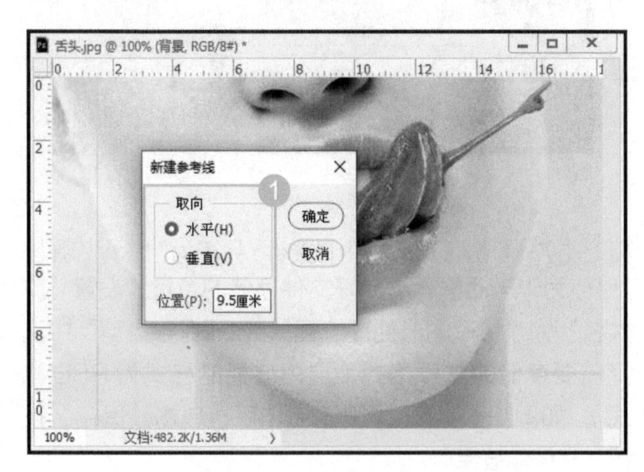

图 1-18 设置参考线位置（2）

技巧

改变标尺原点时，如果要使标尺原点对齐标尺上的刻度，则拖曳时按住 Shift 键即可。如果想恢复标尺的原点，则在标尺左上角交叉处双击鼠标左键即可还原。

技巧

将鼠标指针指向标尺处，按住鼠标左键向工作区域水平或垂直拖曳，在目的地释放鼠标按键后，在工作区域将会显示参考线；选择 ✥（移动工具），当鼠标指针指向参考线时，按住鼠标左键便可移动参考线到工作区域的位置；将参考线拖曳到标尺处即可删除参考线。

步骤 7 ▶▶ 在工具箱中单击“切换前景色与背景色”按钮 ↰，将前景色设置为“白色”，背景色设置为“黑色”，如图 1-19 所示。

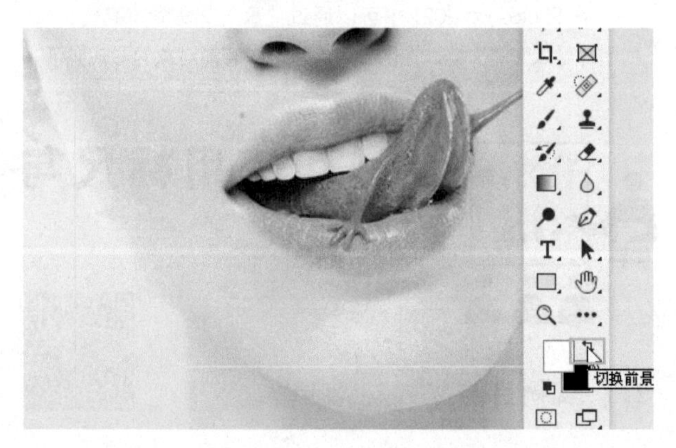

图 1-19 切换前景色与背景色

步骤 8 ▶▶ 使用 T（横排文字工具），设置合适的文字大小和文字字体后，在页面上输入白色文字“创意图像”，如图 1-20 所示。

图 1-20　键入文字

步骤 9 ▶▶ 执行菜单栏中“视图 / 清除参考线”命令，清除参考线。在“图层”面板中拖曳“创意图像”文字图层到 ⊞（创建新图层）按钮上，得到“创意图像 拷贝”图层，如图 1-21 所示。

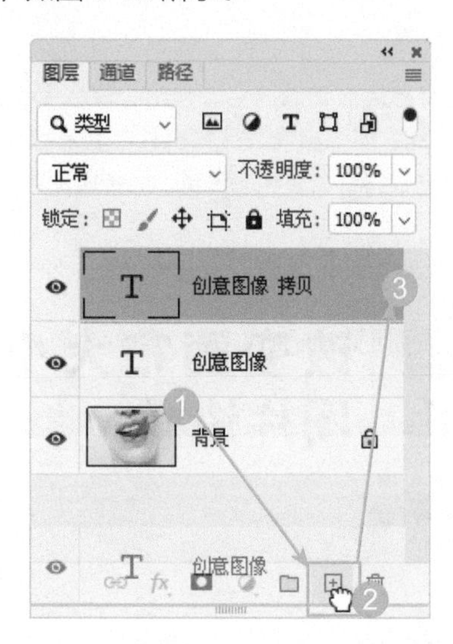

图 1-21　复制图层

步骤 10 ▶▶ 将“创意图像 拷贝”图层上的文字颜色设置为“青色”，并使用 ✥（移动工具）将其稍微向上移动一点位置，如图 1-22 所示。

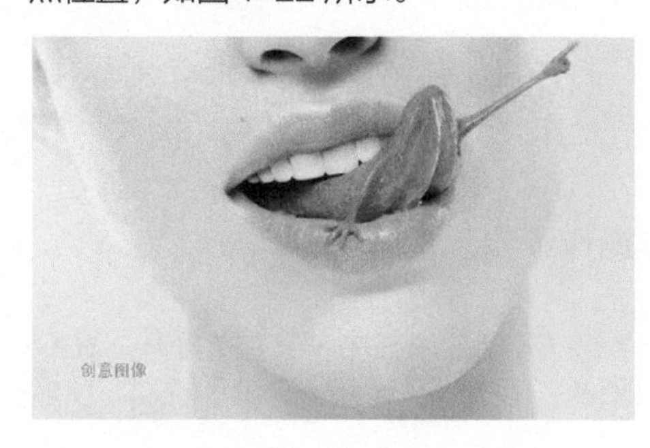

图 1-22　移动

实例 04　设置暂存盘和使用内存

01 实例目的

使软件的运行速度更快。

02 实例要点

- 设置软件的暂存盘。
- 设置软件的内存。

03 操作步骤

步骤 1 ▶▶ 执行菜单栏中“编辑 / 首选项 / 暂存盘”命令，弹出“首选项”对话框，设置暂存盘 1 为 D:\，3 为 G:\，4 为 H:\，如图 1-23 所示。

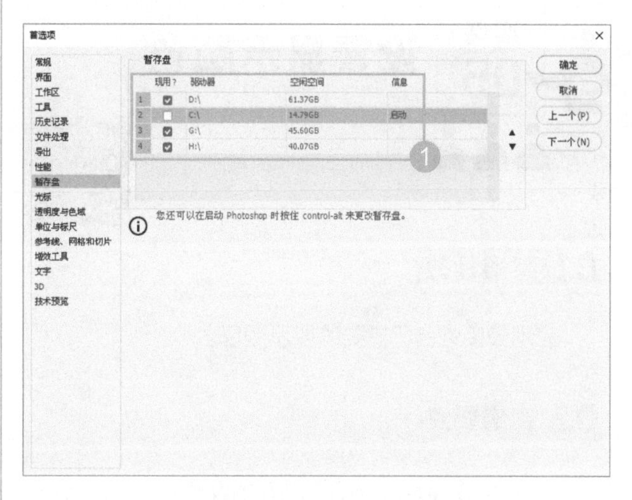

图 1-23　“首选项”对话框（1）

步骤 2 ▶▶ 设置完毕后，单击“确定”按钮，暂存盘即可应用。

技巧

第一盘符最好设置为软件的安装位置盘，其他的可以按照自己硬盘的大小设置预设盘符。

步骤 3 ▶▶ 执行菜单栏中“编辑 / 首选项 / 性能”

命令，弹出“首选项”对话框，设置“高速缓存级别”为 6，Photoshop 占用的最大内存为 60%，如图 1-24 所示。

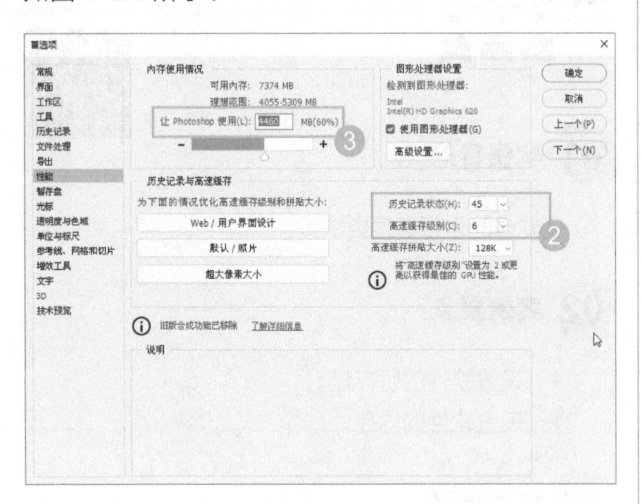

图 1-24 “首选项”对话框（2）

步骤 4 ▶▶ 设置完毕，单击“确定”按钮后，在下一次启动该软件时更改即可生效。

实例 05 设置显示颜色

01 实例目的

应用最接近自己需要的显示颜色。

02 实例要点

➢ 不同工作环境下的不同颜色设置。

03 操作步骤

步骤 1 ▶▶ 执行菜单栏中“编辑 / 颜色设置”命令，弹出“颜色设置”对话框。选择不同的色彩配置，在下边的说明框中则会出现详细的文字说明，如图 1-25 所示。按照不同的提示，可以自行进行颜色设置。由于每个人使用 Photoshop 处理的工作不同，因此计算机的配置也不同，这里将其设置为最普通的模式。

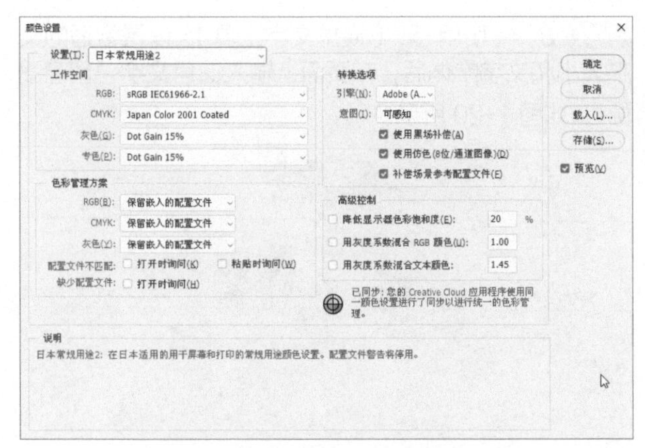

图 1-25 “颜色设置”对话框

步骤 2 ▶▶ 设置完毕，单击“确定”按钮后，便可使用自己设置的颜色进行工作。

技巧

“颜色设置”命令可以保证用户建立的 Photoshop 2021 文件有稳定而精确的色彩输出。该命令还提供了将 RGB（红、绿、蓝）标准的计算机彩色显示器显示模式向 CMYK（青色、洋红、黄色、黑色）的转换设置。

实例 06 改变画布大小添加图片边框

01 实例目的

学习如何改变画布大小。

02 实例要点

➢ “打开”命令的使用。
➢ “画布大小”命令的使用。

03 操作步骤

步骤 1 ▶▶ 执行菜单栏中“文件 / 打开”命令，打开随书附带的“素材 / 第 1 章 / 钓鱼”文件，如图 1-26

所示。

步骤 2 ▶▶ 执行菜单栏中“图像 / 画布大小”命令，打开“画布大小”对话框，勾选“相对”复选框，设置“宽度”和“高度”都为“1 厘米”，如图 1-27 所示。

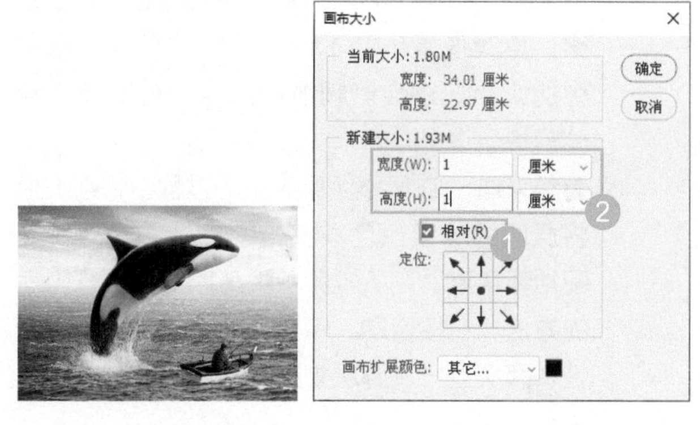

图 1-26　素材　　图 1-27　“画布大小”对话框

步骤 3 ▶▶ 单击“画布扩展颜色”后面的色块，弹出“拾色器”对话框，设置颜色为 RGB（78、91、107），如图 1-28 所示。

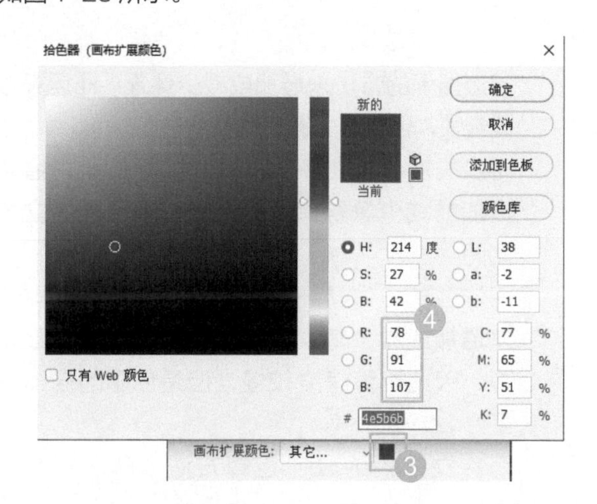

图 1-28　设置扩展颜色

步骤 4 ▶▶ 设置完毕后，单击“确定”按钮，返回“画布大小”对话框，再单击“确定”按钮，完成画布大小的修改，效果如图 1-29 所示。

图 1-29　扩展画布后

步骤 5 ▶▶ 执行菜单栏中“图像 / 画布大小”命令，打开“画布大小”对话框，勾选“相对”复选框，设置“宽度”和“高度”都为“0.5 厘米”，将“画布扩展颜色”设置为“黑色”，如图 1-30 所示。

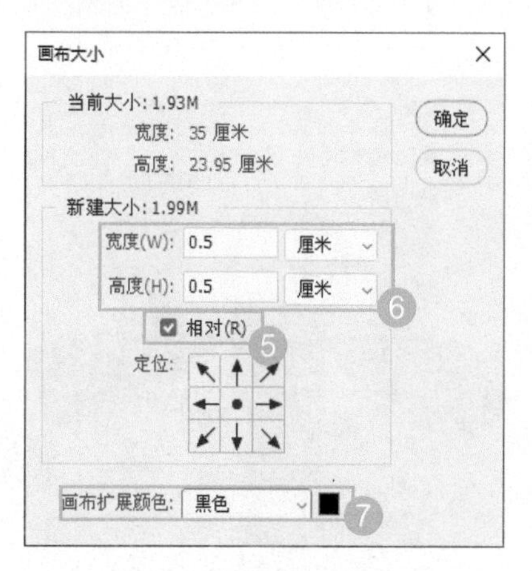

图 1-30　“画布大小”对话框

步骤 6 ▶▶ 设置完毕后，单击“确定”按钮，至此本例制作完毕，效果如图 1-31 所示。

图 1-31　最终效果

实例 07　改变照片分辨率

01 实例目的

了解在“图像大小”中改变图像分辨率的方法。

02 实例要点

- 打开素材。
- “图像大小”对话框。

03 操作步骤

步骤 1 ▶▶ 打开随书附带的“素材/第1章/街拍”文件，将其作为背景，如图1-32所示。

图1-32　素材

步骤 2 ▶▶ 执行菜单栏中“图像/图像大小”命令，打开“图像大小”对话框，将“分辨率”设置为300像素/英寸，如图1-33所示。

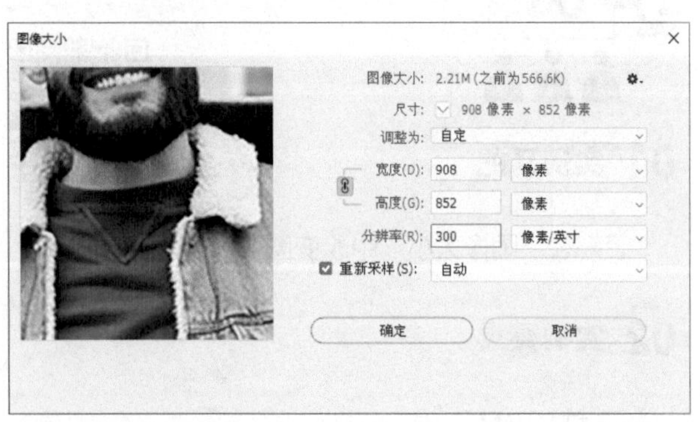

图1-33　“图像大小”对话框

其中的各项含义如下：

- 图像大小：用来显示图像像素的大小。
- 尺寸：选择尺寸显示单位。
- 调整为：在下拉列表中可以选择设置的方式。选择“自定”后，可以重新定义图像像素的“宽度”和“高度”，单位包括像素和百分比。更改像素尺寸不仅会影响屏幕上显示图像的大小，还会影响图像品质、打印尺寸和分辨率。
- 重新采样：在调整图像大小的过程中，系统会将原图的像素颜色按一定的内插方式重新分配给新像素。在下拉菜单中可以选择进行内插的方法，包括自动、保留细节、邻近、两次线性、两次立方、两次立方较平滑和两次立方较锐利。
  - 自动：按照图像的特点，在放大或缩小时系统自动进行处理。
  - 保留细节：在图像放大时可以将图像中的细节部分保留。
  - 邻近：不精确的内插方式，以直接舍弃或复制邻近像素的方法来增加或减少像素。此运算方式最快，但会产生锯齿效果。
  - 两次线性：取上下左右4个像素的平均值来增加或减少像素，品质介于邻近和两次立方之间。
  - 两次立方：取周围8个像素的加权平均值来增加或减少像素。由于参与运算的像素较多，因此运算速度较慢，但是色彩的连续性最好。
  - 两次立方较平滑：运算方法与两次立方相同，但是色彩连续性会增强，适合增加像素时使用。
  - 两次立方较锐利：运算方法与两次立方相同，但是色彩连续性会降低，适合减少像素时使用。

注意

在调整图像大小时，位图图像与矢量图像会产生不同的结果：位图图像与分辨率有关，在更改位图图像的像素尺寸时可能导致图像品质和锐化程度损失；矢量图像与分辨率无关，可以随意调整大小，不会影响边缘的平滑度。

技巧

在“图像大小”对话框中，更改像素大小时，文档大小会跟随改变，分辨率不发生变化；更改 文档大小时，像素大小会跟随改变，分辨率不发生变化；更改分辨率时，像素大小会跟随改变，文档大小不发生变化。

技巧

像素大小、文档大小和分辨率三者之间的关系可用如下的公式来表示：

像素大小 / 分辨率 = 文档大小

技巧

如果想把之前的小图像变大，最好不要直接调整为最终大小，这样会使图像的细节大量丢失。我们可以把小图像一点一点地往大调整，这样可以将图像的细节少丢失一点。

步骤 3 ▶▶ 设置完毕后，单击“确定”按钮，效果如图 1-34 所示。

图 1-34　分辨率调整为 300 像素 / 英寸

实例 08 了解位图、双色调颜色模式

01 实例目的

了解将 RGB 模式的图像转换成位图与双色调颜色模式。

02 实例要点

- 打开素材。
- 转换 RGB 模式为灰度模式。
- 转换灰度模式为位图。
- 转换灰度模式为双色调颜色模式。

03 操作步骤

步骤 1 ▶▶ 打开随书附带的“素材 / 第 1 章 / 小朋友”文件，将其作为背景，如图 1-35 所示。

图 1-35　素材

步骤 2 ▶▶ 通常状况下，RGB 颜色模式是不能够直接转换成位图与双色调颜色模式的，必须先将 RGB 颜色模式转换成灰度模式。执行菜单栏中“图像 / 模式 / 灰度”命令，弹出如图 1-36 所示的“信息”对话框。

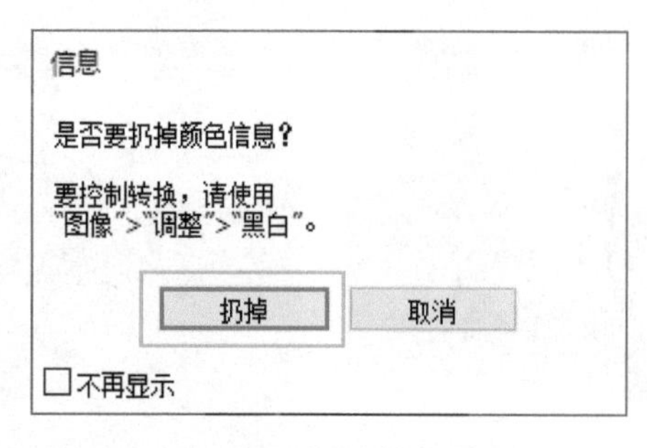

图 1-36　“信息”对话框

步骤 3 ▶▶ 单击“扔掉”按钮，将图像中的彩色信息消除，效果如图 1-37 所示。

步骤 4 ▶▶ 执行菜单栏中“图像 / 模式 / 位图”命令，会弹出如图 1-38 所示的“位图”对话框。

图1-37　变为黑白

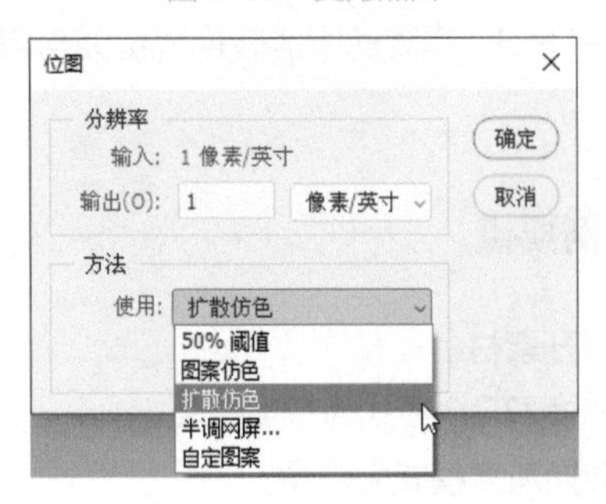

图1-38　“位图”对话框

提示

只有灰度模式才可以转换成位图模式。

步骤 5 ▶▶ 选择不同的使用方法后，会出现相应的位图效果。

- 50% 阈值：将大于 50% 的灰度像素全部转化为黑色，将小于 50% 的灰度像素全部转化为白色，选择该选项会得到如图 1-39 所示的效果。
- 图案仿色：此方法可以使用图形来处理灰度模式，选择该选项会得到如图 1-40 所示的效果。

图1-39　50% 阈值

图1-40　图案仿色

- 扩散仿色：将大于 50% 的灰度像素转换成黑色，将小于 50% 的灰度像素转换成白色。由于转换过程中的误差，会使图像出现颗粒状的纹理。选择该选项会得到如图 1-41 所示的效果。

图1-41　扩散仿色

- 半调网屏：选择此选项转换位图时会弹出如图 1-42 所示的“半调网屏”对话框，在其中可以设置频率、角度和形状。选择该选项会得到如图 1-43 所示的效果。

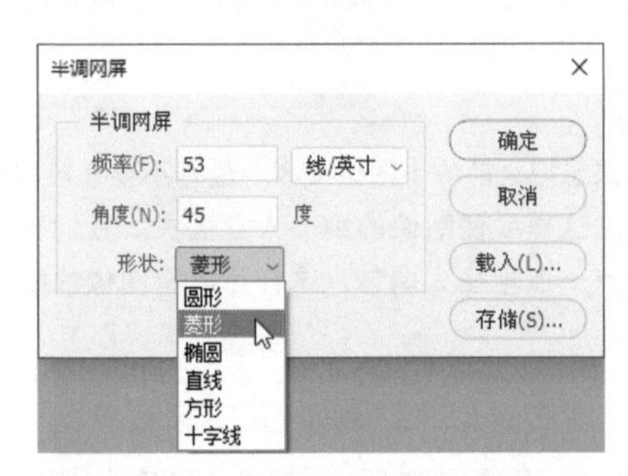

图1-42　“半调网屏”对话框

- 自定图案：可以选择自定义的图案作为处理位图的减色效果。选择该选项时，下面的“自定图案”选项会被激活，在其中选择相应的图案即可。选择该选项会得到如图 1-44 所示的效果。

图1-43　半调网屏

图1-44　自定图案

步骤 6 ▶▶ 下面再看一看转换成双色调颜色模式后的效果。按快捷键 Ctrl+Z 取消上一步操作，执行菜单栏中“图像 / 模式 / 双色调”命令，打开“双色调选项”对话框，在“类型”下拉列表中选择“双色调”选项，在“油墨”后面的颜色图标上单击，选择自己喜欢的颜色，如图 1-45 所示。

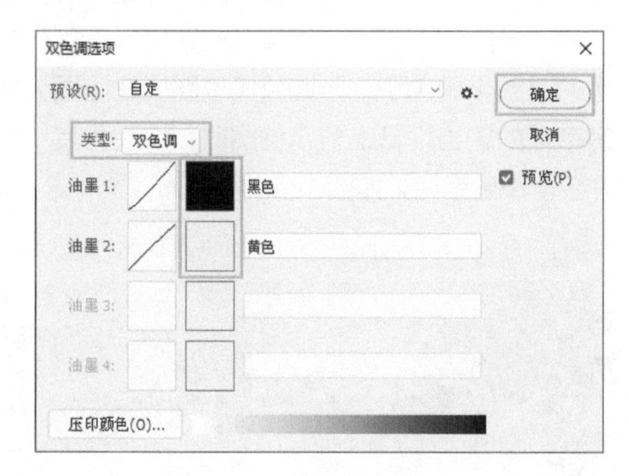

图 1-45 “双色调选项”对话框

步骤 7 ▶▶ 设置完毕后，单击“确定”按钮，效果如图 1-46 所示。

图 1-46 双色调后的效果

了解RGB、CMYK颜色模式

01 实例目的

了解 RGB、CMYK 颜色模式的作用原理。

02 实例要点

- 了解 RGB 颜色模式。
- 了解 CMYK 颜色模式。

03 RGB 颜色模式

Photoshop 中 RGB 颜色模式使用 RGB 模型，并为每个像素分配一个强度值。在 8 位 / 通道的图像中，彩色图像中的每个 RGB（红色、绿色、蓝色）分量的强度值范围为 0（黑色）~ 255（白色）。例如，亮红色的 R 值可能为 246，G 值为 20，而 B 值为 50。当所有这 3 个分量的值相等时，结果是中性灰度级；当所有分量的值均为 255 时，结果是纯白色；当所有分量的值都为 0 时，结果是纯黑色。

RGB 图像使用 3 种颜色或通道在屏幕上重现颜色。在 8 位 / 通道的图像中，这 3 个通道将每个像素转换为 24（8 位 ×3 通道）位颜色信息；对于 24 位图像，这 3 个通道最多可以重现 1 670 万种颜色 / 像素；对于 48 位（16 位 / 通道）和 96 位（32 位 / 通道）图像，每个像素可重现更多的颜色。新建的 Photoshop 图像的默认模式为 RGB，计算机显示器使用 RGB 模型显示颜色。这意味着在使用非 RGB 颜色模式（如 CMYK）时，Photoshop 会将 CMYK 图像插值处理为 RGB，以便在屏幕上显示。

尽管 RGB 是标准颜色模型，但是所表示的实际颜色范围仍因应用程序或显示设备而异。Photoshop 中的 RGB 颜色模式会根据“颜色设置”对话框中指定的工作空间的设置而不同。

当彩色图像中的 RGB（红色、绿色、蓝色）3 种颜色中的两种颜色叠加到一起后，会自动显示出其他的颜色，3 种颜色叠加后会产生纯白色，如图 1-47 所示。

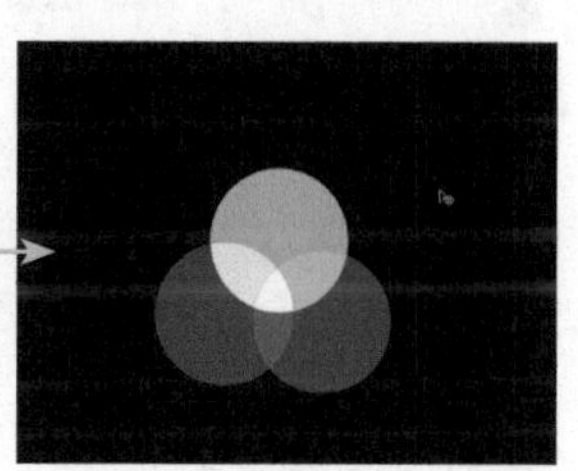

图 1-47 RGB 色谱

04 CMYK 颜色模式

在 CMYK 模式下，可以为每个像素的每种印刷油墨指定一个百分比。为最亮（高光）颜色指定的印刷油墨颜色百分比较低，而为较暗（阴影）颜色指定的百分比较高。例如，亮红色可能包含 2% 青色、93% 洋红、90% 黄色和 0% 黑色。在 CMYK 图像中，当 4 种分量的值均为 0% 时，就会产生纯白色。

在制作要用印刷色打印的图像时，应使用 CMYK 模式。将 RGB 图像转换为 CMYK 图像会产生分色。若从处理 RGB 图像开始，则最好先在 RGB 模式下编辑，然后在处理结束后转换为 CMYK。在 RGB 模式下，可以使用“校样设置”命令模拟 CMYK 转换后的效果，而无须真正更改图像数据，也可以使用 CMYK 模式直接处理从高端系统扫描或导入的 CMYK 图像。

尽管 CMYK 是标准颜色模式，但是其准确的颜色范围随印刷和打印条件而变化。Photoshop 中的 CMYK 颜色模式会根据“颜色设置”对话框中指定的工作空间的设置而不同。

在图像中绘制三个分别为 CMYK 黄、CMYK 青和 CMYK 洋红的圆形，将两种颜色叠加到一起时会产生另外一种颜色，三种颜色叠加在一起就会显示出黑色，但是此时的黑色不是正黑色，所以在印刷时还要添加一个黑色作为配色，如图 1-48 所示。

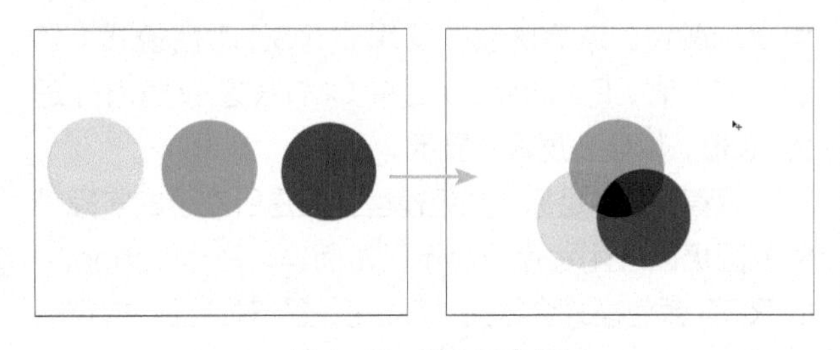

图 1-48　CMYK 色谱

实例 10 位图、像素以及矢量图

01 实例目的

图像处理中涉及的位图与矢量图的概念。

02 实例要点

- 什么是位图。
- 什么是像素。
- 什么是矢量图。

03 什么是位图

位图也叫作点阵图，是由许多不同色彩的像素组成的。与矢量图相比，位图可以更逼真地表现自然界的景物。此外，位图与分辨率有关，当放大位图图像时，位图中的像素增加，图像的线条将会显得参差不齐，这是像素被重新分配到网格中的缘故。此时可以看到构成位图图像的无数个单色块，因此放大位图或在比图像本身的分辨率低的输出设备上显示位图时，将丢失其中的细节，并会呈现出锯齿，如图 1-49 所示。

图 1-49　位图放大后的效果

04 什么是像素

“像素”（Pixel）是用来计算数码影像的一种单位。数码影像也具有连续性的浓淡色调，我们若把影像放大数倍，则会发现这些连续色调其实是由许多色彩相近的小方点组成的。这些小方点就是构成影像的最小单位——“像素”。

05 什么是矢量图

矢量图是使用数学方式描述的曲线，以及由曲线围成的色块组成的面向对象的绘图图像。矢量图中的图形元素叫作对象，每个对象都是独立的，具有各自的属性，如颜色、形状、轮廓、大小和位置等。由于矢量图形与分辨率无关，因此无论如何改变图形的大小，都不会影响图形的清晰度和平滑度，如图 1-50 所示。

注意

矢量图进行任意缩放都不会影响分辨率。矢量图的缺点是不能表现色彩丰富的自然景观与色调丰富的图像。

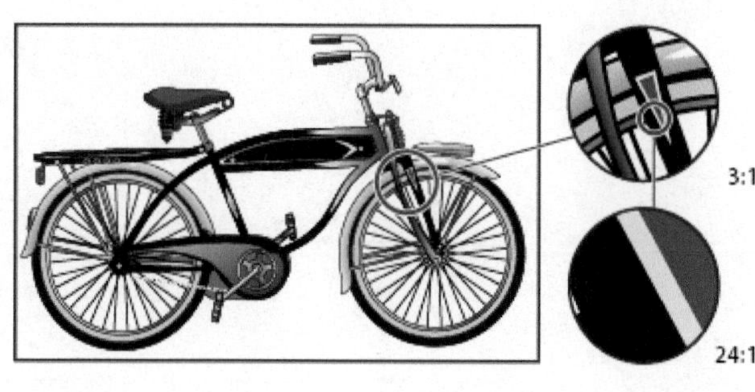

图 1-50　矢量图放大后的效果

温馨提示

如果希望位图图像放大后边缘保持光滑，就必须增加图像中的像素数目，此时图像占用的磁盘空间就会加大。在 Photoshop 中，除路径形状外，我们遇到的图形均属于位图一类的图像。

Photoshop 中图片编修流程表

01 实例目的

了解对图像进行处理的各个流程。

02 实例要点

- 图片编修流程表。

对于拍摄后的照片，照片存在的问题都是不同的，在处理时无外乎包括整体调整、曝光调整、色彩调整、瑕疵修复和清晰度调整等 5 个主要步骤，通过这几个步骤可以完成对变形图像、过暗、过亮、偏色、模糊、瑕疵修复等问题的调整，具体流程可以参考如图 1-51 所示的处理图片的基本流程表。

图片编修流程表				
1. 摆正、裁剪、调大小	2. 曝光调整	3. 色彩调整	4. 瑕疵修复	5. 清晰度
转正横躺的直幅照片与歪斜照片 矫正变形图像 裁剪图像、修正构图 调整图像大小 更改画布大小	查看照片的明暗分布状况 调整整体亮度与对比度 修正局部区域的亮度与对比度	移除整体色偏 修复局部区域的色偏 强化图像的色彩 更改图像色调	清除脏污与杂点 去除多余的杂物 人物美容	增强图像锐化度 提升照片的清晰效果 改善模糊照片

图 1-51　图片编修流程表

本章练习与习题

练习

打开文档以及存储调整后的文档。

习题

1. 在 Photoshop 中打开素材的快捷键是哪个。（　　）

　A. Alt+Q　　B. Ctrl+O
　C. Shift+O　　D. Tab+O

2. Photoshop 中属性栏又称为什么？（　　）

　A. 工具箱　　B. 工作区域
　C. 选项栏　　D. 状态栏

3. 画布大小的快捷键是哪个？（　　）

　A. Alt+Ctrl+C　　B. Alt+Ctrl+R
　C. Ctrl+V　　D. Ctrl+X

4. 显示与隐藏标尺的快捷键是哪个？（　　）

　A. Alt+Ctrl+C　　B. Ctrl+R
　C. Ctrl+V　　D. Ctrl+X

选择与移动的实战应用

本章内容

- 用矩形选框工具与移动工具制作面对面对称
- 用椭圆选框工具制作虚影融月效果
- 用套索工具组完成不规则抠图
- 用天空替换命令为照片快速换背景
- 用快速选择工具更换建筑背景
- 用对象选择工具为衣服创建选区并改变色调
- 用载入选区与存储选区制作飞出特效字
- 用主体结合边界命令制作图像边框
- 用变换选区命令制作狮子影子
- 用选择并遮住命令对发丝进行抠图
- 用色彩范围命令创建选区更换背景

本章主要讲解 Photoshop 2021 中最基本的选择与移动工具的使用，内容涉及选框、套索、魔术棒工具，以及编辑选区（选择区域的基本操作、选择区域的移动和隐藏、选择区域的羽化、选择区域的修改和变形、选择区域的保存和载入、利用色彩范围选取图像）、移动工具和图像变形操作（图像的移动和复制、图像的变形操作、图像的对齐和分布）。下面通过实例进行全面细致的讲解。

用矩形选框工具与移动工具制作面对面对称

01 实例目的

了解“移动工具”、“矩形选框工具”和“水平翻转”命令的应用。

02 实例要点

- “打开”命令的使用。
- “移动工具”与“矩形选框工具”的使用。
- “水平翻转”命令的应用。
- “裁剪”命令的使用。

03 操作步骤

步骤 1 ▶▶ 执行菜单栏中“文件 / 打开”命令，打开随书附带的“素材 / 第 2 章 / 创意女包”文件，如图 2-1 所示。

步骤 2 ▶▶ 在工具箱中使用 （矩形选框工具），在画面上按住鼠标向对角处绘制，松开鼠标后得到矩形选区，如图 2-2 所示。

图 2-1　素材

图 2-2　绘制选区

步骤 3 ▶▶ 按快捷键 Ctrl+C 复制图像，再按快捷键 Ctrl+V 粘贴图像，在“图层”面板中出现“图层 1”图层，如图 2-3 所示。

图 2-3　复制

步骤 4 ▶▶ 使用 （移动工具），按住鼠标左键将“图层 1”中的图像拖曳到页面的左侧，如图 2-4 所示。

步骤 5 ▶▶ 执行菜单栏中“编辑 / 变换 / 水平翻转”命令，将“图层 1”中的图像水平翻转，效果如图 2-5 所示。

图 2-4　移动

图 2-5　水平翻转

步骤 6 ▶▶ 使用 （矩形选框工具），在图像的上半部分创建一个矩形选区，效果如图 2-6 所示。

步骤 7 ▶▶ 执行菜单栏中“图像 / 裁剪”命令，将图像进行裁剪，按快捷键 Ctrl+D 去掉选区，至此本例制作完毕，效果如图 2-7 所示。

图 2-6　创建选区

图 2-7　最终效果

实例 13 用椭圆选框工具制作虚影融月效果

01 实例目的

了解“椭圆选框工具”的应用。

02 实例要点

- 打开两个素材。
- 使用 （椭圆选框工具）创建选区。
- 拖动选区内的图像到背景中。
- 变换移入的图像。
- 裁剪图像。

03 操作步骤

步骤 1 ▶▶ 打开随书附带的“素材 / 第 2 章 / 圆月和跳跃”文件，如图 2-8 所示。

图 2-8 素材

步骤 2 ▶▶ 选择“跳跃”素材，使用 （椭圆选框工具），设置“羽化”值为 30 像素，在人物上创建椭圆选区，如图 2-9 所示。

图 2-9 创建选区

步骤 3 ▶▶ 在工具箱中选择 （移动工具），拖动选区中的图像到“圆月”文件中，得到“图层 1”，按快捷键 Ctrl+T 调出变换框，拖动控制点，将图像缩小，如图 2-10 所示。

图 2-10 变换图像

步骤 4 ▶▶ 按回车键确定，设置“混合模式”为“强光”，效果如图 2-11 所示。

图 2-11 混合模式

步骤 5 ▶▶ 使用 （裁剪工具）在图像中绘制裁剪框，如图 2-12 所示。

步骤 6 ▶▶ 按回车键确定，存储该文件。至此本例制作完毕，效果如图 2-13 所示。

图 2-12 创建裁剪框

图 2-13 最终效果

技巧

按键盘上的 Shift 键在原有选区上绘制选区时可以添加新选区；按键盘上的 Alt 键在原有选区上绘制选区时可以减去相交的部分；按键盘上的 Alt+Shift 键在原有选区上绘制选区时只留下相交的部分。

技巧

属性栏中的“消除锯齿”选项，在使用“矩形选框工具”时，该功能将不能使用。在勾选该选项情况下，绘制的椭圆选区无锯齿现象，所以在选区中填充颜色或图案时，边缘具有很光滑的效果。

实例 14 用套索工具组完成不规则抠图

01 实例目的

了解“多边形套索工具”和“磁性套索工具”在抠图中相结合的应用。

02 实例要点

- （多边形套索工具）和（磁性套索工具）的应用。
- （移动工具）的应用。
- “羽化”的使用。
- “变换”命令的使用。
- 添加图层蒙版。
- “渐变工具”编辑蒙版。
- 添加投影并创建图层。
- “亮度 / 对比度”调整图像。

03 操作步骤

步骤 1 执行菜单栏中“文件 / 打开”命令或按快捷键 Ctrl+O，打开随书附带的“素材 / 第 2 章 / 水壶”文件，如图 2-14 所示。

步骤 2 选择工具箱中的（磁性套索工具），在属性栏中设置“羽化”值为 1 像素，“宽度”为 10 像素、“对比度”为 15%、“频率”为 57，在“水壶”素材的图像上单击进行选区创建，如图 2-15 所示。

图 2-14　素材

图 2-15　创建选区

技巧

使用（磁性套索工具）创建选区时，单击鼠标也可以创建矩形标记点，用来确定精确的选区；按键盘上的 Delete 键或 BackSpace 键，可按照顺序撤销矩形标记点；按 Esc 键消除未完成的选区。

步骤 3 拖动鼠标到水壶边缘较直的区域时，按 Alt 键并在水壶边缘单击，此时会将（磁性套索工具）转换为（多边形套索工具），沿边缘单击创建选区，如图 2-16 所示。

图 2-16　创建选区

步骤 4 在水壶底部边缘处时松开 Alt 键，将（多边形套索工具）恢复为（磁性套索工具），沿水壶边缘创建选区，使用同样的方法将整个水壶选区创建出来，如图 2-17 所示。

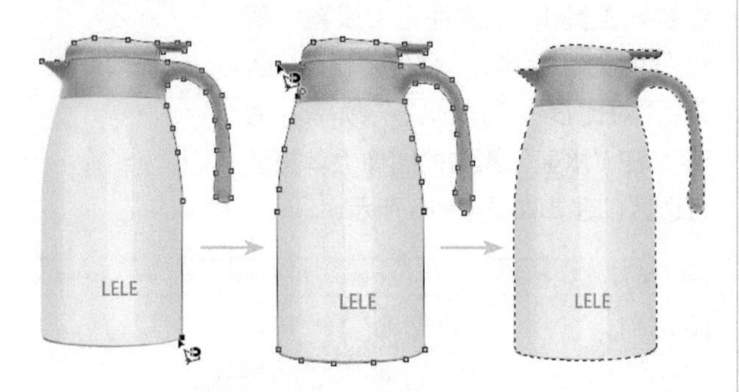

图 2-17　创建选区

技巧

使用 （磁性套索工具）进行选区创建时，按住 Alt 键单击会将 （磁性套索工具）转换为 （多边形套索工具），松开 Alt 键后，会将 （多边形套索工具）恢复为 （磁性套索工具）。

步骤 5 ▶▶ 选区创建完毕后，执行菜单栏中“选择 / 修改 / 收缩”命令，打开“收缩选区”对话框，设置“收缩量”为 1 像素，设置完毕后，单击“确定”按钮，会将创建的选区收缩一个像素，如图 2-18 所示。

图 2-18　收缩选区

步骤 6 ▶▶ 执行菜单栏中“文件 / 打开”命令或按快捷键 Ctrl+O，打开随书附带的“素材 / 第 3 章 / 水壶背景”文件，将其作为新文档的背景，选择“水壶”文档，使用 （移动工具）将选区内的图像拖曳到“水壶背景”文档中，此时在“图层”面板中会出现“图层 1”，按快捷键 Ctrl+T 调出变换框，拖动控制点将水壶缩小，如图 2-19 所示。

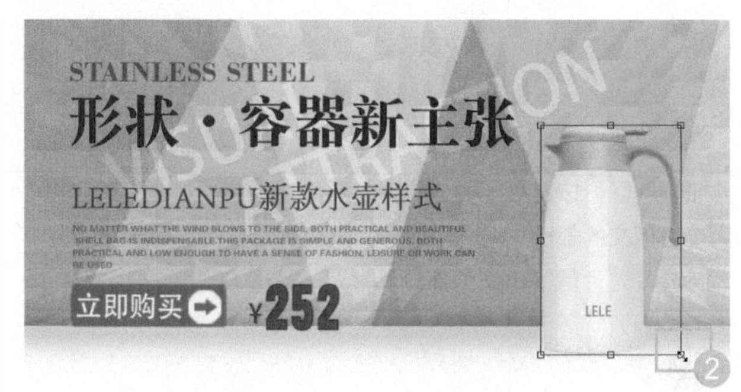

图 2-19　变换

技巧

在英文输入法状态下按键盘上的 L 键，可以选择 （套索工具）、（多边形套索工具）或 （磁性套索工具）；按快捷键 Shift+L 可以在它们之间自由切换。

步骤 7 ▶▶ 按回车键完成变换，按快捷键 Ctrl+J 复制一个“图层 1 拷贝”层，在“图层”面板中调整图层顺序，如图 2-20 所示。

图 2-20　复制并改变图层顺序

步骤 8 ▶▶ 执行菜单栏中“编辑 / 变换 / 垂直翻转”命令，将“图层 1 拷贝”层中的图像进行垂直翻转，再使用 ✥（移动工具）将图像向下拖动，单击 ◘（添加图层蒙版）按钮，为图层添加空白蒙版，使用 ▣（渐变工具）在蒙版中从上向下拖动鼠标填充一个从白色到黑色的线性渐变，效果如图 2-21 所示。

图 2-21　编辑蒙版

步骤 9 ▶▶ 选择图层 1，执行菜单栏中“图层 / 图层样式 / 投影”命令，打开“投影”面板，其中的参数设置如图 2-22 所示。

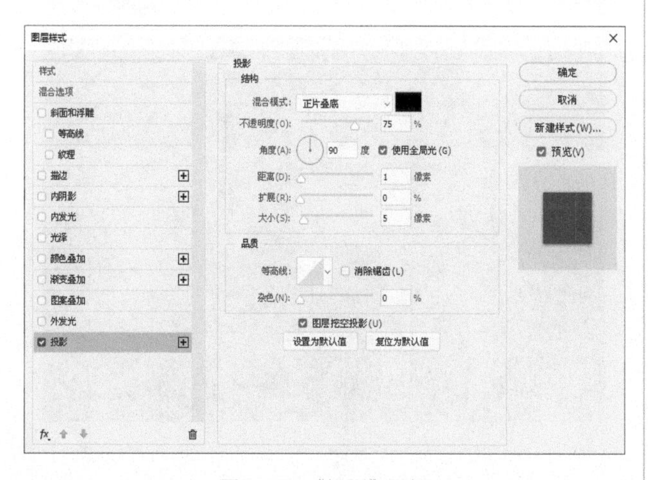

图 2-22　“投影”面板

步骤 10 ▶▶ 设置完毕后，单击“确定”按钮，效果如图 2-23 所示。

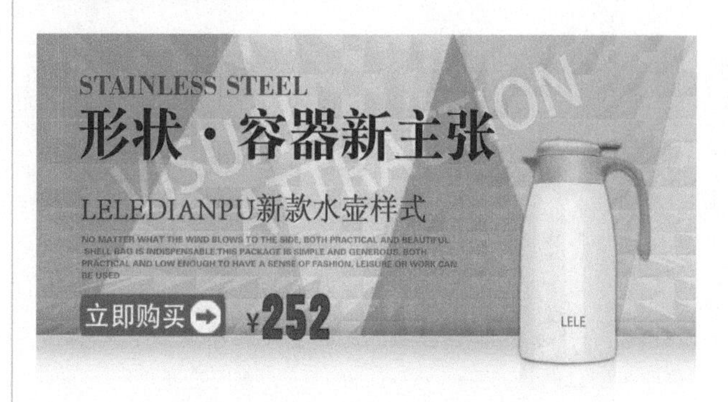

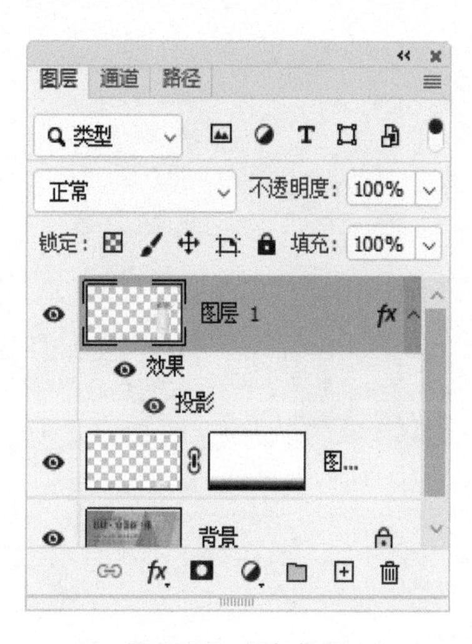

图 2-23　添加投影

步骤 11 ▶▶ 执行菜单栏中“图层 / 图层样式 / 创建图层”命令，在弹出的警告对话框中直接单击“确定”按钮，就可以将图层与添加的投影变为单独两个图层，如图 2-24 所示。

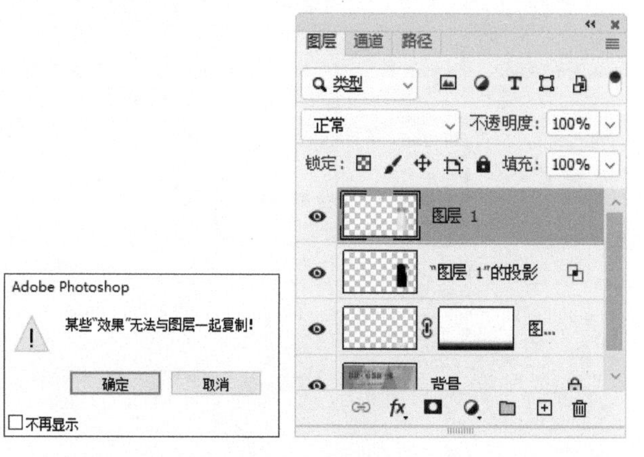

图 2-24　创建图层

步骤 12 ▶▶ 选择投影所在的图层，使用 ⊳（多边形套索工具），在文档中绘制一个“羽化”为 10 像素的封闭选区，按 Delete 键清除选区内容，效果如图 2-25 所示。

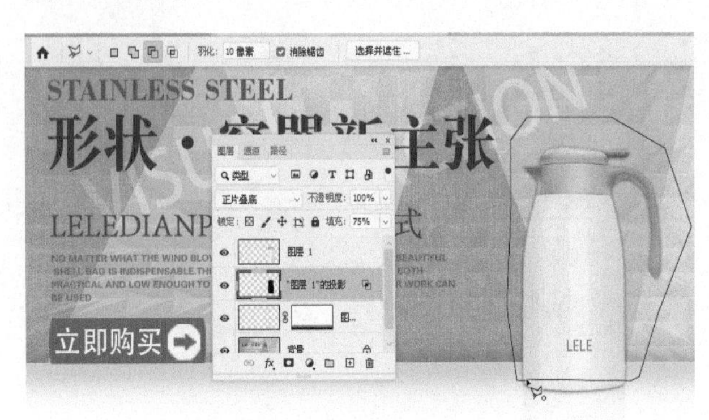

图 2-25　清除选区

步骤 13 ▶▶ 按快捷键 Ctrl+D 去掉选区，选择图层 1，单击 （创建新的填充或调整图层）按钮，在弹出的菜单中选择“亮度 / 对比度”命令，在弹出的“属性”面板中设置各个参数值，如图 2-26 所示。

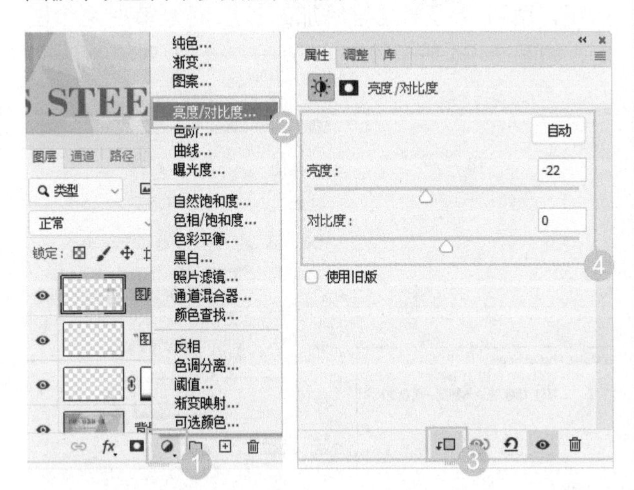

图 2-26　设置

步骤 14 ▶▶ 设置完毕，完成本例的制作，效果如图 2-27 所示。

图 2-27　最终效果

实例 15 用天空替换命令为照片快速换背景

01 实例目的

了解“天空替换”命令与“魔棒工具”的应用。

02 实例要点

- 打开素材。
- 应用“天空替换”命令。
- 编辑替换天空。

03 操作步骤

步骤 1 ▶▶ 打开随书附带的“素材 / 第 2 章 / 城门”文件，如图 2-28 所示。

图 2-28　素材

步骤 2 执行菜单栏中“编辑 / 天空替换”命令，打开“天空替换”对话框，在“天空”下拉列表中选择一个日落天空，如图 2-29 所示。

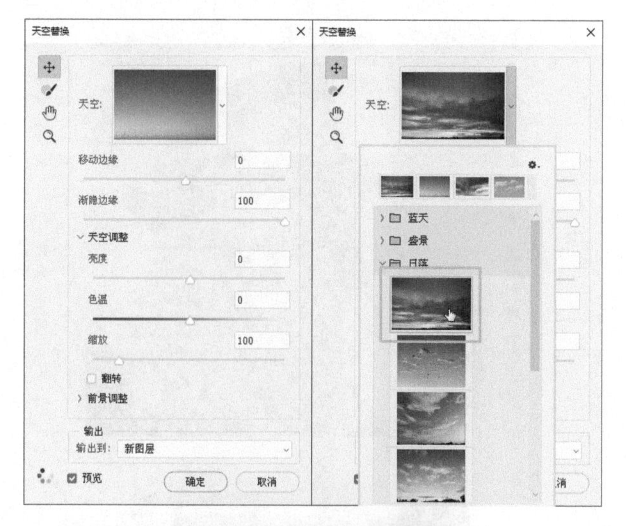

图 2-29　选择天空

步骤 3 在“天空替换”对话框中选择（天空画笔），在属性栏中选择（添加），之后在没有替换的天空范围上进行涂抹，效果如图 2-30 所示。

图 2-30　编辑天空

步骤 4 设置完毕后，单击“确定”按钮，此时“图层”面板如图 2-31 所示。

图 2-31　天空替换后的图层面板

步骤 5 至此本例制作完毕，效果如图 2-32 所示。

图 2-32　最终效果

技巧

如果不使用（天空画笔）编辑天空，还可以使用（魔棒工具）在没有替换的区域单击创建选区后，再编辑蒙版，同样会得到一个非常不错的效果，如图 2-33 所示。

图 2-33　魔棒编辑选区添加蒙版

图 2-33 魔棒编辑选区添加蒙版（续）

实例16 用快速选择工具更换建筑背景

01 实例目的

了解“快速选择工具”的应用。

02 实例要点

- 打开素材。
- 使用 （快速选择工具）创建选区。
- 应用复制命令的快捷键。
- 应用“水平翻转”命令。

03 操作步骤

步骤 1 启动 Photoshop2021，打开随书附带的“素材 / 第 2 章 / 仰拍”文件，如图 2-34 所示。

图 2-34 素材

步骤 2 选择 （快速选择工具），在属性栏中单击 （添加到选区）按钮，再使用 （快速选择工具）在图像的楼体部位拖动创建选区，如图 2-35 所示。

图 2-35 创建选区

步骤 3 选区创建完毕后，按快捷键 Ctrl+C 复制选区内容，打开随书附带的“素材 / 第 2 章 / 天空”素材，如图 2-36 所示。

图 2-36 素材

步骤 4 按快捷键 Ctrl+V 粘贴复制的内容，在“天空”文档中的“图层”面板中会自动出现“图层 1”，如图 2-37 所示。

图 2-37　复制选区内容

技巧

按快捷键 Ctrl+C 复制选区内容，再按快捷键 Ctrl+V 粘贴复制的内容，在同一文档中同样可以复制一个副本，并出现在新图层中。

步骤 5 ▶▶ 使用 ✥（移动工具）将图层 1 中的图像向右拖动，效果如图 2-38 所示。

图 2-38　移动

技巧

选择图层后按快捷键 Ctrl+J，不但可以快速复制选区内容，还可以直接复制该图层，可以快速复制一个副本，并出现在同一文档的新图层中。

步骤 6 ▶▶ 拖曳图层 1 到 ⊞（创建新图层）按钮上，得到一个“图层 1 拷贝”层，如图 2-39 所示。

步骤 7 ▶▶ 执行菜单栏中“编辑 / 变换 / 水平翻转”命令，将“图层 1 拷贝”层中的图像进行水平翻转，再使用 ✥（移动工具）将其向左拖曳，移动到合适位置后完成本例的制作，效果如图 2-40 所示。

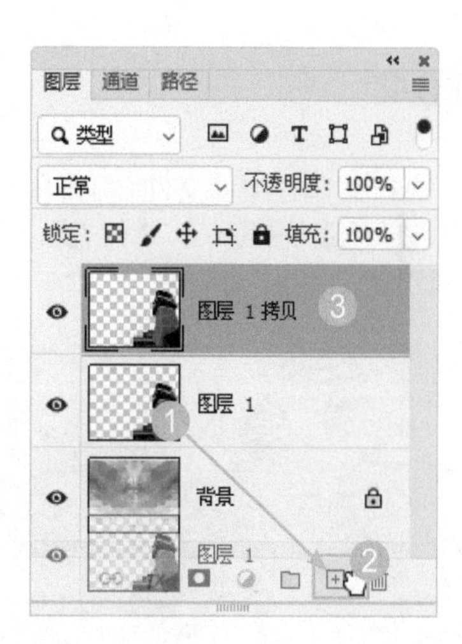

图 2-39　复制图层

图 2-40　最终效果

实例 17 用对象选择工具为衣服创建选区并改变色调

01 实例目的

掌握“对象选择工具”的应用。

02 实例要点

- 使用 ▣（对象选择工具）绘制选区。
- 使用“色相 / 饱和度”命令改变颜色。
- 去掉选区。

03 操作步骤

步骤 1 ▶▶ 执行菜单栏中“文件 / 打开”命令或按快捷键 Ctrl+O，打开随书附带的“素材 / 第 2 章 / 台阶上的美女”文件，如图 2-41 所示。

图 2-41 素材

步骤 2 ▶▶ 使用 （对象选择工具），在选项栏中设置“模式”为“矩形”，之后在文档中人物的衣服处拖曳鼠标，如图 2-42 所示。

图 2-42 绘制选区

步骤 3 ▶▶ 松开鼠标，系统会自动根据创建选区的内容对象创建一个选区，如图 2-43 所示。

图 2-43 创建的选区

技巧

使用 （对象选择工具）为对象创建选区时，一定要将需要创建选区的区域全部框选起来。

步骤 4 ▶▶ 执行菜单栏中“图像 / 调整 / 色相 / 饱和度”命令，打开“色相 / 饱和度”对话框，设置“色相”为 -19，其他不变，如图 2-44 所示。

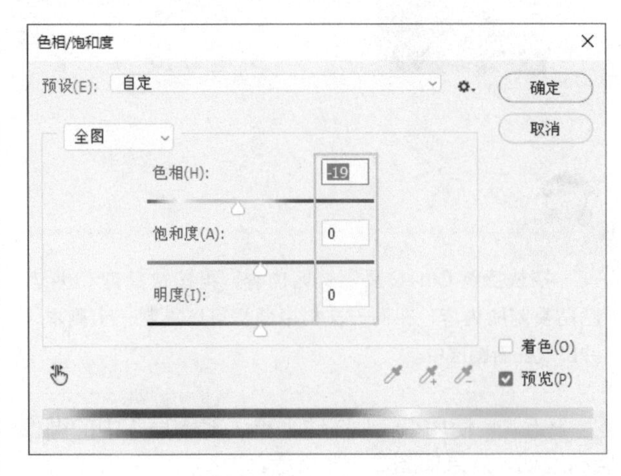

图 2-44 “色相 / 饱和度”对话框

步骤 5 ▶▶ 设置完毕后，单击“确定”按钮，按快捷键 Ctrl+D 取消选区，本例的最终效果如图 2-45 所示。

图 2-45 最终效果

实例 18 用载入选区与存储选区制作飞出特效字

01 实例目的

了解“载入选区”和“存储选区”的应用。

02 实例要点

- “横排文本工具”的应用。
- “载入选区”和“存储选区”的应用。
- “极坐标”命令的应用。
- “风”命令的应用。
- “图像旋转”命令的应用。

03 操作步骤

步骤 1 执行菜单栏中“文件 / 打开”命令或按快捷键 Ctrl+O，打开随书附带的“素材 / 第 2 章 / 玻璃杯”文件，如图 2-46 所示。

步骤 2 使用 T（横排文字工具），设置合适的文字字体及文字大小后，在画布中单击输入文本，如图 2-47 所示。

图 2-46　素材　　图 2-47　键入文字

步骤 3 执行菜单栏中“选择 / 载入选区”命令，打开“载入选区”对话框，其中参数设置如图 2-48 所示。

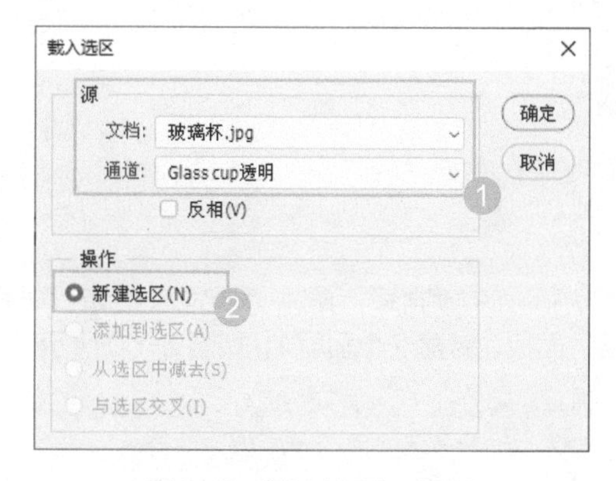

图 2-48　“载入选区”对话框

步骤 4 设置完毕后，单击“确定”按钮，选区被载入，效果如图 2-49 所示。

技巧

在“载入选区”对话框中，如果被存储的选区多于一个时，在“操作”选区中其他选项才会被激活。

步骤 5 执行菜单栏中“选择 / 存储选区”命令，打开“存储选区”对话框，其中参数设置如图 2-50 所示。

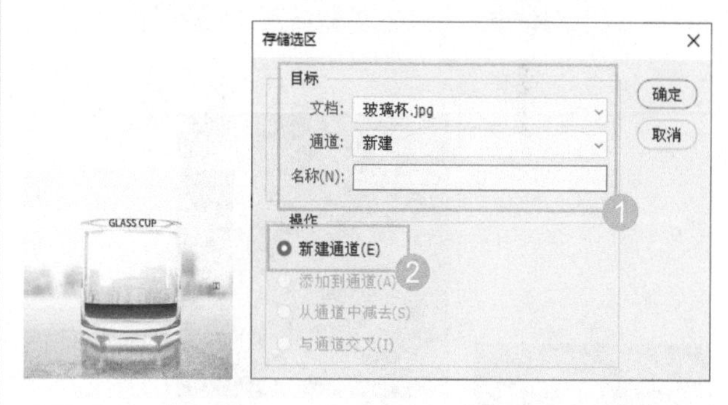

图 2-49　载入选区　　图 2-50　“存储选区”对话框

步骤 6 设置完成后，单击“确定”按钮，执行菜单栏中“窗口 / 通道”命令，打开“通道”面板，选择新建的 Alpha 1，效果如图 2-51 所示。

图 2-51　通道

步骤 7 按快捷键 Ctrl+D 取消选区，执行菜单栏中“滤镜 / 扭曲 / 极坐标”命令，打开“极坐标”对话框，选择“平面坐标到极坐标”，如图 2-52 所示。

图 2-52　"极坐标"对话框

步骤 8 设置完成后，单击“确定”按钮，再执行菜单栏中“图像 / 旋转图像 / 顺时针 90 度”命令，效果如图 2-53 所示。

步骤 9 ▶▶ 执行菜单栏中“滤镜 / 风格化 / 风”命令，打开“风”对话框，其中的参数设置如图 2-54 所示。

图 2-53 极坐标后旋转图像

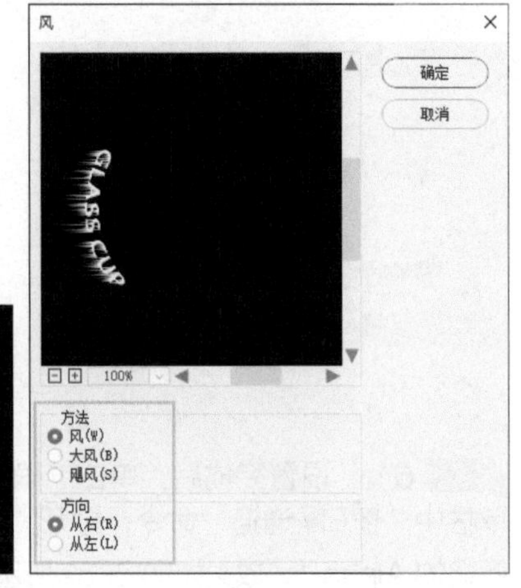

图 2-54 “风”对话框

步骤 10 ▶▶ 设置完成后，单击“确定”按钮，再按快捷键 Alt+Ctrl+F 2 次，为图像再应用 2 次“风”滤镜，效果如图 2-55 所示。

技巧

应用滤镜命令后，按快捷键 Alt+Ctrl+F 可以再次应用上次使用的滤镜。

步骤 11 ▶▶ 执行菜单栏中“图像 / 旋转图像 / 逆时针 90 度”命令，效果如图 2-56 所示。

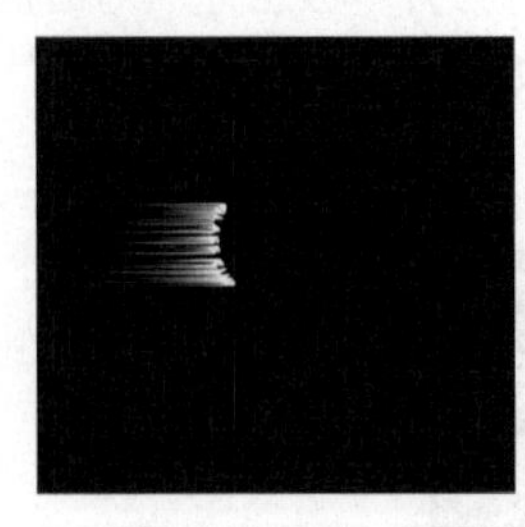

图 2-55 “风”滤镜后

图 2-56 旋转

步骤 12 ▶▶ 执行菜单栏中“滤镜 / 扭曲 / 极坐标”命令，打开“极坐标”对话框，选择“极坐标到平面坐标”，效果如图 2-57 所示。

步骤 13 ▶▶ 设置完毕后，单击“确定”按钮，效果如图 2-58 所示。

步骤 14 ▶▶ 选择“复合”通道，执行菜单栏中“选择 / 载入选区”命令，打开“载入选区”对话框，其中的参数设置如图 2-59 所示。

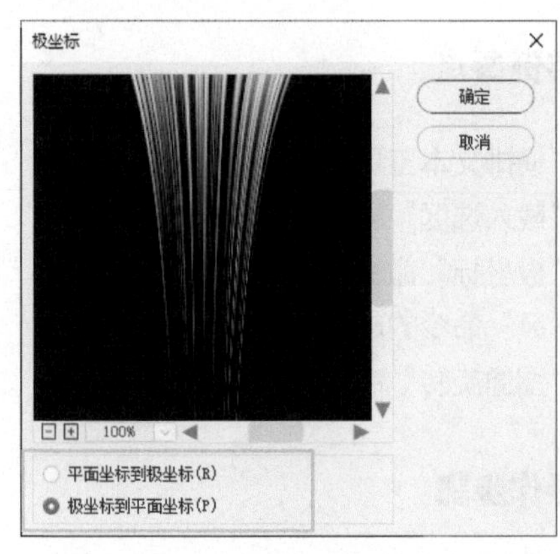

图 2-57 “极坐标”对话框

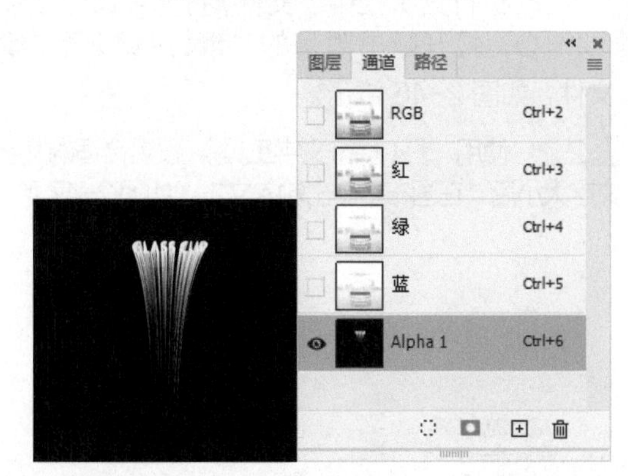

图 2-58 极坐标后

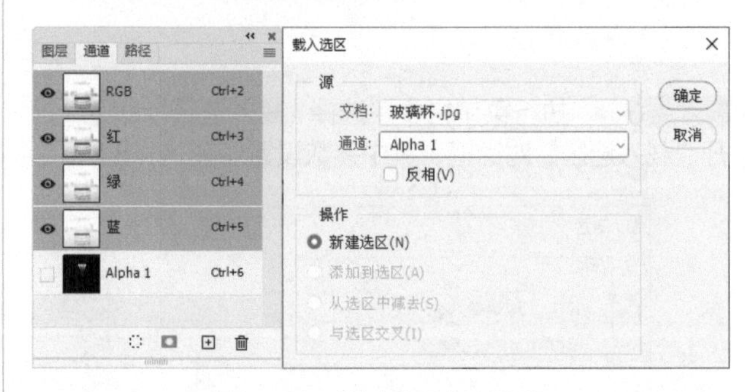

图 2-59 “载入选区”对话框

步骤 15 ▶▶ 设置完毕，单击“确定”按钮，转换到“图层”面板，新建一个图层 1，如图 2-60 所示。

图 2-60 载入选区

步骤 16 ▶▶ 将前景色设置为“淡青色”，如图 2-61 所示。

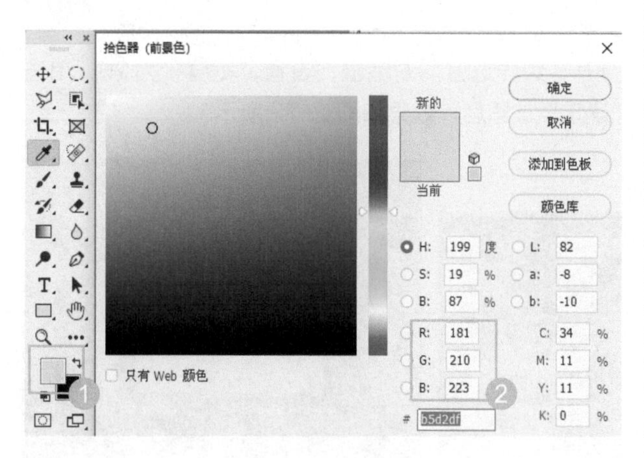

图 2-61　设置前景色

步骤 17 ▶▶ 按快捷键 Alt+Delete 填充前景色，如图 2-62 所示。

步骤 18 ▶▶ 按快捷键 Ctrl+D 去掉选区，使用 T（横排文字工具）选取文字，将文字设置成“淡青色”，效果如图 2-63 所示。

图 2-62　填充前景色　　图 2-63　设置混合模式

步骤 19 ▶▶ 选择图层 1 降低一点透明度，至此本例制作完毕，效果如图 2-64 所示。

图 2-64　最终效果

实例 19 用主体结合边界命令制作图像边框

01 实例目的

了解“主体”命令和“边界”命令的应用。

02 实例要点

- “打开”命令的使用。
- “主体”命令创建选区。
- “贴入”命令的使用。
- “属性”面板编辑蒙版。
- “边界与羽化”命令调整选区。
- “斜面和浮雕”图层样式的使用。

03 操作步骤

步骤 1 ▶▶ 执行菜单栏中“文件 / 打开”命令，打开随书附带的“素材 / 第 2 章 / 飞机窗”文件，如图 2-65 所示。

步骤 2 ▶▶ 执行菜单栏中“选择 / 主体”命令，系统会自动在窗口处创建一个选区，如图 2-66 所示。

图 2-65　素材　　图 2-66　创建选区

步骤 3 ▶▶ 执行菜单栏中“文件 / 打开”命令，打开随书附带的“素材 / 第 2 章 / 夜景”素材，如图 2-67 所示。

步骤 4 ▶▶ 执行菜单栏中“选择 / 全部”命令全选图像，按快捷键 Ctrl+C 复制选区内的图像，如图 2-68 所示。

图 2-67 素材（1）

图 2-68 素材（2）

步骤 5 ▶▶ 选择“飞机窗”文件，执行菜单栏中“编辑 / 选择性粘贴 / 贴入”命令，将之前复制的图像贴入选区内，如图 2-69 所示。

图 2-69 贴入

步骤 6 ▶▶ 在“属性”面板中，设置“密度”为 100%、“羽化”为 5.4 像素，如图 2-70 所示。

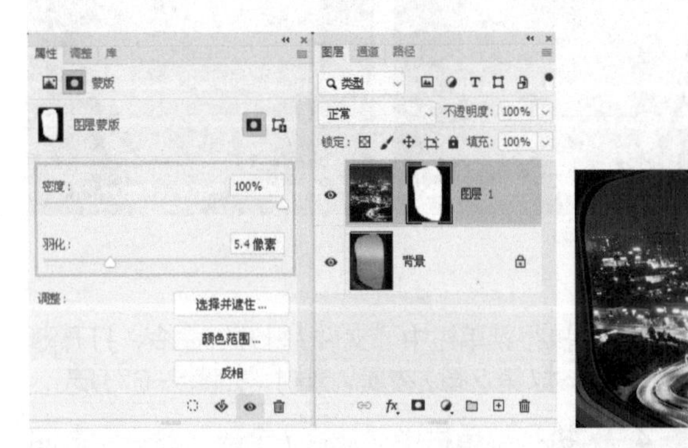

图 2-70 设置属性

步骤 7 ▶▶ 新建一个图层并将其重命名为“边框”，使用 [矩形选框工具图标]（矩形选框工具），在画布上绘制一个矩形选区，如图 2-71 所示。

步骤 8 ▶▶ 执行菜单栏中“选择 / 修改 / 边界”命令，打开“边界选区”对话框，设置“宽度”为 20，单击“确定”按钮后，效果如图 2-72 所示。

图 2-71 绘制选区　　图 2-72 设置边界

步骤 9 ▶▶ 执行菜单栏中“选择 / 修改 / 羽化”命令，打开“羽化选区”对话框，设置“羽化半径”为 5，单击“确定”按钮后，效果如图 2-73 所示。

步骤 10 ▶▶ 在工具箱中设置前景色为“淡青色”，按快捷键 Alt+Delete，填充前景色，效果如图 2-74 所示。

图 2-73 设置羽化　　图 2-74 填充选区

步骤 11 ▶▶ 按快捷键 Ctrl+D 取消选区，执行菜单栏中“图层 / 图层样式 / 斜面和浮雕”命令，打开“斜面和浮雕”面板，其中的参数设置如图 2-75 所示。

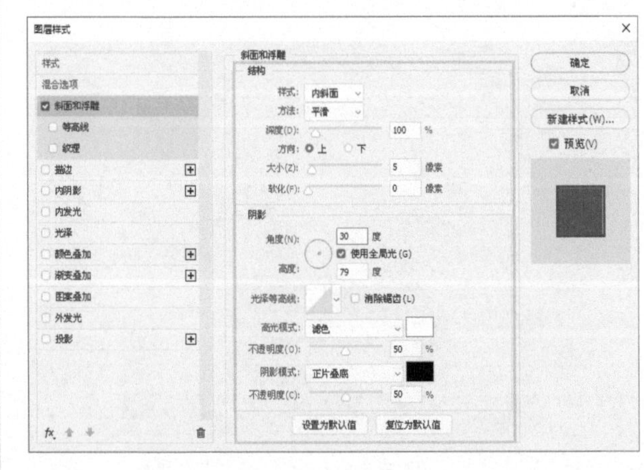

图 2-75 “斜面和浮雕”面板

步骤 12 ▶▶ 设置完毕后，单击“确定”按钮，至此本例制作完毕，效果如图 2-76 所示。

图 2-76　最终效果

实例 20 用变换选区命令制作狮子影子

01 实例目的

了解“变换选区”命令的应用。

02 实例要点

- “移动工具”的应用。
- “载入选区”命令与“变换选区”命令的应用。
- “高斯模糊”命令的应用。
- 不透明度。

03 操作步骤

步骤 1 ▶▶ 执行菜单栏中“文件 / 打开”命令或按快捷键 Ctrl+O，打开随书附带的“素材 / 第 2 章 / 狮子和桌面壁纸”文件，如图 2-77 所示。

步骤 2 ▶▶ 使用 （移动工具）将“狮子”素材中的图像拖曳到“桌面壁纸”文档中，按快捷键 Ctrl+T，调出变换框改变图像的大小并将其移动到相应的位置，再将新建的图层重命名为“狮子”，如图 2-78 所示。

图 2-77　素材

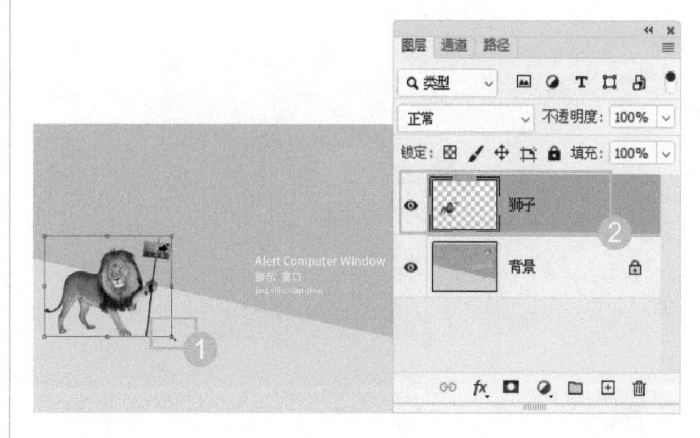

图 2-78　移动

步骤 3 ▶▶ 按回车键完成变换，执行菜单栏中“选择 / 载入选区”命令，打开“载入选区”对话框，其中的参数设置如图 2-79 所示。

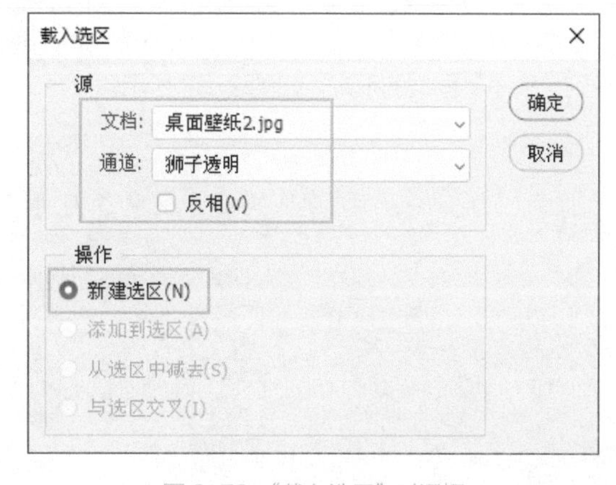

图 2-79　“载入选区”对话框

步骤 4 ▶▶ 设置完成后，单击“确定”按钮，“狮子”图层的选区被调出，在“图层”面板上单击 （创建新图层），新建一个图层并将其重命名为“影”，如图 2-80 所示。

步骤 5 ▶▶ 执行菜单栏中“选择 / 变换选区”命令，调出“变换选区”变化框，按住 Ctrl 键拖曳控制点改变选区的形状，如图 2-81 所示。

图 2-80　调出选区

图 2-81　变换选区

技巧

使用“变换选区”变换框时，按住键盘上的 Ctrl 键，同时按住鼠标左键拖曳选取的变化点，就可以随意变换选区。

步骤 6 ▶ 按键盘上 Enter 键，按快捷键 Alt+Delete 将选区填充默认的黑色，在“图层”面板中将“影”图层拖曳到“狮子”图层的下方，如图 2-82 所示。

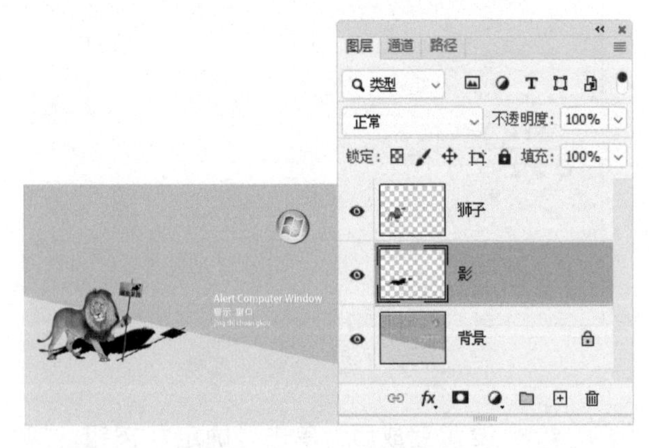

图 2-82　更改图层顺序

步骤 7 ▶ 按快捷键 Ctrl+D 取消选区，执行菜单栏中“滤镜 / 模糊 / 高斯模糊”命令，打开“高斯模糊”对话框，设置“半径”为 1.0 像素，如图 2-83 所示。

步骤 8 ▶ 设置完毕后，单击“确定”按钮，并在“图层”面板上设置“不透明度”为 17%，效果如图 2-84 所示。

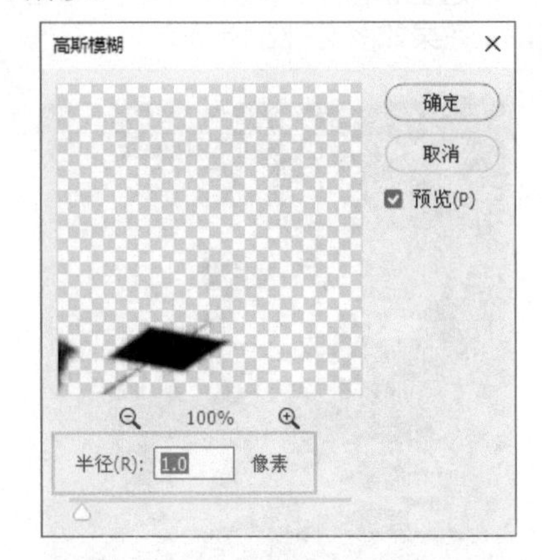

图 2-83　“高斯模糊”对话框

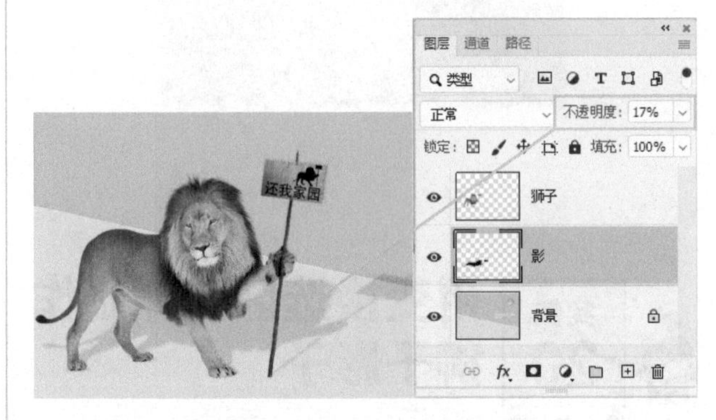

图 2-84　模糊后并设置不透明度

步骤 9 ▶ 至此本例制作完成，效果如图 2-85 所示。

图 2-85　最终效果

实例 21 用选择并遮住命令对发丝进行抠图

01 实例目的

拍摄模特照片时，要想将模特替换一个背景的话，抠图时会遇到人物的发丝区域，如果使用 （多边形套索工具）或 （钢笔工具）进行抠图，会发现头发区域会出现背景抠不干净的情况，选区创建完毕后，可以通过“调整边缘”命令，修整发丝处的选取区域。

02 实例要点

- 打开文档。
- 快速选择工具创建选区。
- 调整边缘调整选区。
- 移动选区内容。

03 操作步骤

步骤 1 执行菜单栏中“文件 / 打开”命令或按快捷键 Ctrl+O，打开随书附带的“素材 / 第 2 章 / 方巾”文件，使用 （对象选择工具）在人物上拖动，为人物创建一个选区，如图 2-86 所示。

图 2-86　打开素材创建选区

步骤 2 创建选区后，执行菜单栏中“选择 / 选择并遮住”命令，打开“调整边缘”对话框，选择 （调整边缘画笔工具），在人物发丝边缘按下鼠标并向外拖动，如图 2-87 所示。

步骤 3 在发丝处按下鼠标细心涂抹，此时会发现发丝边缘已经出现在视图中，拖动过程如图 2-88 所示。

步骤 4 涂抹后如发现边缘有多余的部分，此时只要按住 Alt 键，在多余处拖动，就会将其复原，如图 2-89 所示。

步骤 5 设置完毕后，单击“确定”按钮，调出编辑后的选区，如图 2-90 所示。

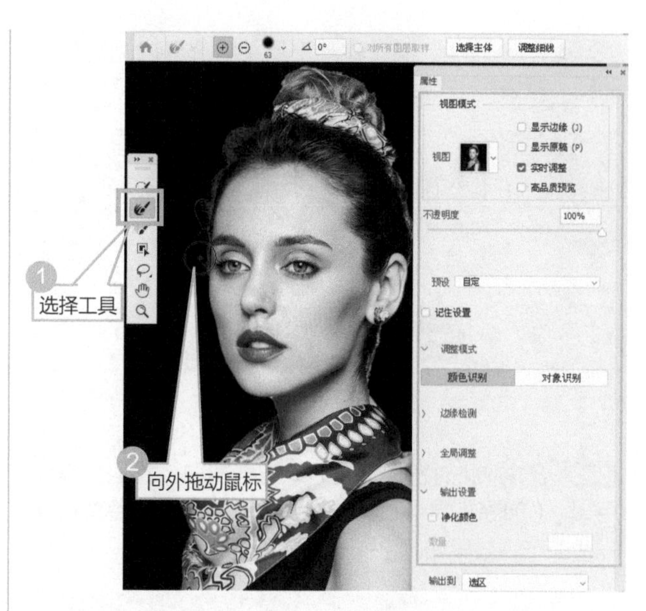

图 2-87　编辑

图 2-88　编辑发丝（1）

图 2-89　编辑发丝（2）

图 2-90　调出选区

步骤 6 执行菜单栏中“文件 / 打开”命令或按快捷键 Ctrl+O，打开随书附带的“素材 / 第 2 章 / 背景 1”文件，如图 2-91 所示。

图 2-91　素材

步骤 7 ▶▶ 使用 ✥（移动工具）将选区内的图像拖动到“背景 1”文档中，效果如图 2-92 所示。

图 2-92　移入素材

步骤 8 ▶▶ 此时发现发丝边缘有些发白，我们只需使用 ◎（加深工具）在发丝边缘处涂抹，将浅色变得深一些即可，效果如图 2-93 所示。

图 2-93　加深发丝

步骤 9 ▶▶ 至此本例制作完毕，效果如图 2-94 所示。

图 2-94　最终效果

用色彩范围命令创建选区更换背景

01 实例目的

了解“色彩范围”命令的应用。

02 实例要点

- 打开文档。
- “色彩范围”命令在实例中的应用。
- “图层”面板中“创建新的填充或调整图层”。

03 操作步骤

步骤 1 ▶▶ 执行菜单栏中“文件 / 打开”命令或按快捷键 Ctrl+O，打开随书附带的“素材 / 第 2 章 / 飞包”文件，如图 2-95 所示。

图 2-95　素材

步骤 2 ▶▶ 执行菜单栏中“选择 / 色彩范围”命令，打开“色彩范围”对话框，在“选择”下拉菜单中选择“取样颜色”，选中“选择范围”单选按钮，设置“颜色容差”为 57，使用 ✎（颜色选择器）在预览区上选取作为选区的颜色，如图 2-96 所示。

图 2-96　“色彩范围”对话框（1）

技巧

在“色彩范围”对话框中，如果选中“图像”单选按钮，在对话框中就可以看到图像。

步骤 3 ▶ 使用 ![添加到取样]（添加到取样）按钮在对对话框中单击人物以外的灰色区域，如图 2-97 所示。

图 2-97 “色彩范围”对话框（2）

步骤 4 ▶ 设置完成后，单击“确定”按钮，调出选取的选区，如图 2-98 所示。

步骤 5 ▶ 在“图层”面板上单击“创建新的填充或调整图层”按钮 ，在打开的下拉菜单中选择“图案”选项，如图 2-99 所示。

图 2-98 调出选区　　图 2-99 “图层”面板

步骤 6 ▶ 选择“图案”选项后，会打开“图案填充”对话框，选择合适的图案，设置“缩放”值为 100%，如图 2-100 所示。

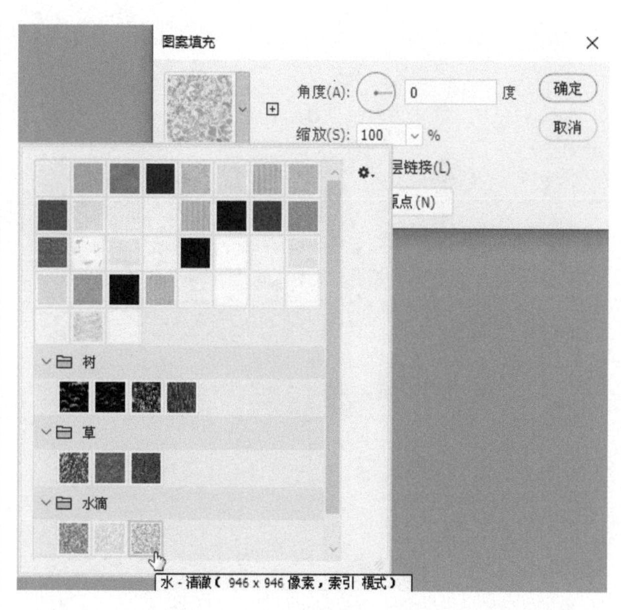

图 2-100 “图案填充”对话框

步骤 7 ▶ 设置完成后，单击“确定”按钮，设置“混合模式”为“颜色加深”，“不透明度”为 49，效果如图 2-101 所示。

图 2-101 填充后

步骤 8 ▶ 此时最终效果制作完成，效果如图 2-102 所示。

图 2-102 最终效果

技巧

在“填充”对话框中进行填充时，可以通过“脚本”图案对选区进行填充，效果如图 2-103 所示。

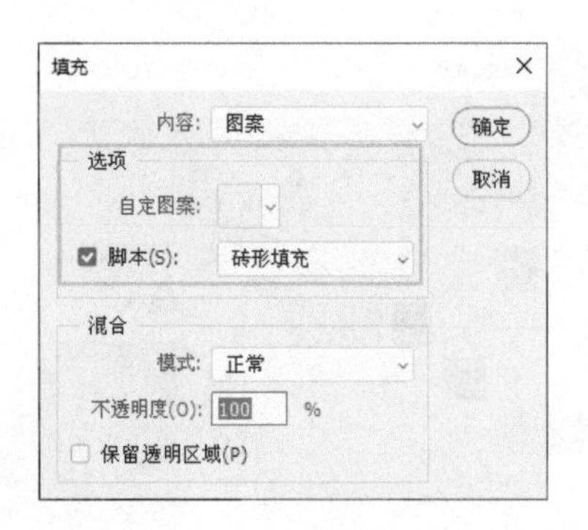

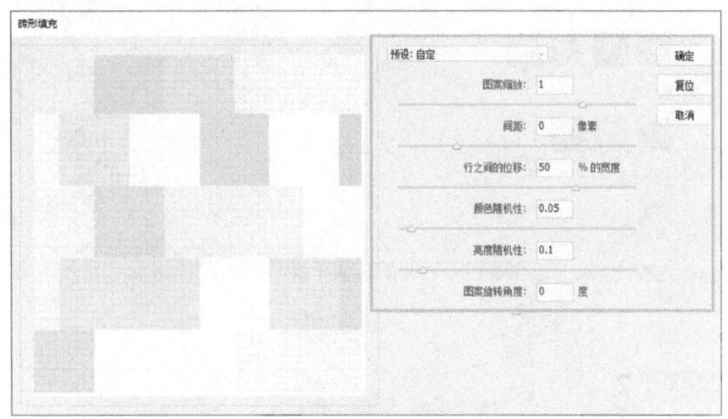

图 2-103 填充图案

本章练习与习题

练习

不同模式创建选区的方法。

用于设置选区间的创建模式主要包含 新选区、 添加到选区、 从选区中减去和 与选区相交。

新选区

当文档中存在选区时，再创建选区会将之前的选区替换，如图 2-104 所示。

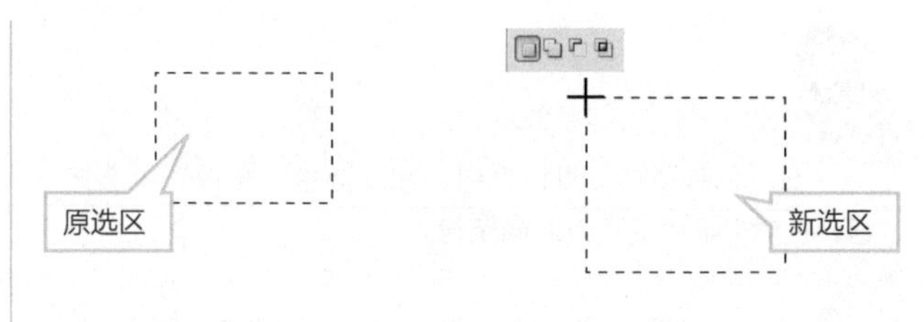

图 2-104 新选区

添加到选区

在已存在选区的图像中拖动鼠标绘制新选区，如果与原选区相交，则组合成新的选区；如果选区不相交，则新创建另一个选区。创建方法如下：

（1）新建一个空白文档，先使用 （矩形选框工具）在图像中创建一个选区。

（2）再使用 （矩形选框工具），在属性栏中单击 （添加到选区）①按钮后，在页面中已经存在的选区上创建另一个交叉选区②，创建后效果如图 2-105 所示。

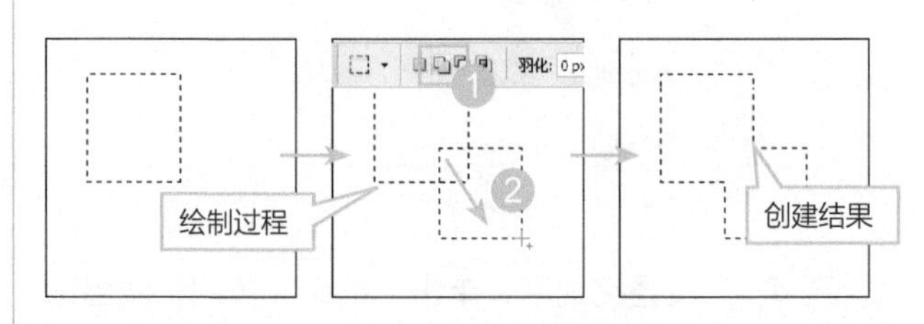

图 2-105 创建添加到选区（相交时）

（3）按快捷键 Ctrl+Z 返回到上一步，再使用 （矩形选框工具），在属性栏中单击 （添加到选区）①按钮后，在页面中重新拖动创建另一个不相交的选区②，创建后的效果如图 2-106 所示。

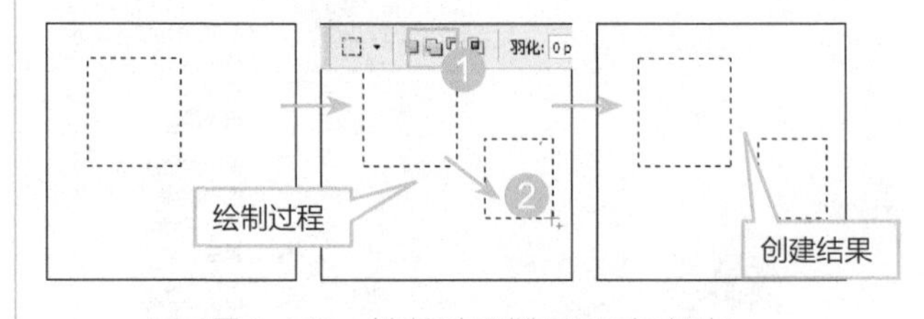

图 2-106 创建添加到选区（不相交时）

从选区中减去

在已存在选区的图像中拖动鼠标绘制新选区，如果选区相交，则合成的选择区域会删除相交的区域；如果选区不相交，则不能绘制出新选区。创建方法如下：

（1）新建一个空白文档。先使用 （矩形选框工具）在图像中创建一个选区。

（2）再使用 （矩形选框工具），在属性栏中单击（从选区中减去）①按钮后，在页面中已经存在选区上创建另一个交叉选区②，创建后的效果如图 2-107 所示。

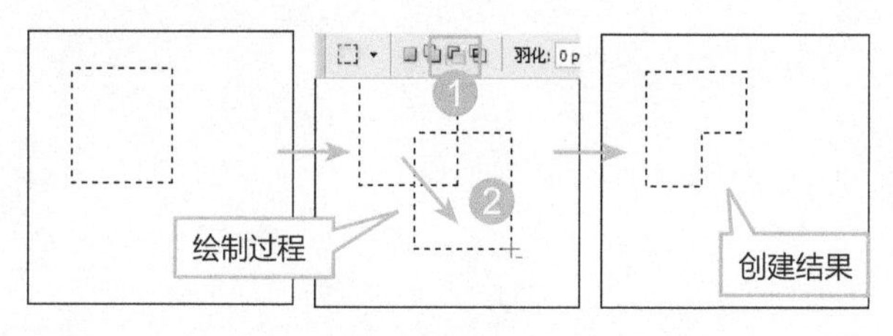

图 2-107　创建从选区中减去

技 巧

当在已经存在选区的图像中创建第二个选区时，按住 Alt 键进行绘制，会自动完成从选区中减去功能，相当于单击属性栏中（从选区中减去）按钮。

与选区交叉

在已存在选区的图像中拖动鼠标绘制新选区，如果选区相交，则合成的选区会只留下相交的部分；如果选区不相交，则不能绘制出新选区。创建方法如下：

（1）新建一个空白文档。先使用（矩形选框工具）在图像中创建一个选区。

（2）再使用（矩形选框工具），在属性栏中单击（与选区交叉）①按钮后，在页面中已经存在选区上创建另一个交叉选区②，创建后的效果如图 2-108 所示。

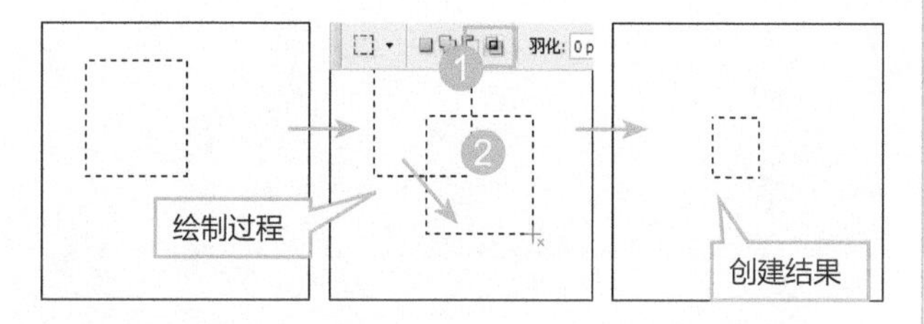

图 2-108　与选区相交

技 巧

当在已经存在选区的图像中创建第二个选区时，按住 Alt+Shift 键进行绘制时，会自动完成与选区交叉功能，相当于单击属性栏中（与选区交叉）按钮。

习题

1. 将选区进行反选的快捷键是哪个？（　　）

A. Ctrl+A　　B. Ctrl+Shift+I

C. Alt+Ctrl+R　　D. Ctrl+I

2. 调出“选择并遮住”对话框的快捷键是哪个？（　　）

A. Ctrl+U　　B. Ctrl+Shift+I

C. Alt+Ctrl+R　　D. Ctrl+E

3. 剪切的快捷键是哪个？（　　）

A. Ctrl+A　　B. Ctrl+C

C. Ctrl+V　　D. Ctrl+X

4. 使用以下哪个命令可以选择现有选区或整个图像内指定的颜色或颜色子集？（　　）

A. 色彩平衡　　B. 色彩范围

C. 可选颜色　　D. 调整边缘

5. 使用以下哪个工具可以选择图像中颜色相似的区域？（　　）

A. 移动工具　　B. 魔术棒工具

C. 快速选择工具　　D. 套索工具

图像校正与色彩调整

本章内容

- 用图像旋转命令制作横幅变直幅效果
- 2 寸照片的裁剪制作
- 倾斜照片的校正
- 调整曝光不足的照片
- 为照片增加层次感
- 用曲线命令调整图像色调
- 拍照时背光效果校正
- 校正偏色
- 加亮照片中的白色区域
- 增亮夜晚灯光
- 添加渐变发光效果
- 增加照片颜色鲜艳度
- 将彩色照片调整成单色效果
- 使用匹配颜色统一色调

本章通过多个实例，在实践中讲解了 Photoshop 软件对图像的旋转、翻转、裁剪等方面的操作知识，以及对于图像色彩与曝光方面的调整方法。每个实例都针对软件的功能来完成最终的效果。

用图像旋转命令制作横幅变直幅效果

01 实例目的

了解“图像旋转”命令的应用。

02 实例要点

- “打开”命令的使用。
- “图像旋转”命令的使用。

03 操作步骤

步骤 1 ▶▶ 执行菜单栏中“文件 / 打开”命令，打开随书附带的“素材 / 第 3 章 / 横躺照片”文件，如图 3-1 所示。

图 3-1　素材

步骤 2 ▶▶ 执行菜单栏中“图像 / 图像旋转 / 逆时针 90 度”命令，如图 3-2 所示。

步骤 3 ▶▶ 应用此命令后，横躺的照片会变为直幅效果，将其存储后，再在电脑中打开会发现照片会永远以直幅效果显示，如图 3-3 所示。

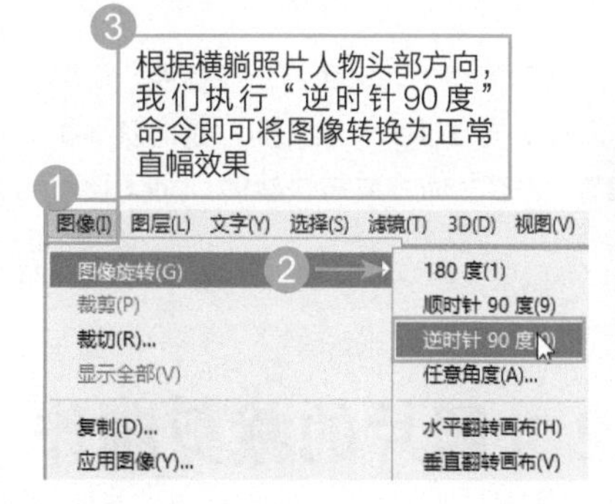

图 3-2　旋转菜单

图 3-3　直幅

温馨提示

在“图像旋转”子菜单中的“顺时针 90 度”和“逆时针 90 度”命令是常用转换直幅与横幅的命令。

步骤 4 ▶▶ 执行菜单栏中“图像 / 图像旋转 / 水平翻转画布或垂直翻转画布”命令，会将当前照片进行翻转处理，效果如图 3-4 所示。

图 3-4　翻转

技巧

执行菜单栏中“编辑 / 变换 / 水平翻转画布或垂直翻转画布”命令，同样可以对图像进行水平或垂直翻转。此命令不能直接应用在“背景”图层中。

技巧

在 Photoshop 中处理图像时难免会出现一些错误，或处理到一定程度时看不到原来效果作为参考，这时我们只要通过 Photoshop 中的“复制”命令就可以将当前选取的文件，创建一个复制品来作为参考。执行菜单栏中“图像 / 复制”命令，系统会为当前文档新建一个副本文档，当为源文件更改色相时，副本不会受到影响。

技巧

使用 Photoshop 处理图像时，难免会出现错误。当错误出现后，如何还原是非常重要的一项操作，我们只要执行菜单栏中的“编辑 / 还原”命令或按快捷键 Ctrl+Z 便可以向前返回一步。

实例 24 2 寸照片的裁剪制作

01 实例目的

了解“裁剪工具”和“描边”命令的应用。

02 实例要点

- 打开素材。
- “裁剪工具”的使用。
- “描边”命令的使用。

03 操作步骤

步骤 1 执行菜单栏中“文件 / 打开”命令，打开随书附带的“素材 / 第 3 章 / 人物照片 01”文件，如图 3-5 所示。

图 3-5 素材

步骤 2 在工具箱中选择 ![裁剪工具图标]（裁剪工具）后，在属性栏中设置“宽度”为 3.5 厘米、“高度”为 5.3 厘米、“分辨率”为 150 像素 / 英寸，如图 3-6 所示。

图 3-6 裁剪图像大小和分辨率

步骤 3 此时在图像中会出现一个裁剪框，我们可以使用鼠标拖动裁剪框或移动图像的方法来选择最终保留的区域，如图 3-7 所示。

步骤 4 将鼠标指针移动到裁剪框的右下角，按下鼠标旋转裁剪框，效果如图 3-8 所示。

图 3-7 调整裁剪框

图 3-8 旋转裁剪框

步骤 5 按回车键完成裁剪操作，如图 3-9 所示。

温馨提示

设定后的裁剪值可以在多个图像中使用，设置固定大小，裁剪多个图像后都具有相同的图像大小和分辨率。裁剪后的图像与绘制的裁剪框大小无关。

图 3-9 裁剪后

步骤 6 照片裁剪完毕后，我们为其添加一个描边，只要按快捷键 Ctrl+J 复制背景得到一个图层 1，再执行菜单栏中“编辑 / 描边”命令，打开“描边”对话框，其中的参数设置如图 3-10 所示。

步骤 7 设置完毕后，单击“确定”按钮，完成本例的制作，效果如图 3-11 所示。

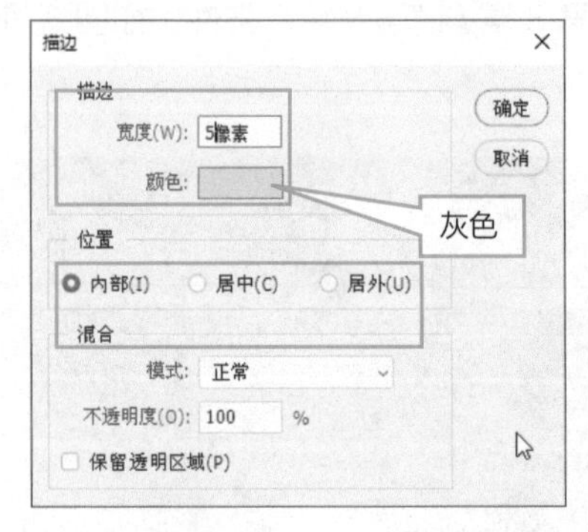

图 3-10 “描边”对话框

图 3-11 最终效果

实例 25 倾斜照片的校正

01 实例目的

了解“标尺工具”和“任意旋转”命令的应用。

02 实例要点

- “打开”命令的使用。
- “标尺工具”的使用。
- “任意旋转”命令的使用。
- “裁剪工具”的使用。

03 操作步骤

步骤 1 ▶▶ 执行菜单栏中“文件 / 打开”命令，打开随书附带的“素材 / 第 3 章 / 倾斜照片”文件，如图 3-12 所示。

图 3-12　素材

步骤 2 ▶▶ 在工具箱中选择（标尺工具）后，沿海平面绘制出一条标尺线，如图 3-13 所示。

图 3-13　绘制标尺线

步骤 3 ▶▶ 在属性栏中单击“拉直图层”按钮，将图像根据绘制的标尺拉直，效果如图 3-14 所示。

步骤 4 ▶▶ 再使用（裁剪工具）在图像中绘制裁剪框，按回车键完成裁剪，此时倾斜照片便会完成校正，效果如图 3-15 所示。

图 3-14　拉直

图 3-15　裁剪后

温馨提示

对于 Photoshop 的老版本，要调整倾斜图像时必须通过“任意角度”命令结合（裁剪工具）才能完成，操作步骤如图 3-16 所示。

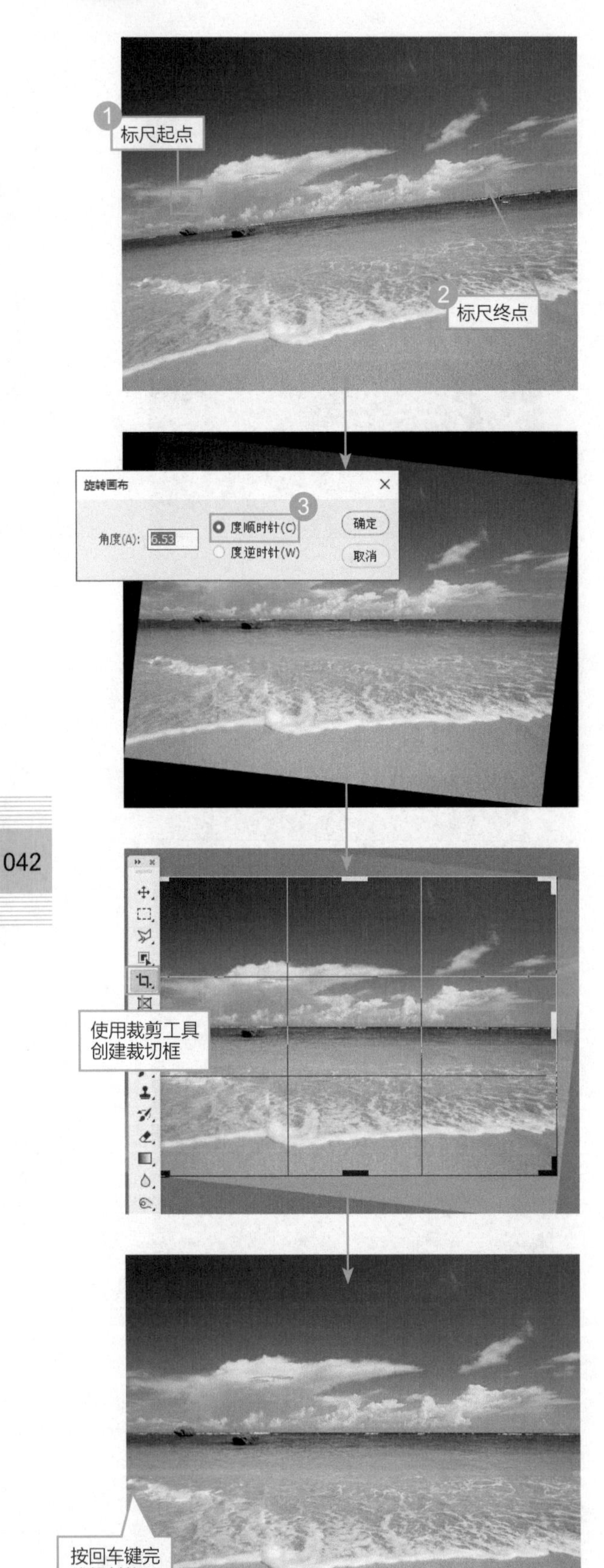

图 3-16　修正倾斜图像

实例 26 调整曝光不足的照片

01 实例目的

了解“曝光度”命令与“色阶”命令的应用。

02 实例要点

- 打开素材。
- 使用“曝光度”命令调整曝光。
- 使用“色阶”命令增强层次感。

03 操作步骤

步骤 1 执行菜单栏中“文件 / 打开”命令，打开随书附带的“素材 / 第 3 章 / 曝光不足照片”文件，将其作为背景，如图 3-17 所示。

图 3-17　素材

步骤 2 执行菜单栏中“图像 / 调整 / 曝光度”命令，打开“曝光度”对话框，其中的参数设置如图 3-18 所示。

图 3-18　“曝光度”对话框

技 巧

曝光度：用来调整色调范围的高光端，该选项可对极限阴影产生轻微影响；位移：用来使阴影和中间调变暗，该选项可对高光产生轻微影响；灰度系数校正：用来设置高光与阴影之间的差异。

步骤 3 ▶▶ 设置完毕后，单击“确定”按钮，效果如图 3-19 所示。

步骤 4 ▶▶ 执行菜单栏中“图像 / 调整 / 色阶”命令，打开“色阶”对话框，分别调整“中间调”和“高光”的控制滑块，如图 3-20 所示。

图 3-19　调整曝光

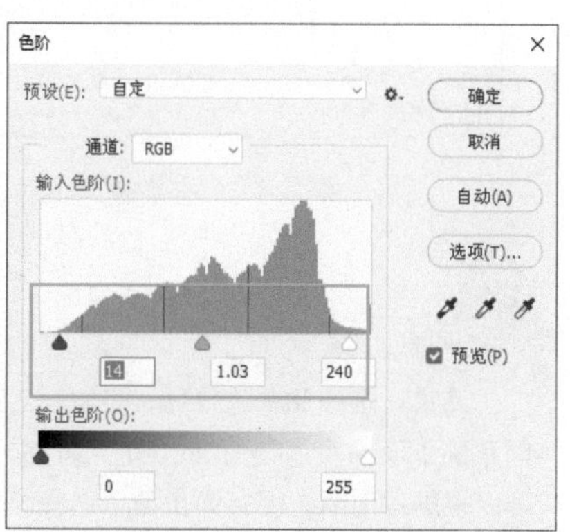

图 3-20　“色阶”对话框

步骤 5 ▶▶ 设置完毕后，单击“确定”按钮，至此本例制作完毕，效果 3-21 所示。

图 3-21　最终效果

技巧

单击“自动”按钮可以将“暗部”和“亮部”自动调整到最暗和最亮。单击此按钮执行命令得到的效果与“自动色阶”命令相同。

技巧

对于初学者来说，可以直接通过执行菜单栏中“图像 / 自动色调”命令来快速处理曝光不足的照片。

为照片增加层次感

01 实例目的

了解“色阶”命令、“亮度 / 对比度”命令、“照片滤镜”命令的应用。

02 实例要点

- 打开素材。
- 使用“色阶”命令调整图像亮度，使图像更具有层次感。
- 使用“亮度 / 对比度”命令增加亮度和对比度。
- 使用“照片滤镜”命令调整图片的色调。

03 操作步骤

步骤 1 ▶▶ 执行菜单栏中“文件 / 打开”命令，打开随书附带的“素材 / 第 3 章 / 发暗的照片”文件，如图 3-22 所示。

图 3-22　素材

步骤 2 ▶▶ 执行菜单栏中“图像 / 调整 / 色阶”命令，打开“色阶”对话框，将“阴影”和“高光”的控制滑块都拖曳到有像素分布的区域，如图 3-23 所示。

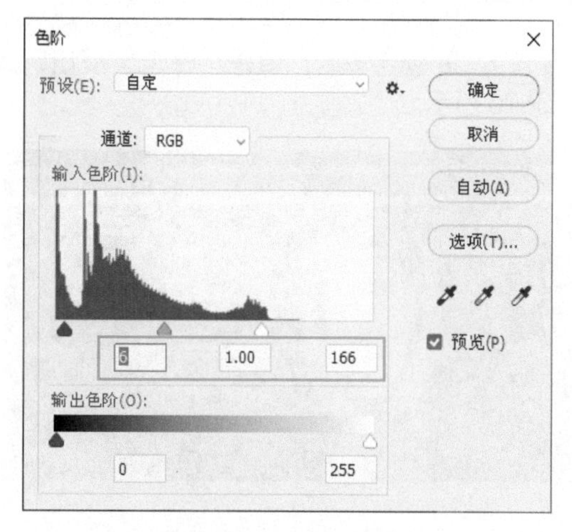

图 3-23　“色阶”对话框

步骤 3 ▶▶ 设置完毕后，单击“确定”按钮，效果如图 3-24 所示。

步骤 4 ▶▶ 执行菜单栏中“图像 / 调整 / 亮度 / 对比度”命令，打开“亮度 / 对比度”对话框，其中的参数设置如图 3-25 所示。

图 3-24 调整色阶后

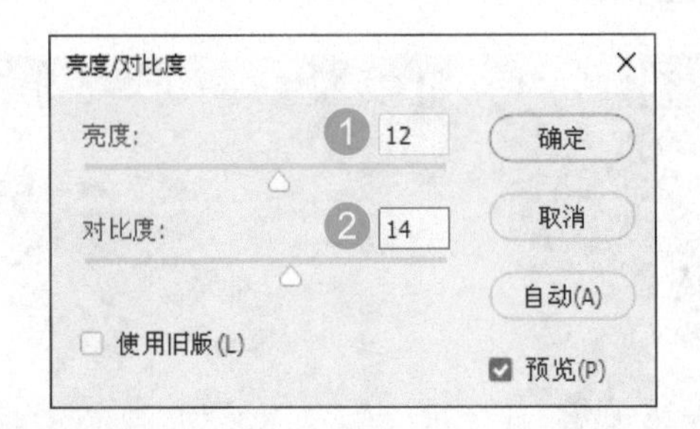

图 3-25 “亮度 / 对比度”对话框

技巧

亮度，用来控制图像的明暗度，负值会将图像调暗，正值可以加亮图像，取值范围是 – 100 ~ 100；对比度，用来控制图像的对比度，负值会降低图像对比度，正值可以加大图像对比度，取值范围是 – 100 ~ 100。

步骤 5 ▶▶ 设置完毕后，单击“确定”按钮，效果如图 3-26 所示。

图 3-26 调整后

步骤 6 ▶▶ 执行菜单栏中“图像 / 调整 / 照片滤镜”命令，打开“照片滤镜”对话框，设置“滤镜”为“Cooling Filter (LBB)”(冷却滤镜)，设置“密度”为 15%，如图 3-27 所示。

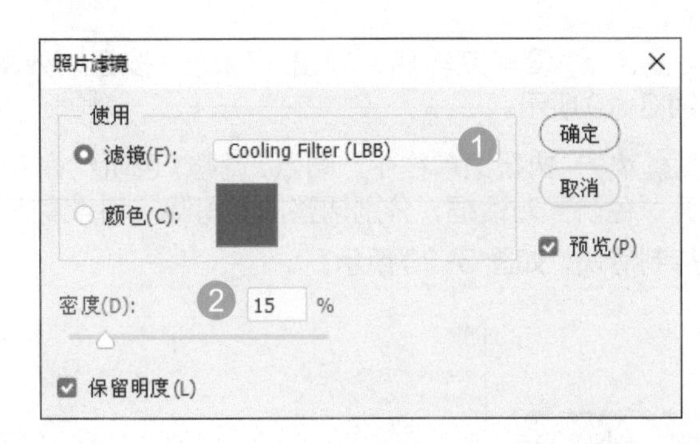

图 3-27 “照片滤镜”对话框

技巧

滤镜，选择此单选框后，可以在右面的下拉列表中选择系统预设的冷、暖色调选项；颜色，选择此单选框后，可以根据后面颜色图标弹出的“选择路径颜色拾色器”对话框选择定义冷、暖色调的颜色；密度，用来调整应用到照片中的颜色数量，数值越大，色彩越接近饱和。

步骤 7 ▶▶ 设置完毕后，单击“确定”按钮，存储该文件。至此本例制作完毕，效果如图 3-28 所示。

图 3-28 最终效果

实例 28 用曲线命令调整图像色调

01 实例目的

掌握“曲线”命令、“反相”命令的应用。

02 实例要点

- 打开文档。
- 使用“曲线”命令调整色调。

➢ 使用“反相”命令。
➢ 设置不透明度和混合模式。

03 操作步骤

步骤 1 ▶▶ 执行菜单栏中“文件 / 打开”命令，打开随书附带的“素材 / 第 3 章 / 墓碑”文件，如图 3-29 所示。

图 3-29　素材

步骤 2 ▶▶ 拖动“背景”图层到 ⊞（创建新图层）按钮上，复制“背景”图层，得到“背景 拷贝”图层。执行菜单栏中“图像 / 调整 / 曲线”命令，打开“曲线”对话框，在“预设”下拉列表中选择“彩色负片”，如图 3-30 所示。

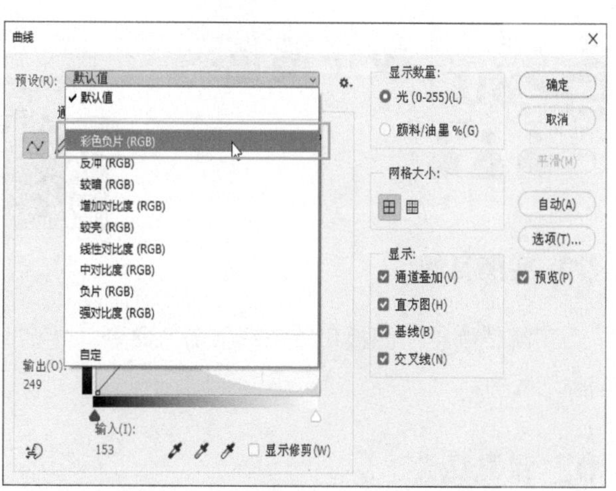

图 3-30　曲线调整

步骤 3 ▶▶ 设置完毕后，单击“确定”按钮，效果如图 3-31 所示。

图 3-31　曲线调整后

步骤 4 ▶▶ 执行菜单栏中“图像 / 调整 / 反相”命令或按快捷键 Ctrl+I，设置“不透明度”为 40%，效果如图 3-32 所示。

图 3-32　反相并设置不透明度

步骤 5 ▶▶ 复制“背景 拷贝”图层，得到一个“背景 拷贝 2”图层，设置“混合模式”为“颜色”，“不透明度”为 60%，效果如图 3-33 所示。

图 3-33　混合模式

步骤 6 ▶▶ 至此本例制作完毕，效果如图 3-34 所示。

图 3-34 最终效果

实例29 拍照时背光效果校正

01 实例目的

了解“阴影 / 高光”命令的应用。

02 实例要点

- 打开素材图像。
- 使用“阴影 / 高光”命令调整图像。

03 操作步骤

步骤 1 ▶▶ 执行菜单栏中“文件 / 打开”命令或按快捷键 Ctrl+O，打开随书附带的“素材 / 第 3 章 / 背光照片”文件，如图 3-35 所示。

图 3-35 素材

步骤 2 ▶▶ 打开素材后发现照片中人物面部较暗，此时只要执行菜单栏中的“图像 / 调整 / 阴影 / 高光”命令，打开“阴影 / 高光”对话框，设置默认值即可，如图 3-36 所示。

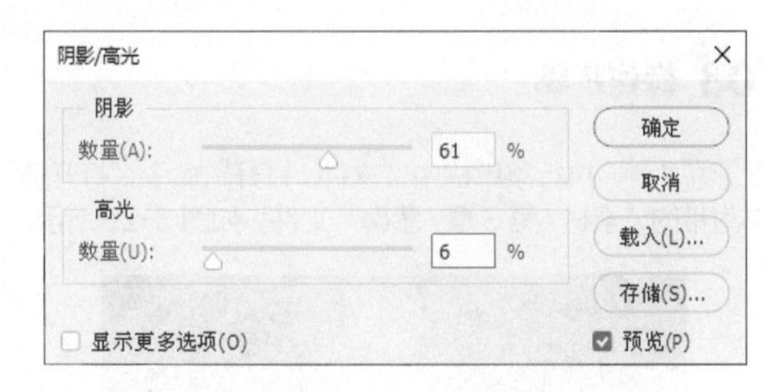

图 3-36 “阴影 / 高光”对话框

技 巧

阴影，用来设置暗部在图像中所占的数量多少；高光，用来设置亮部在图像中所占的数量多少。

步骤 3 ▶▶ 设置完毕后，单击“确定”按钮，调整背光照片后的效果如图 3-37 所示。

图 3-37 调整背光后

实例30 校正偏色

01 实例目的

了解“信息”面板和“色彩平衡”命令、“色阶”命令的应用。

02 实例要点

- 打开素材图像。

- 使用“信息”面板对比信息。
- 使用“色彩平衡”命令调整偏色。
- 使用“色阶”命令调整层次。

03 操作步骤

步骤 1 ▶▶ 执行菜单栏中“文件 / 打开”命令或按快捷键 Ctrl+O，打开随书附带的“素材 / 第 3 章 / 打球”文件，如图 3-38 所示。

图 3-38 素材

技巧

如果想确认照片是否偏色，最简单的方法就是使用“信息”面板查看照片中白色、灰色或黑色的位置，因为白色、灰色和黑色都属于中性色，这些区域的 RGB 颜色值应该是相等的，如果发现某个数值太高，就可以判断该图片为偏色照片。

温馨提示

在照片中寻找黑色、白色或灰色的区域时，人物的头发、白色衬衣、灰色路面、墙面等，由于每个显示器的色彩都存在一些差异，所以最好使用“信息”面板来精确判断，再对其进行修正。

步骤 2 ▶▶ 执行菜单栏中“窗口 / 信息”命令，打开“信息”面板，在工具箱中选择 （吸管工具），设置“取样大小”为 3×3 平均，如图 3-39 所示。

步骤 3 ▶▶ 使用 （吸管工具），将鼠标指针移到照片中灰色的路灯杆上，此时在“信息”面板中发现黑色中的 RGB 值明显不同，蓝色远远小于绿色与红色，说明照片为缺少蓝色，如图 3-40 所示。

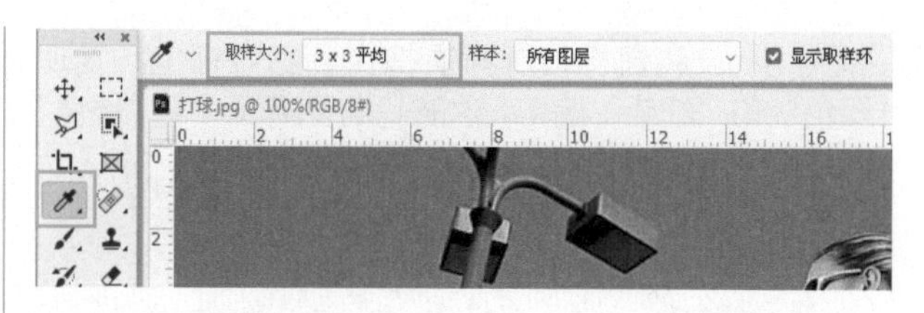

图 3-39 设置吸管

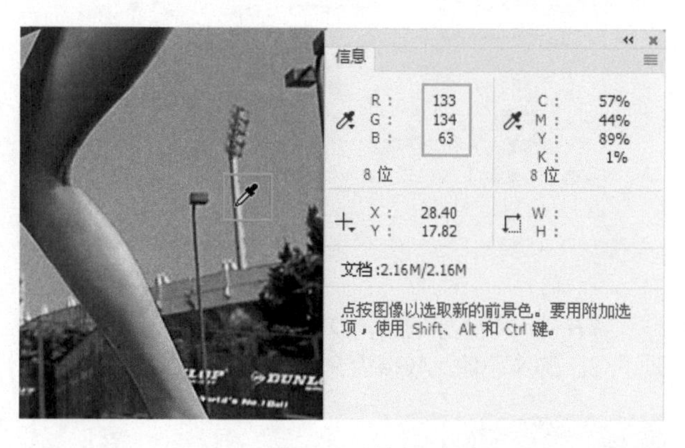

图 3-40 信息

技巧

检测色偏时，在选择图像白色时最好避开反光点，因为反光点会呈现为全白或接近全白，从而较难判断色偏。

步骤 4 ▶▶ 执行菜单栏中“图像 / 调整 / 色彩平衡”命令，打开“色彩平衡”对话框，在面板中由于图像缺少蓝色，所以将“黄色 / 蓝色”控制滑块向蓝色区域拖动，如图 3-41 所示。

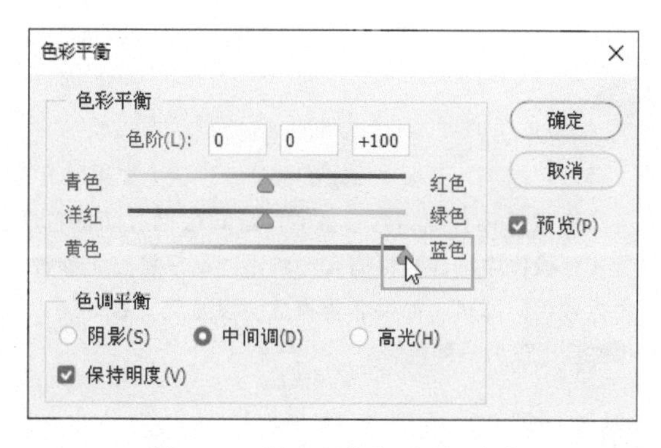

图 3-41 “色彩平衡”对话框（1）

技巧

色彩平衡，可以在对应的文本框中输入相应的数值或拖动下面的三角滑块来改变颜色；色调平衡，可以选择在阴影、中间调或高光中调整色彩平衡；保持明度，勾选此复选框后，在调整色彩平衡时保持图像亮度不变。

步骤 5 ▶▶ 将鼠标指针再次拖曳到路灯杆上，发现“绿色”和“红色”偏高，这时我们要降低一下“绿色”和“红色”，如图 3-42 所示。

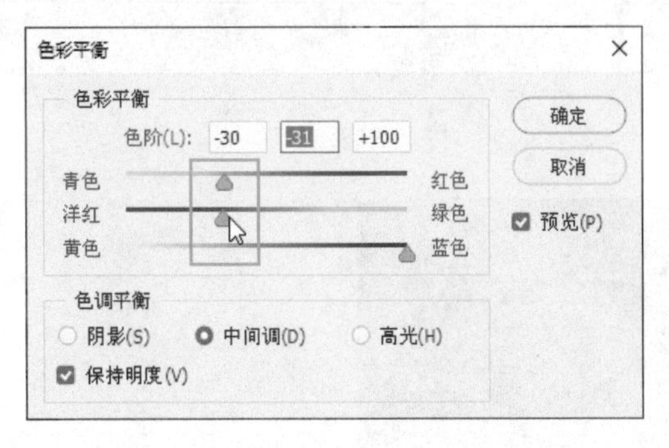

图 3-42 “色彩平衡”对话框（2）

步骤 6 ▶▶ 将鼠标指针再次拖曳到路灯杆上，此时发现 RGB 的颜色值比较接近，如图 3-43 所示。

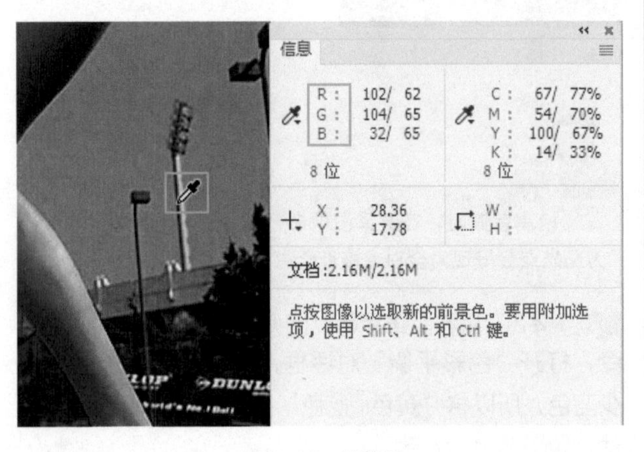

图 3-43 调整后

技 巧

通过“信息”面板中显示的数据，理论上如果将 RGB 中的三个数值设置成相同参数时，应该会彻底消除色偏，但是实际操作中往往会根据实例的不同而只将三个参数设置为大致相同即可。如果非要将数值设置成一致的话，那么也许会出现另一种色偏。

技 巧

在 Photoshop 中，对某种颜色过多产生的色偏，可以通过色彩平衡、曲线、色阶或颜色匹配等命令来校正。使用“曲线”或“色阶”时，只要将过多颜色的通道降低即可；使用“颜色匹配”时，只要调整中和选项的参数即可。

步骤 7 ▶▶ 设置完毕后，单击“确定”按钮，效果如图 3-44 所示。

图 3-44 调整偏色后

步骤 8 ▶▶ 执行菜单栏中“图像 / 调整 / 色阶”命令，打开“色阶”对话框，参数设置如图 3-45 所示。

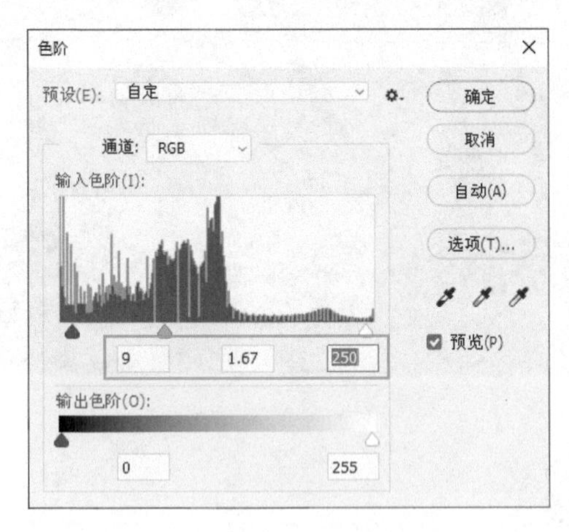

图 3-45 “色阶”对话框

技 巧

在“色阶”对话框中，拖曳滑点改变数值后，可以将较暗的图像变得亮一些。勾选“预览”复选框，可以在调整的同时看到图像的变化。

步骤 9 ▶▶ 设置完毕后，单击“确定”按钮。至此本例制作完毕，效果如图 3-46 所示。

图 3-46 最终效果

加亮照片中的白色区域

01 实例目的

了解“通道混合器”命令的应用。

02 实例要点

- 打开素材图像。
- 复制图层并使用“通道混合器”命令。
- 设置图层的“混合模式”为“亮光”。
- 调整不透明度。

03 操作步骤

步骤 1 执行菜单栏中“文件 / 打开”命令或按快捷键 Ctrl+O，打开随书附带的“素材 / 第 3 章 / 雪中小河”文件，将其作为背景，如图 3-47 所示。

图 3-47　素材

步骤 2 拖动“背景”图层至 ⊞（创建新图层）上，复制背景图层得到“背景 拷贝”图层，如图 3-48 所示。

图 3-48　复制图层

技巧

在“背景”图层中按快捷键 Ctrl+J 可以快速复制一个图层副本，只是名称上会按图层顺序进行命名。

步骤 3 选中“背景 拷贝”图层，执行菜单栏中“图像 / 调整 / 通道混合器”命令，打开“通道混合器”对话框，参数设置如图 3-49 所示。

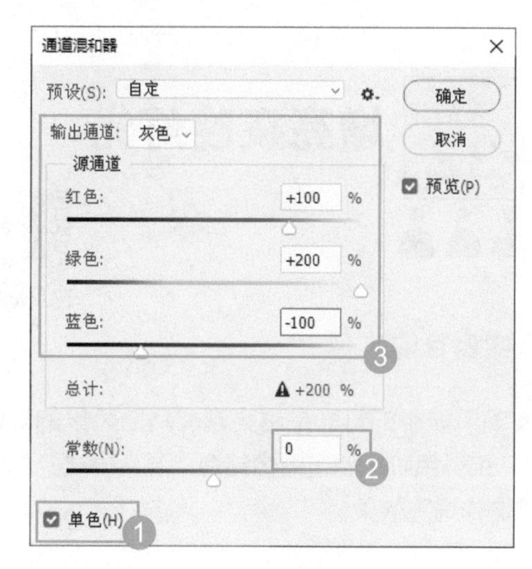

图 3-49　“通道混合器”对话框

技巧

在“通道混合器”对话框中，如果先勾选“单色”复选框，再取消，则可以单独修改每个通道的混合，从而创建一种手绘色调外观。

步骤 4 单击“确定”按钮，完成“通道混合器”对话框的设置，图像效果如图 3-50 所示。

图 3-50　通道混合器调整后

步骤 5 设置“混合模式”为“亮光”，“不透明度”为 33%，如图 3-51 所示。

步骤 6 存储该文件。至此本例制作完毕，效果如图 3-52 所示。

图 3-51 混合模式　　图 3-52 最终效果

实例 32 增亮夜晚灯光

01 实例目的

夜晚风景中的灯光是越亮越能辅助风景的。通过“反相”和“色阶”调整图像结合“混合模式”为“划分”来制作增亮效果。

02 实例要点

- 使用“打开”命令打开素材图像。
- 使用“反相”命令。
- “划分”模式设置图像亮度。
- 使用“色阶”调整图像的亮度。

03 操作步骤

步骤 1 执行菜单栏中“文件 / 打开”命令或按快捷键 Ctrl+O，打开随书附带的“素材 / 第 3 章 / 夜景”文件，如图 3-53 所示。

图 3-53 素材

步骤 2 拖动“背景”图层至 ⊞（创建新图层）按钮上，复制“背景”图层得到“背景 拷贝”图层，如图 3-54 所示。

图 3-54 复制图层

步骤 3 选中“背景 拷贝”图层，执行菜单栏中“图像 / 调整 / 反相”命令，将图像反相，在“图层”面板中设置“背景 拷贝”图层的“混合模式”为“划分”，效果如图 3-55 所示。

图 3-55 反相并设置混合模式

技巧

通过“创建新的填充或调整图层”来调整当前图像时，不需要再复制图层，直接在背景图层上创建调整图层后即可，混合模式可以通过创建的调整图层直接设置。

步骤 4 执行菜单栏中“图像 / 调整 / 色阶”命令，打开“色阶”对话框，参数设置如图 3-56 所示。

技巧

在“色阶”对话框中，拖曳滑点改变数值后，可以将较暗的图像变得亮一些。勾选“预览”复选框，可以在调整的同时看到图像的变化。

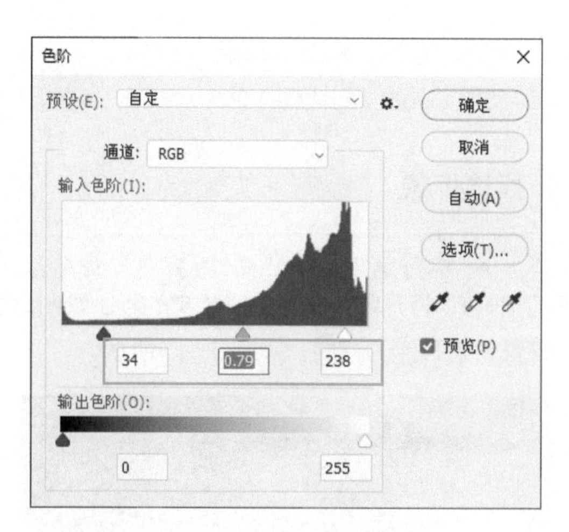

图 3-56 “色阶”对话框

步骤 5 ▶▶ 设置完毕后，单击“确定”按钮，存储该文件。至此本例制作完毕，效果如图 3-57 所示。

图 3-57 最终效果

实例 33 添加渐变发光效果

01 实例目的

炫丽的图像或图形添加渐变发光后，会让图像或图形更加的炫酷，通过“渐变映射”来添加渐变发光效果。

02 实例要点

- 打开素材图像。
- 使用“渐变映射”命令。
- 使用“渐变填充”命令。

03 操作步骤

步骤 1 ▶▶ 执行菜单栏中“文件 / 打开”命令或按快捷键 Ctrl+O，打开随书附带的“素材 / 第 3 章 / 发光字”文件，将其作为背景，如图 3-58 所示。

步骤 2 ▶▶ 单击 ◐（创建新的填充或调整图层）按钮，在弹出的菜单中选择“渐变映射”命令，如图 3-59 所示。

图 3-58 素材

图 3-59 选择渐变映射

步骤 3 ▶▶ 选择“渐变映射”后，打开“属性”面板，单击渐变条，打开“渐变编辑器”对话框，设置从左向右的 RGB 颜色依次为（0、0、0：255、110、2：255、255、0），如图 3-60 所示。

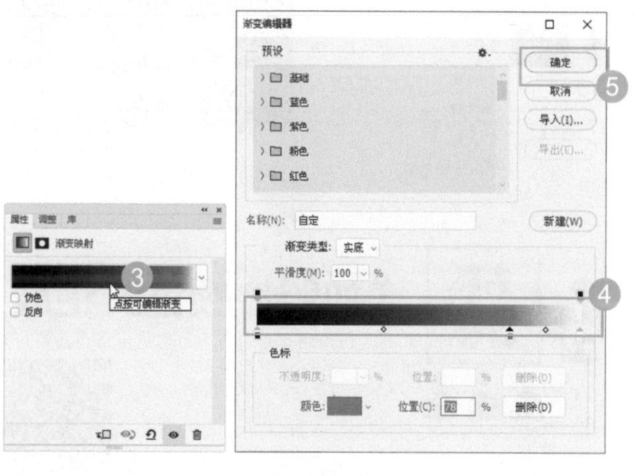

图 3-60 编辑渐变

技 巧

在“属性”面板中，勾选“仿色”复选框用于添加随机杂色以平滑渐变填充的外观并减少带宽效果，勾选“反向”复选框则可切换渐变相反的填充方向。

步骤 4 ▶▶ 设置完毕后，单击“确定”按钮，效果如图 3-61 所示。

步骤 5 ▶▶ 单击 （创建新的填充或调整图层）按钮，在弹出的菜单中选择“渐变”命令，打开“渐变填充”对话框，其中的参数设置如图 3-62 所示。

图 3-61 渐变映射后

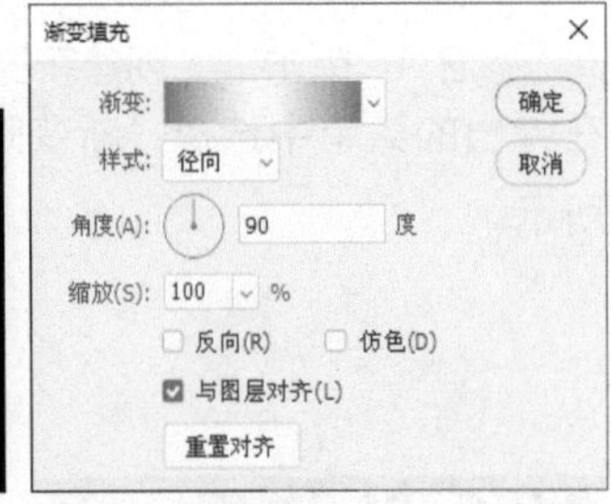

图 3-62 “渐变填充”对话框

步骤 6 ▶▶ 设置完毕后，单击“确定”按钮，设置“混合模式”为“色相”，如图 3-63 所示。

步骤 7 ▶▶ 至此本例制作完毕，最终效果如图 3-64 所示。

图 3-63 混合模式

图 3-64 最终效果

增加照片颜色鲜艳度

01 实例目的

照片放久了多数会出现褪色，使用“自然饱和度”命令可让将褪色的照片增加鲜艳度。

02 实例要点

- 打开素材图像。
- 使用“自然饱和度”命令。
- 使用“亮度 / 对比度”命令。

03 操作步骤

步骤 1 ▶▶ 执行菜单栏中“文件 / 打开”命令或按快捷键 Ctrl+O，打开随书附带的“素材 / 第 3 章 / 褪色照片”文件，将其作为背景，如图 3-65 所示。

图 3-65 素材

步骤 2 ▶▶ 执行菜单栏中“图像 / 调整 / 自然饱和度”命令，打开“自然饱和度”对话框，设置“自然饱和度”为 100、“饱和度”为 58，如图 3-66 所示。

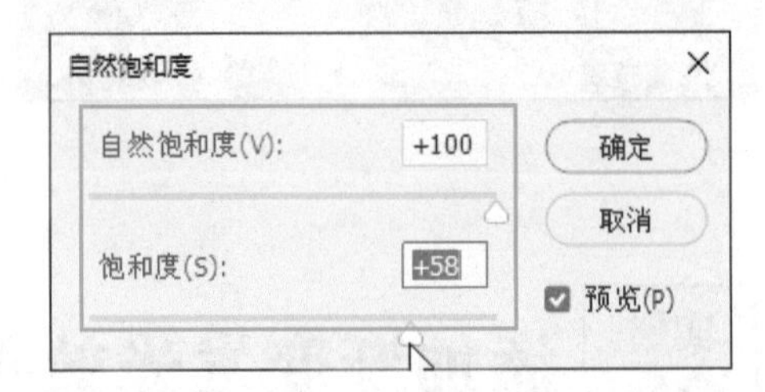

图 3-66 “自然饱和度”对话框

技巧

自然饱和度，可以将图像进行从灰色调到饱和色调的调整，用于提升不够饱和度的图片，或调整出非常优雅的灰色调，取值范围是 – 100 ~ 100，数值越大色彩越浓烈；饱和度，通常指的是一种颜色的纯度，颜色越纯，饱和度就越大。颜色纯度越低，相应颜色的饱和度就越小，取值范围是 – 100 ~ 100，数值越小颜色纯度越小，越接近灰色。

步骤 3 ▶▶ 设置完毕后，单击“确定”按钮，效果如图 3-67 所示。

步骤 4 ▶▶ 执行菜单栏中“图像 / 调整 / 亮度 / 对比度”命令，打开“亮度 / 对比度”对话框，其中的参数值设置如图 3-68 所示。

图 3-67　调整后

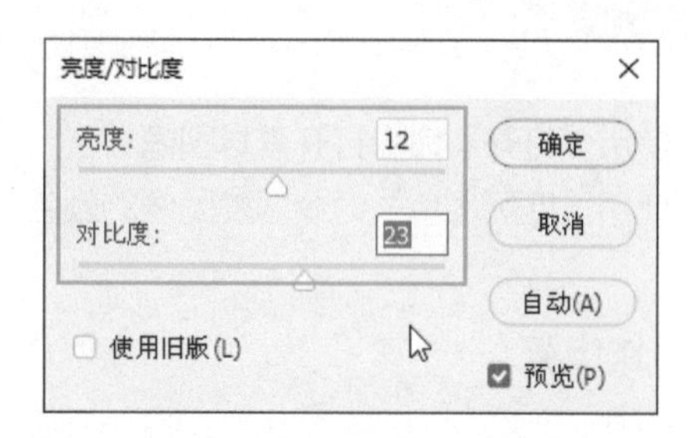

图 3-68　“亮度 / 对比度”对话框

步骤 5 ▶▶ 设置完毕后，单击“确定”按钮，存储该文件。至此本例制作完毕，效果如图 3-69 所示。

图 3-69　最终效果

实例 35　将彩色照片调整成单色效果

01 实例目的

使用“照片滤镜”命令可以将图像调整为冷、暖色调，通过“照片滤镜”命令为黑白照片打造成单一色调的照片，虽然色彩上单一，但整体却另有一番味道。

02 实例要点

- “打开”命令的使用。
- “去色”命令。
- “照片滤镜”调整图层的使用。
- “色相 / 饱和度”调整图层的使用。

03 操作步骤

步骤 1 ▶▶ 执行菜单栏中“文件 / 打开”命令或按快捷键 Ctrl+O，打开随书附带的“素材 / 第 3 章 / 自由女神”文件，如图 3-70 所示。

步骤 2 ▶▶ 执行菜单栏中“图像 / 调整 / 去色”命令或按快捷键 Shift+Ctrl+U 去掉打开素材的颜色效果，如图 3-71 所示。

图 3-70　素材

图 3-71　去色

步骤 3 ▶▶ 打开“图层”面板，单击 （创建新的填充或调整图层）按钮，在弹出的菜单中选择“照片滤镜”选项，打开“属性”面板，其中的参数设置如图 3-72 所示。

图 3-72　调整照片滤镜

步骤 4 ▶▶ 调整完毕后，发现照片已经赋予一种单色，如图 3-73 所示。

图 3-73 调整后

步骤 5 ▶▶ 下面对照片的饱和度进行调整。在“图层”面板中单击 （创建新的填充或调整图层）按钮，在弹出的菜单中选择“色相 / 饱和度”选项后，系统会打开“属性”面板，其中的参数设置如图 3-74 所示。

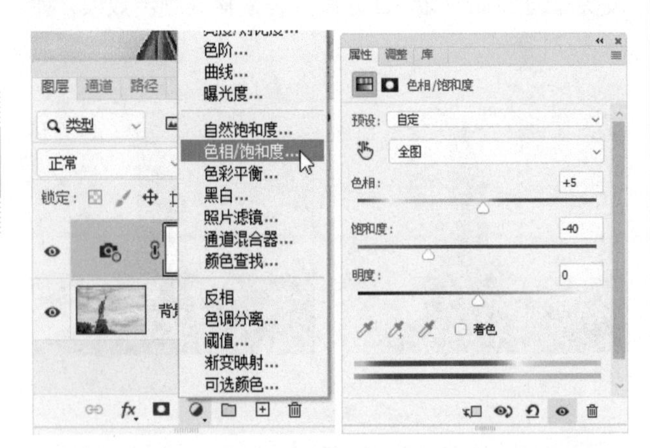

图 3-74 调整色相 / 饱和度

步骤 6 ▶▶ 调整完毕后，完成本例的制作，效果如图 3-75 所示。

图 3-75 最终效果

实例 36 使用匹配颜色统一色调

01 实例目的

了解“匹配颜色”的应用。

02 实例要点

- 使用“打开”命令打开素材图像。
- 使用“匹配颜色”命令调整图像的颜色。

03 操作步骤

步骤 1 ▶▶ 打开随书附带的“素材 / 第 3 章 / 树根人”文件，如图 3-76 所示。

步骤 2 ▶▶ 打开随书附带的“素材 / 第 9 章 / 风景”文件，如图 3-77 所示。

图 3-76 素材（1）

图 3-77 素材（2）

步骤 3 ▶▶ 选中树根人图像，执行菜单栏中“图像 / 调整 / 匹配颜色”命令，打开“匹配颜色”对话框，参数设置如图 3-78 所示。

技巧

或许有人以为编修图像可以修复所有的图像问题，实际上并非如此。我们必须先有个观念，是图像修复的程度取决于原图所记录的细节：细节越多，编修的效果越好；反之，细节越少，或是根本没有将被摄物的细节记录下来，那么再厉害的图像软件也很难无中生有变出你要的图像。因此，若希望编修出好照片，记住，原图的质量不能太差。

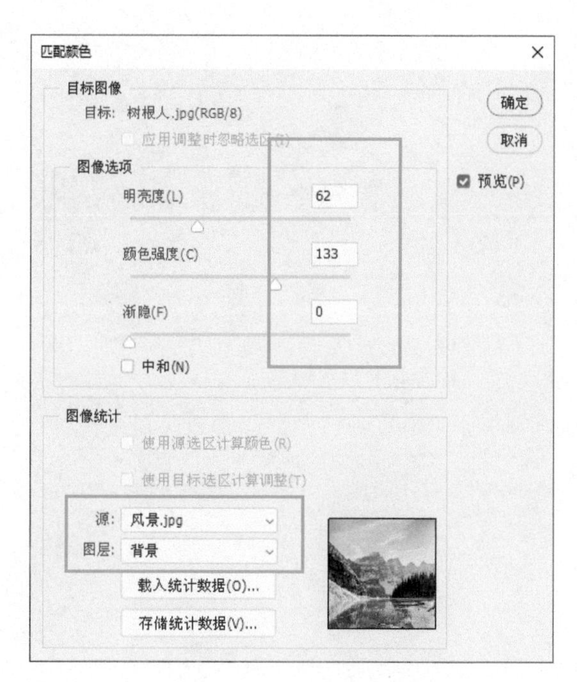

图 3-78　“匹配颜色”对话框

步骤 4 单击“确定”按钮，至此本例制作完毕，效果如图 3-79 所示。

图 3-79　最终效果

本章练习与习题

练习

1. 通过“旋转”命令将图像在直幅与横幅之间进行改变。

2. 通过“黑白”命令改变图像为单色效果。

习题

1. 下面哪个是打开“色阶”对话框的快捷键？（　　）

A. Ctrl+L　　B. Ctrl+ U

C. Ctrl+A　　D. Shift+Ctrl+L

2. 下面哪个是打开“色相 / 饱和度”对话框的快捷键？（　　）

A. Ctrl+L　　B. Ctrl+U

C. Ctrl+B　　D. Shift+Ctrl+U

3. 下面哪几个功能可以调整色调？（　　）

A. 色相 / 饱和度　　B. 亮度 / 对比度

C. 自然饱和度　　D. 通道混合器

4. 可以得到底片效果的命令是哪个？（　　）

A. 色相 / 饱和度　　B. 反相

C. 去色　　D. 色彩平衡

画笔与绘图的使用

本章内容

- 预设画笔绘制枫叶
- 通过画笔设置制作邮票
- 通过自定义画笔制作图像的水印
- 通过导入画笔绘制笔触
- 通过颜色替换工具替换汽车的颜色
- 通过仿制源面板仿制缩小镜像图像
- 用图案图章工具绘制定义图案
- 用历史记录画笔工具突显局部效果

本章主要讲解绘图工具的使用，包括绘画工具（画笔工具、铅笔工具）、画笔面板、图章工具（仿制图章工具、图案图章工具）、历史记录工具（历史记录面板、历史记录画笔工具、历史记录艺术画笔工具）等，将通过实例进行全面细致的讲解。

预设画笔绘制枫叶

01 实例目的

了解“画笔工具”的应用。

02 实例要点

- “打开”命令的使用。
- “画笔工具”的使用。
- 创建新图层的应用。
- “混合模式”中“强光”的应用。

03 操作步骤

步骤 1 ▶▶ 执行菜单栏中“文件 / 打开”命令或按快捷键 Ctrl+O，打开随书附带的“素材 / 第 4 章 / 袜子”文件，如图 4-1 所示。

步骤 2 ▶▶ 在工具箱中选择 （画笔工具），在属性栏中单击“画笔选项”按钮，在打开的选项面板中选择笔尖为“散布枫叶”，如图 4-2 所示。

图 4-1　素材

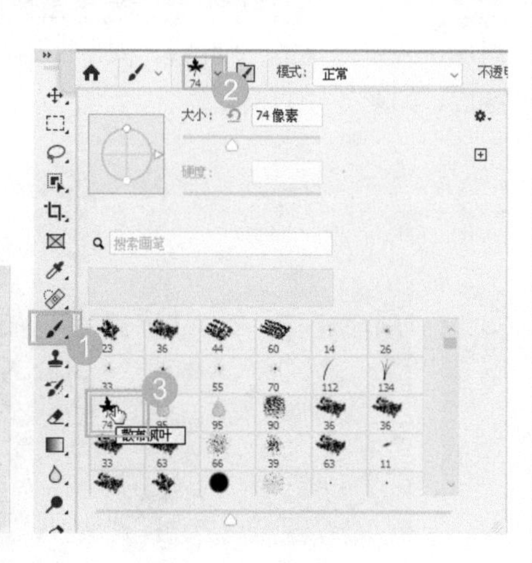

图 4-2　画笔选项

步骤 3 ▶▶ 在工具箱中设置前景色为“橙色”，在“图层”面板中单击 （创建新图层）按钮，新建一个图层并将其命名为“枫叶”，如图 4-3 所示。

图 4-3　命名图层

步骤 4 ▶▶ 使用 （画笔工具），设置不同的“笔尖大小”，并在页面中涂抹，效果如图 4-4 所示。

图 4-4　绘画

步骤 5 ▶▶ 在“图层”面板中设置“枫叶”图层的“混合模式”为“强光”，如图 4-5 所示。

步骤 6 ▶▶ 至此本例制作完毕，效果如图 4-6 所示。

图 4-5　混合模式

图 4-6　最终效果

技巧

在英文输入法状态下按键盘上的 B 键，可以选择“画笔工具”、“铅笔工具”、“颜色替换工具”和“混合器画笔工具”，按键盘上的 Shift+B 键可以在四者之间进行切换。

技巧

在英文输入法状态下按键盘上的数字可以快速改变画笔透明度。1 代表不透明度为 10%，0 代表不透明度为 100%；按键盘上的 F5 键，可以打开“画笔”面板。

实例 38 通过画笔设置制作邮票

01 实例目的

了解“画笔设置”面板的应用。

02 实例要点

- “打开”命令的使用。
- “画笔工具”的使用。
- “画笔面板”的应用。
- “裁剪工具”的使用。

03 操作步骤

步骤 1 ▶▶ 打开随书附带的“素材 / 第 4 章 / 风景 01”文件，将其作为背景，如图 4-7 所示。

图 4-7 素材

步骤 2 ▶▶ 在工具箱中设置前景色为“白色”，选择工具箱中的 （画笔工具），按键盘上的 F5 键，打开“画笔设置”面板，选择“画笔笔尖形状”选项，然后设置如图 4-8 所示的参数值。

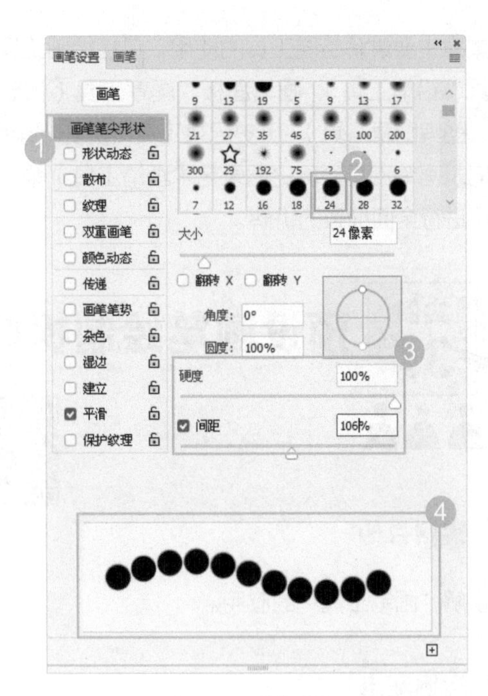

图 4-8 画笔面板

步骤 3 ▶▶ 按住键盘上的 Shift 键在素材图像左上角向右拖动鼠标指针，绘制如图 4-9 所示的图像。

图 4-9 绘制上边的圆点

步骤 4 ▶▶ 将鼠标指针放在右上角最后一个画笔上，再次按住键盘上的 Shift 键，向下拖动，画出右边一排圆点，如图 4-10 所示。

图 4-10 绘制右边的圆点

技巧

在 Photoshop 中画点或者线的时候，按住键盘上的 Shift 键可以保持水平、垂直或者斜 45 度角；而在使用选框工具时，按住键盘上的 Shift 键可以画出正方形和正圆形。

步骤 5 ▶▶ 使用相同的制作方法，可以制作出另外两边的圆点，如图 4-11 所示。

图 4-11　绘制底边和左边的圆点

步骤 6 ▶▶ 使用工具箱中的 （裁剪工具），在图像上按住鼠标左键，拖出一个裁切框，将其调整到合适的大小，如图 4-12 所示。

图 4-12　调整裁切区域

步骤 7 ▶▶ 双击裁切框，或按回车键，对图像进行裁切操作，效果如图 4-13 所示。

图 4-13　图像效果

步骤 8 ▶▶ 选择工具箱中的 T（横排文字工具），在图像上输入相应的文字，完成邮票效果的制作。执行菜单栏中“文件 / 存储为”命令，将处理后的图像保存。至此本例制作完成，效果如图 4-14 所示。

图 4-14　最终效果

通过自定义画笔制作图像的水印

01 实例目的

（画笔工具）不但可以绘制预设或载入的画笔，还可以将自己喜欢的图像定义为画笔。本例通过“定义画笔预设”命令将制作的文字、选区描边和绘制的铅笔直线自定义为画笔笔触，之后来绘制该画笔。

02 实例要点

- 打开素材。
- “椭圆选框工具”绘制正圆选区。
- “描边”命令描边选区。
- “铅笔工具”绘制直线。
- “定义画笔预设”命令的使用。
- 调出选区隐藏图层并新建图层。
- 设置“不透明度”。

03 操作步骤

步骤 1 ▶▶ 执行菜单栏中“文件 / 打开”命令或按快

捷键 Ctrl+O，打开随书附带的“素材 / 第 4 章 / 女鞋”文件，如图 4-15 所示。

步骤 2 ▶▶ 新建图层 1，使用 （椭圆选框工具）在页面中绘制一个正圆选区，如图 4-16 所示。

图 4-15 素材

图 4-16 绘制正圆选区

步骤 3 ▶▶ 执行菜单栏中“编辑 / 描边”命令，打开“描边”对话框，设置“宽度”为 3 像素、“颜色”为黑色、“位置”为内部，如图 4-17 所示。

步骤 4 ▶▶ 设置完毕后，单击“确定”按钮，为选区进行描边，如图 4-18 所示。

图 4-17 “描边”对话框

图 4-18 描边后

步骤 5 ▶▶ 按快捷键 Ctrl+D 去掉选区，使用 （铅笔工具）在圆环中绘制一个 3 像素的黑色十字线，如图 4-19 所示。

图 4-19 绘制铅笔

步骤 6 ▶▶ 使用 （椭圆选框工具）在圆环内绘制一个小一点的正圆选区，按 Delete 键删除选区内的图像，效果如图 4-20 所示。

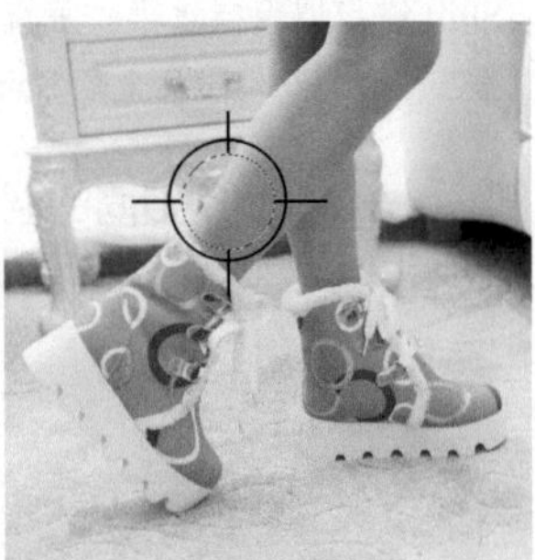

图 4-20 清除

步骤 7 ▶▶ 按快捷键 Ctrl+D 去掉选区，使用 （横排文字工具）键入黑色字母，如图 4-21 所示。

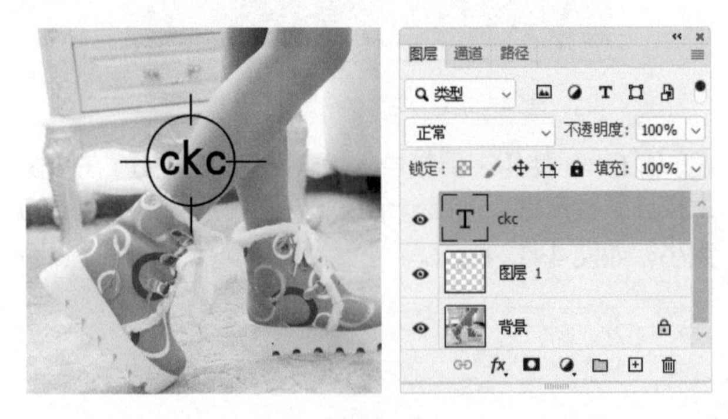

图 4-21 键入文字

步骤 8 ▶▶ 将文字图层和图层 1 一同选取，按快捷键 Ctrl+T 调出变换框，拖动控制点将其进行旋转，如图 4-22 所示。

图 4-22 变换

步骤 9 ▶▶ 按回车键完成变换，按住 Ctrl+Shift 键的同时单击图层 1 和文字图层的缩览图，调出两个图层的选区，如图 4-23 所示。

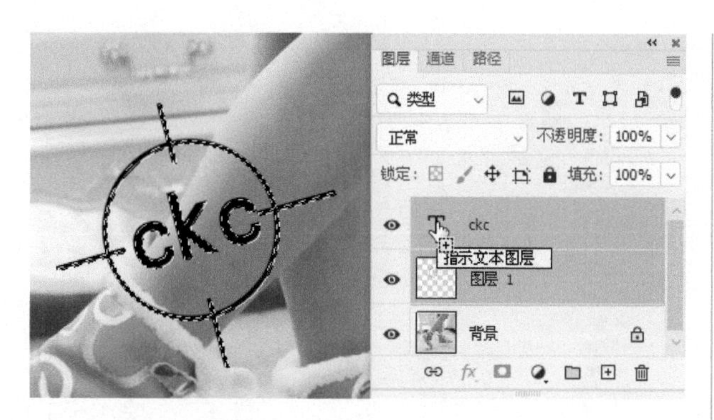

图 4-23　调出选区

步骤 10 ▶▶ 执行菜单栏中“编辑 / 定义画笔预设”命令，打开“画笔名称”对话框，其中的参数设置如图 4-24 所示。

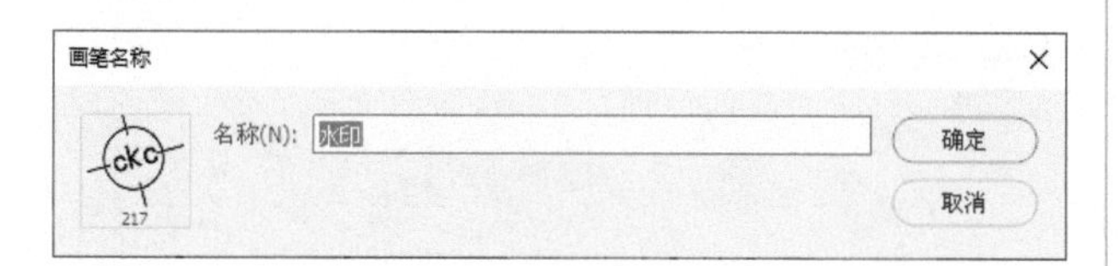

图 4-24　“画笔名称”对话框

温馨提示

将文字或图像定义成画笔时最好使用深色，这样定义的画笔颜色会重一些。

步骤 11 ▶▶ 设置完毕后，单击“确定”按钮，按快捷键 Ctrl+D 去掉选区，隐藏文字图层，新建一个图层，如图 4-25 所示。

步骤 12 ▶▶ 选择 （画笔工具）在“画笔预设”选取器中找到“水印”画笔，如图 4-26 所示。

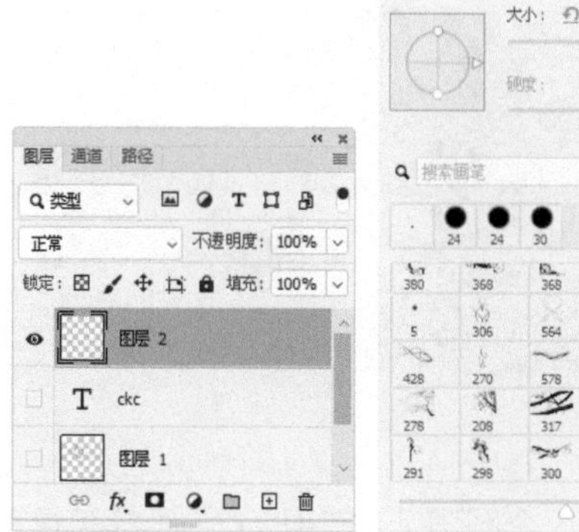

图 4-25　新建图层

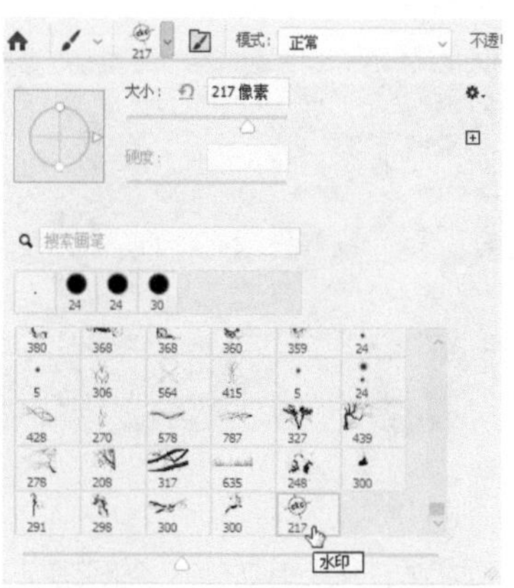

图 4-26　画笔

技 巧

定义的画笔可以在多个不同图像中进行应用，并且可以具有相同的属性。

步骤 13 ▶▶ 选择一种适合的前景色后，在素材上使用 （画笔工具）单击即可为其添加多个水印，设置“不透明度”为 20%，效果如图 4-27 所示。

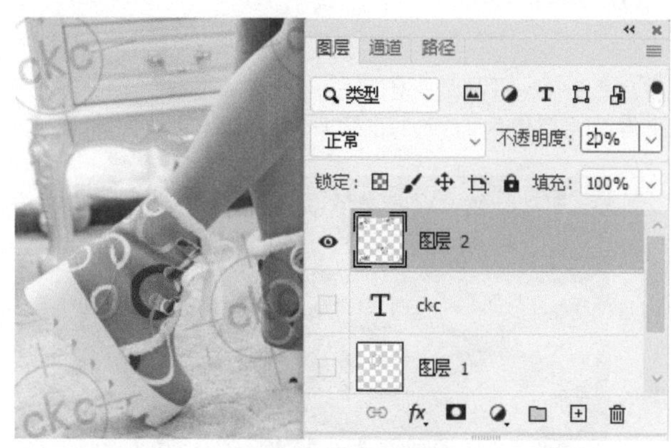

图 4-27　绘制画笔

步骤 14 ▶▶ 至此本例制作完毕，效果如图 4-28 所示。

图 4-28　最终效果

通过导入画笔绘制笔触

01 实例目的

了解“导入画笔”的应用。

02 实例要点

- “打开”命令的使用。
- “画笔工具”的使用。
- “导入画笔”的使用。
- 混合模式。

03 操作步骤

步骤 1 ▶▶ 打开随书附带的“素材/第3章/创意图”文件，将其作为背景，如图4-29所示。

图4-29 素材

步骤 2 ▶▶ 新建一个图层1，选择 (画笔工具) 后，在“画笔拾色器”中，单击“弹出”按钮，选择“导入画笔”命令，如图4-30所示。

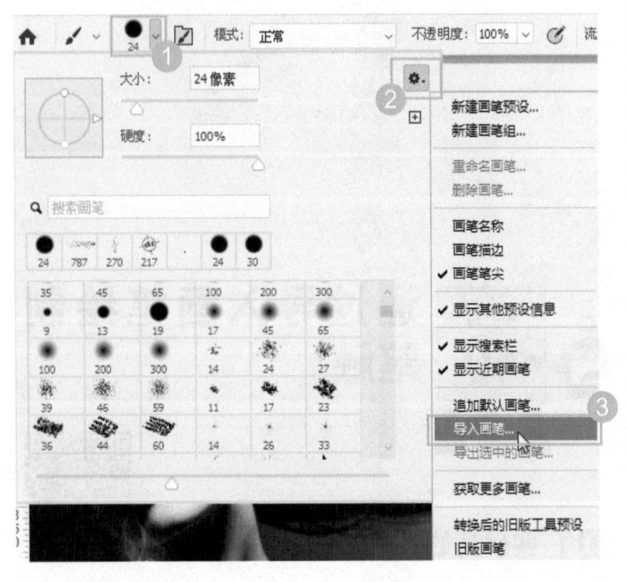

图4-30 导入画笔

步骤 3 ▶▶ 单击“导入画笔”命令后，选择“纹理”画笔后，单击“载入”按钮，如图4-31所示。

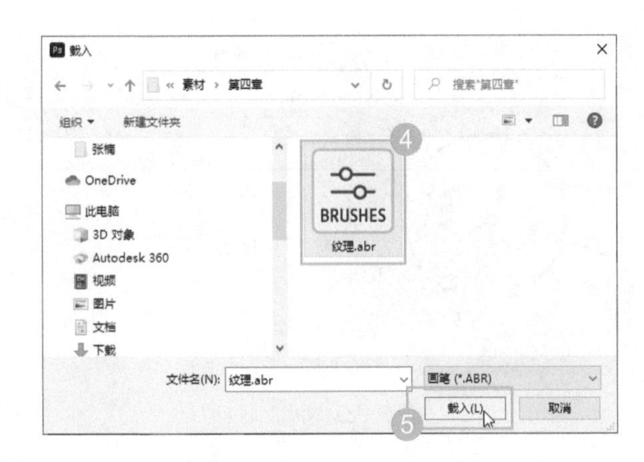

图4-31 导入画笔

步骤 4 ▶▶ 载入画笔后，可以在“画笔拾色器”中显示导入后的画笔笔触，选择我们需要的一个笔触，如图4-32所示。

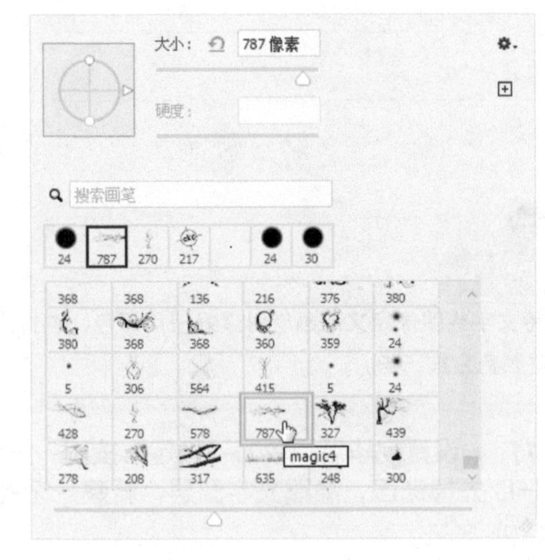

图4-32 选择笔触

步骤 5 ▶▶ 使用 (画笔工具) 在新建的图层1中绘制白色画笔，如图4-33所示。

图4-33 绘制画笔

步骤 6 ▶▶ 再新建一个图层2，使用 (画笔工具) 绘制一个橘色笔触，如图4-34所示。

步骤 7 ▶▶ 设置“混合模式”为“亮光”，如图4-35所示。

步骤 8 ▶▶ 执行菜单栏中“文件 / 存储为”命令，将处理后的图像保存。至此本例制作完成，效果如图 4-36 所示。

图 4-34　绘制画笔

图 4-35　混合模式

图 4-36　最终效果

实例 41 通过颜色替换工具替换汽车的颜色

01 实例目的

了解“颜色替换工具”的应用。

02 实例要点

- “打开”命令的使用。
- “颜色替换工具”的使用。

03 操作步骤

步骤 1 ▶▶ 执行菜单栏中“文件 / 打开”命令或按快捷键 Ctrl+O，打开随书附带的“素材 / 第 4 章 / 汽车”文件，如图 4-37 所示。

图 4-37　素材

步骤 2 ▶▶ 在工具箱中选择（颜色替换工具），设置前景色为（R:143，G:220，B:101）的绿色，在选项栏中单击（一次取样）按钮、设置“模式”为“颜色”、设置“容差”为“40%”，如图 4-38 所示。

图 4-38　设置颜色替换工具

步骤 3 ▶▶ 设置相应的画笔直径，在汽车的黄色车身上按下鼠标，如图 4-39 所示。

图 4-39　选择替换点

步骤 4 ▶▶ 在整个车身上进行涂抹，如图 4-40 所示。

图 4-40　替换过程

步骤 5 ▶▶ 此时会发现还有没被替换的位置，松开鼠标后，到没有被替换的黄色部位，按下鼠标继续拖动，直到完全替换为止。至此本例制作完毕，效果如图 4-41 所示。

图 4-41　最终效果

在使用 (颜色替换工具) 替换图像中的颜色时，在替换过程中如果有没被替换的部位，只要将选项栏中的“容差”设置得大一些，就可以完成一次性替换。

技巧

在使用“颜色替换工具”替换颜色时，纯白色的图像不能进行颜色替换。

实例 42 通过仿制源面板仿制缩小镜像图像

01 实例目的

了解“仿制源”面板对“仿制图章工具”的应用。

02 实例要点

- 打开素材。
- 设置“仿制图章工具”的属性栏。
- 设置“仿制源”面板。
- 使用“仿制图章工具”仿制缩小图像。

03 操作步骤

图 4-42　素材

步骤 1 ▶▶ 执行菜单栏中“文件/打开”命令或按快捷键 Ctrl+O，打开随书附带的“素材/第 4 章/草莓”文件，如图 4-42 所示。

步骤 2 ▶▶ 选择工具箱中的 (仿制图章工具)，设置画笔主直径“大小”为 50 像素，“硬度”为 0%，“不透明度”为 100%，“流量”为 100%，勾选“对齐”复选框，如图 4-43 所示。

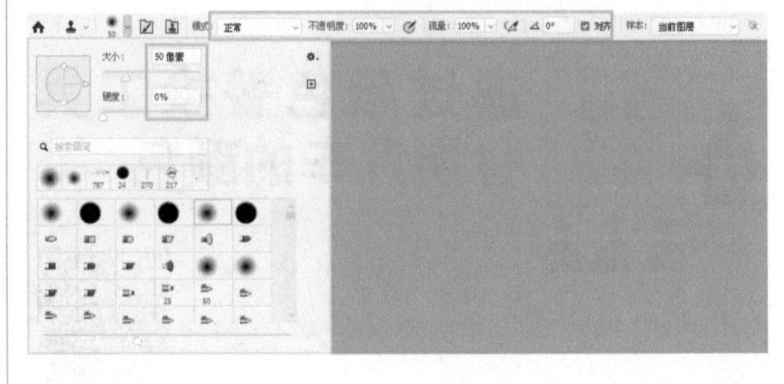

图 4-43　设置属性

技巧

在属性栏中勾选“对齐”复选框，只能修复一个固定的图像位置；反之，可以连续修复多个相同区域的图像。

技巧

在属性栏中的“样本”下拉菜单中，如果选择“当前图层”选项，则只对当前图层取样；如果选择“所有图层”选项，则可以在所有可见图层上取样；如果选择“当前和下方图层”选项，则可以在当前和下方所有图层中取样，默认为“当前图层”选项。

步骤 3 ▸▸ 执行菜单栏中“窗口 / 仿制源”命令，打开“仿制源”面板，单击 (水平翻转) 按钮，设置缩放为 50%，其他参数不变，如图 4-44 所示。

步骤 4 ▸▸ 按住键盘上的 Alt 键，在图像中草莓边缘墙面与地面相接的位置单击鼠标左键选取图章点，如图 4-45 所示。

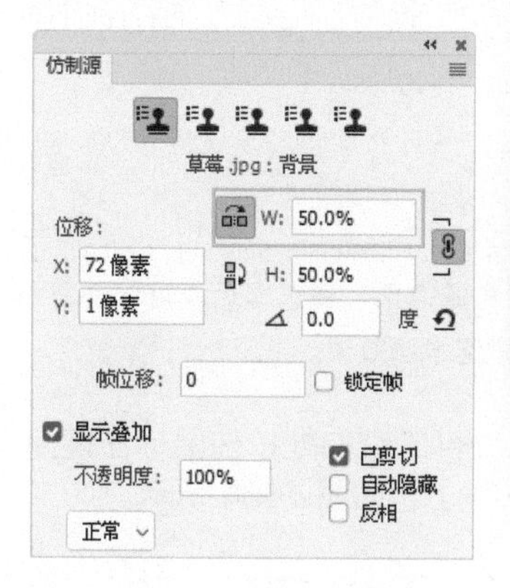

图 4-44　设置仿制源

图 4-45　取样

技 巧

在使用 (仿制图章工具) 仿制图像时，设置被仿制点时找到一处与仿制点相平行的地点，可以更加方便地进行图像仿制操作。

步骤 5 ▸▸ 松开键盘上的 Alt 键，在图像上水平向右移动鼠标，在合适的位置上按下鼠标进行涂抹，如图 4-46 所示。

图 4-46　仿制

步骤 6 ▸▸ 跟随十字线的移动位置可以看到仿制效果，此时仿制的图像已经被缩小了，效果如图 4-47 所示。

图 4-47　仿制

步骤 7 ▸▸ 左右对照，将整个图像仿制到空白处，至此本例制作完成，效果如图 4-48 所示。

图 4-48　最终效果

实例 43 用图案图章工具绘制定义图案

01 实例目的

了解“图案图章工具”的应用。

02 实例要点

- “打开”与“新建”命令的使用。
- “图案图章工具”的应用。
- 自定义图案的使用。

03 操作步骤

图 4-49 素材

步骤 1 ▶▶ 执行菜单栏中“文件/打开”命令或按快捷键 Ctrl+O，打开随书附带的“素材/第 4 章/卡通图”文件，如图 4-49 所示。

步骤 2 ▶▶ 执行菜单栏中“文件/新建”命令或按快捷键 Ctrl+N，打开“新建文档”对话框，设置文件的“名称”为“图案”，“宽度”为 855 像素，“高度”为 900 像素，“分辨率”为 300 像素/英寸，在“颜色模式”中选择 RGB 颜色，选择“背景内容”为白色，如图 4-50 所示。

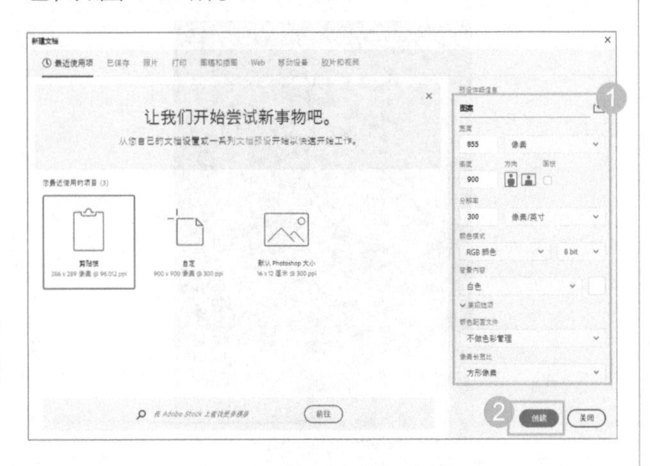

图 4-50 “新建文档”对话框

图 4-51 绘制选区

步骤 3 ▶▶ 设置完毕后，单击“创建”按钮，此时，系统会新建一个白色背景的空白文件，转换到刚刚打开的素材中，使用工具箱中的 (矩形选框工具)，在页面中绘制矩形选区，如图 4-51 所示。

步骤 4 ▶▶ 执行“编辑/定义图案”菜单命令，打开“图案名称”对话框，设置“名称”为“图案1”，如图 4-52 所示。

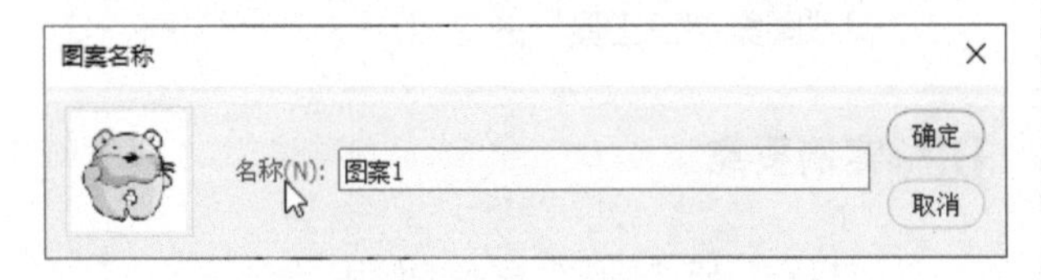

图 4-52 “图案名称”对话框

步骤 5 ▶▶ 设置完毕后，单击“确定”按钮，转换到刚刚新建的“图案”文件中，单击工具箱中的 (图案图章工具) 按钮，在属性栏中设置如图 4-53 所示的参数。

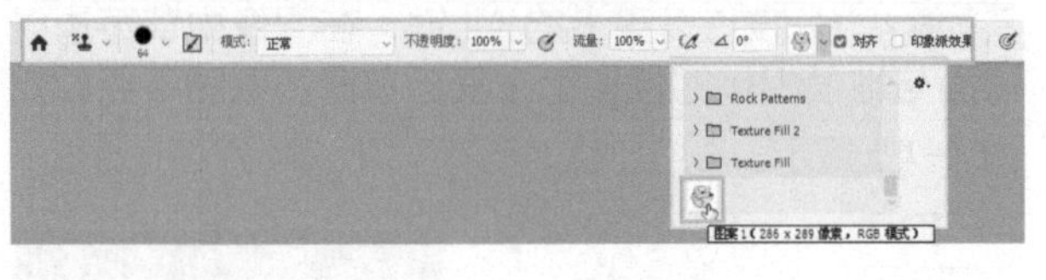

图 4-53 设置图案

技巧

在属性栏中勾选“印象派效果”复选框后，可以使复制的图像效果类似于印象派艺术画效果。

步骤 6 ▶▶ 在“图案”文件的空白处按住鼠标左键拖曳，将图案覆盖到白色背景上，如图 4-54 所示。

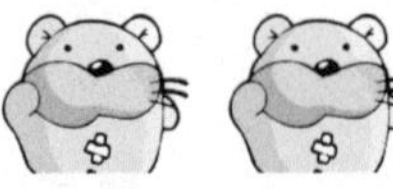

图 4-54 绘制图案

步骤 7 ▶▶ 在整个背景中涂抹，完成图像最终效果的制作，如图 4-55 所示。

图 4-55 最终效果

用历史记录画笔工具突显局部效果

01 实例目的

了解“历史记录画笔工具”的应用。

02 实例要点

- “图像 / 调整 / 去色”命令的使用。
- 设置“历史记录画笔工具”的属性栏。
- 使用“历史记录画笔工具”恢复颜色。

03 操作步骤

步骤 1 ▶▶ 执行菜单栏中“文件 / 打开”命令或按快捷键 Ctrl+O，打开随书附带的“素材 / 第 4 章 / 美女”文件，如图 4-56 所示。

图 4-56　素材

步骤 2 ▶▶ 执行菜单栏中“图像 / 调整 / 黑白”命令或按快捷键 Alt+Shift+Ctrl+B，打开“黑白”对话框，其中的参数设置如图 4-57 所示。

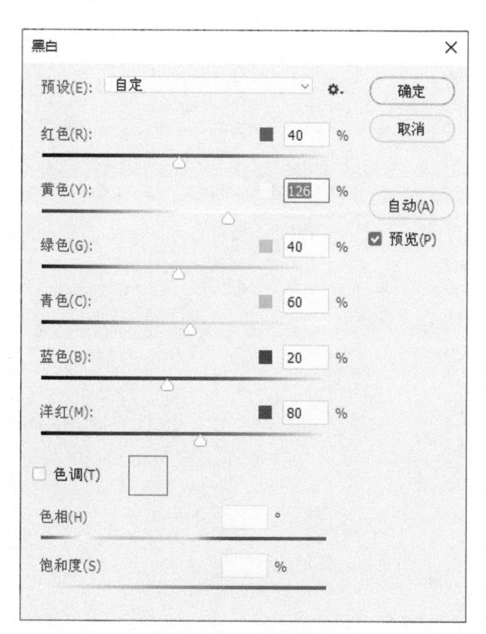

图 4-57　“黑白”对话框

步骤 3 ▶▶ 设置完毕后，单击“确定”按钮，效果如图 4-58 所示。

图 4-58　黑白

步骤 4 ▶▶ 选择工具箱中的（历史记录画笔工具），在属性栏上设置如图 4-59 所示的参数。

图 4-59　设置属性

步骤 5 ▶▶ 在素材图像上人物的嘴唇处，使用（历史记录画笔工具）进行涂抹，如图 4-60 所示。

图 4-60　涂抹嘴部

技巧

使用（历史记录画笔工具）时，如果已经操作了多步，可以在“历史记录”面板中找到需要恢复的步骤，再使用“历史记录画笔工具”对这一步进行复原。

步骤 6 ▶▶ 调整合适的笔尖大小，涂抹整个嘴部。执行“文件 / 存储为”菜单命令，存储文件。至此本例制作完成，效果如图 4-61 所示。

图 4-61　最终效果

本章练习与习题

练习

1. 使用“仿制源”面板仿制缩小图像。

2. 通过“画笔设置”面板制作一个云彩画笔。

习题

1. 下面哪个工具绘制的线条较硬？（　　）

A. 铅笔工具　　B. 画笔工具
C. 颜色替换工具　　D. 图案图章工具

2. “仿制源”面板中不能对仿制图像进行的操作是哪个？（　　）

A. 改变颜色　　B. 水平镜像
C. 旋转角度　　D. 缩放图像

3. 自定义的图案可以用于以下哪个工具？（　　）

A. 历史记录画笔工具　　B. 修补工具
C. 图案图章工具　　D. 画笔工具

填充、描边与擦除的使用

本章内容

- 用颜色填充与描边制作装饰画
- 在图像中填充图案
- 用内容识别填充修掉照片中的图形
- 为图像创建选区并进行描边
- 用渐变工具填充梦幻图像
- 用油漆桶工具填充自定义图案
- 用橡皮擦工具擦除图像
- 用魔术橡皮擦工具为图像抠图
- 用背景橡皮擦工具抠图

在 Photoshop 中，填充指的是在被编辑的文件中，对整体或局部使用单色、多色或复杂的图像进行覆盖，而擦除正好相反，是将图像的整体或局部进行清除。

本章主要介绍 Photoshop 关于填充、描边与擦除方面的知识。

实例45 用颜色填充与描边制作装饰画

01 实例目的

本实例通过更精确的颜色设置来学习如何设置前景色和应用“填充”命令和“描边”命令。

02 实例要点

- 设置前景色。
- 使用“填充”对话框。
- 使用“云彩”滤镜。
- “画笔”画板在实例中的应用。
- “描边”命令的使用。

03 操作步骤

步骤 1 ▶▶ 执行菜单栏中“文件/新建”命令或按快捷键 Ctrl+N，打开“新建文档”对话框，其中的参数设置如图 5-1 所示。

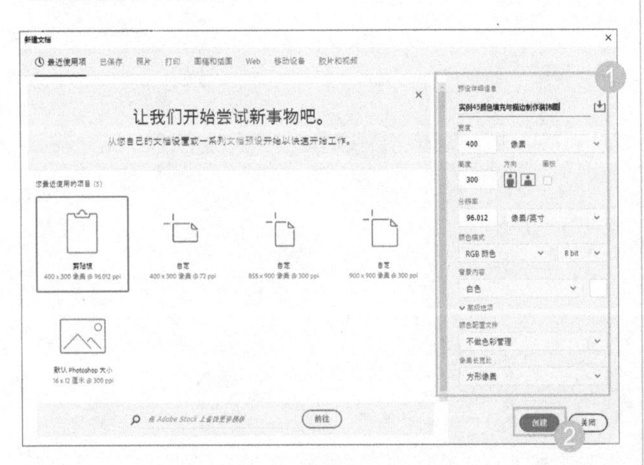

图 5-1 “新建文档”对话框

步骤 2 ▶▶ 在工具箱中单击“前景色”图标，弹出“拾色器”对话框，将前景色设置为 RGB（5、5、138），如图 5-2 所示。

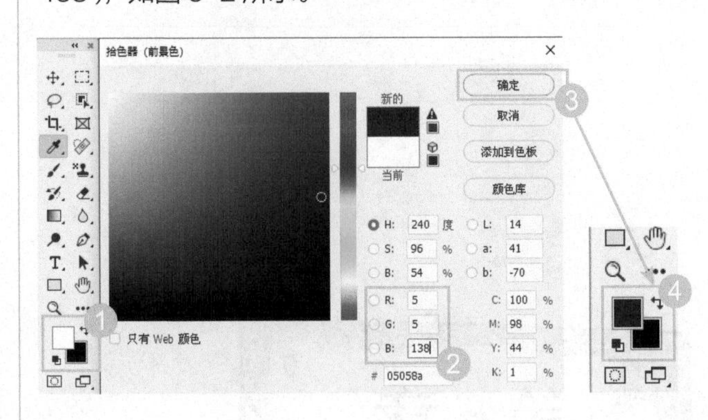

图 5-2 设置前景色

步骤 3 ▶▶ 设置完毕后，单击“确定”按钮，执行菜单栏中“编辑/填充”命令，弹出“填充”对话框，在“内容”下拉菜单中选择“前景色”选项后，单击“确定”按钮，如图 5-3 所示。

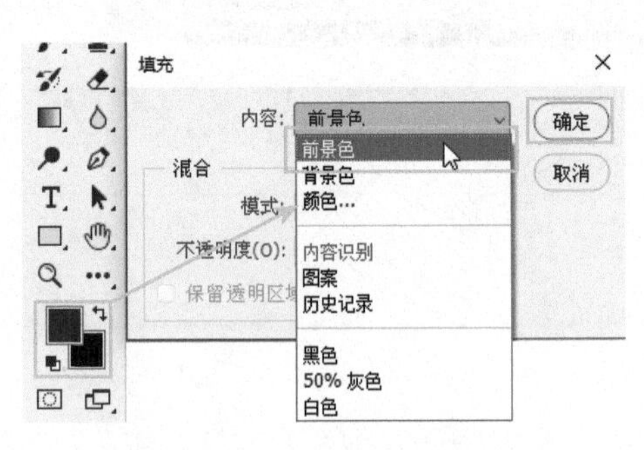

图 5-3 “填充”对话框

技巧

在填充颜色时，按快捷键 Alt+Delete 也可以填充前景色；按快捷键 Ctrl+Delete 可以填充背景色。

步骤 4 ▶▶ 此时“背景”图层被填充为蓝色，如图 5-4 所示。

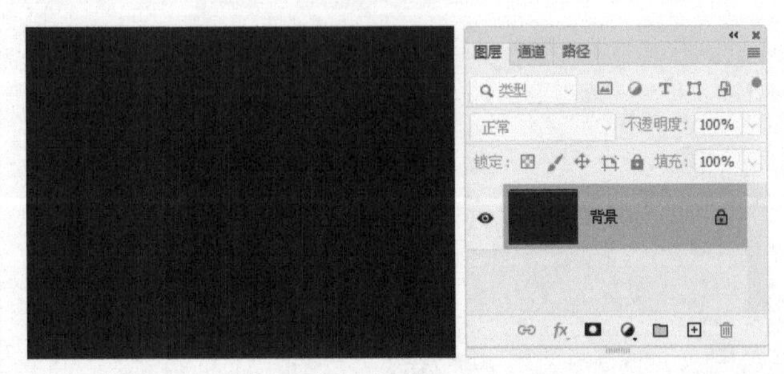

图 5-4 填充后

步骤 5 ▶▶ 单击“图层”面板中的 ⊞（创建新图层）按钮，新建一个图层并将其命名为“云彩”，如图 5-5 所示。

步骤 6 ▶▶ 单击工具箱中的“默认前景色和背景色”按钮，再执行菜单栏中“滤镜 / 渲染 / 云彩”命令，效果如图 5-6 所示。

图 5-5　新建图层并命名

图 5-6　云彩

步骤 7 ▶▶ 单击“图层”面板中的（添加图层蒙版）按钮，为图层添加蒙版，选择（渐变工具），在选项栏中选择“线性渐变”和“前景色到背景色渐变”，如图 5-7 所示。

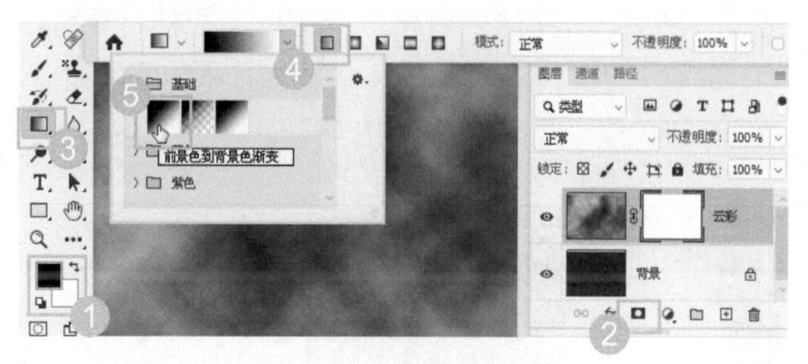

图 5-7　设置渐变

步骤 8 ▶▶ 使用（渐变工具）在图层蒙版中从右下角向左上角拖曳鼠标绘制渐变蒙版，再设置“不透明度”为 37%，效果如图 5-8 所示。

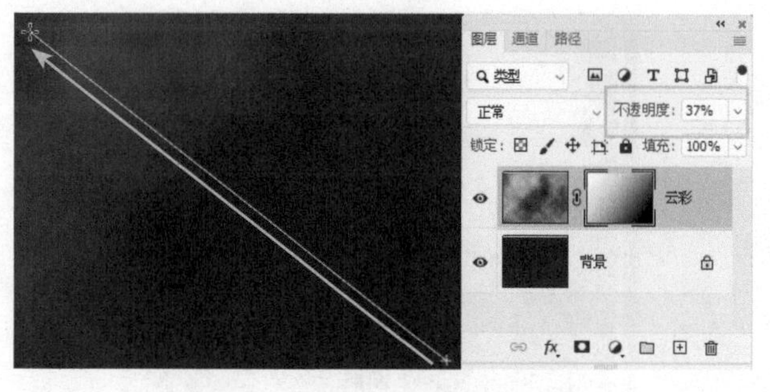

图 5-8　填充渐变蒙版设置不透明度

步骤 9 ▶▶ 新建一个图层并命名为“月亮”。使用（椭圆选框工具），设置“羽化”为 2 像素，按住 Shift 键绘制圆形选区，按快捷键 Ctrl+Delete 填充背景色，效果如图 5-9 所示。

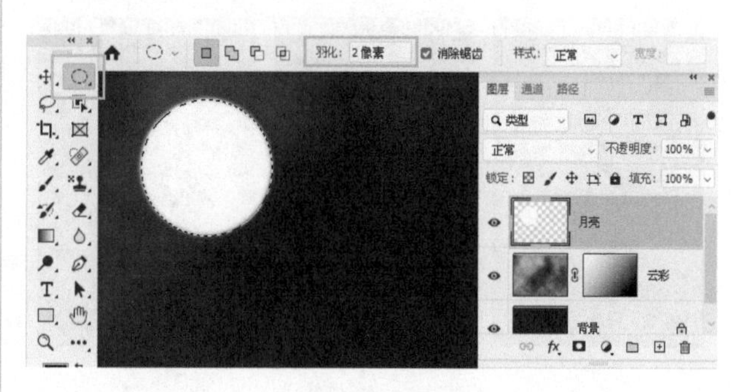

图 5-9　填充

步骤 10 ▶▶ 拖曳“月亮”图层到 ⊞（创建新图层）按钮上，得到“月亮 拷贝”图层，将“月亮 拷贝”图层拖曳到“月亮”图层下方，执行菜单栏中“选择 / 修改 / 羽化”命令，弹出“羽化选区”对话框，设置“羽化半径”为 10 像素，如图 5-10 所示。

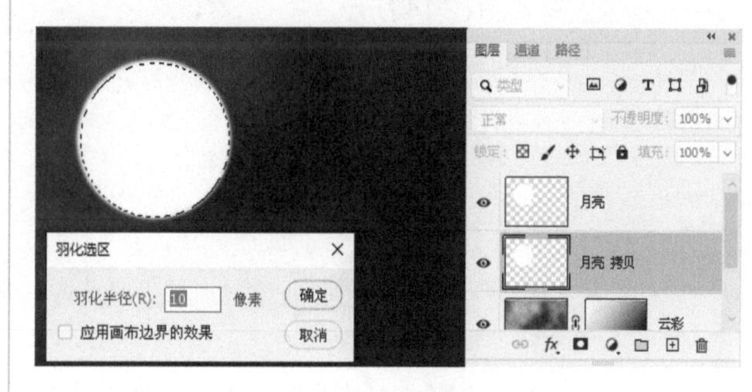

图 5-10　羽化选区

步骤 11 ▶▶ 设置完毕后，单击“确定”按钮，按快捷键 Ctrl+Delete 填充背景色，效果如图 5-11 所示。

图 5-11　填充

步骤 12 ▶▶ 新建一个图层并命名为“竹子”。使用（矩形选框工具），在页面中绘制矩形选区并填充为“黑色”，再使用 ◌（椭圆选框工具）在矩形上绘制椭圆选区并按 Delete 键清除选区，效果如图 5-12 所示。

图 5-12　绘制竹子

步骤 13 ▶▶ 使用 ◌（椭圆选框工具）绘制选区后填充黑色，绘制竹节部位，使用同样的方法制作出整根竹子，如图 5-13 所示。

步骤 14 ▶▶ 下面绘制竹叶。选择工具箱中的 ✎（画笔工具），按键盘上的 F5 键打开“画笔设置”面板，其中的参数设置如图 5-14 所示。

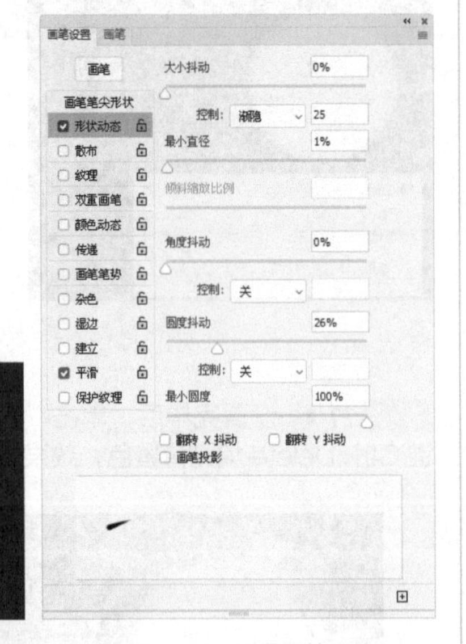

图 5-13　竹子　　图 5-14　设置画笔

步骤 15 ▶▶ 在页面中绘制大小不等的竹叶，效果如图 5-15 所示。

步骤 16 ▶▶ 新建一个图层，命名为“描边”，执行菜单栏中“选择 / 全部”命令或按快捷键 Ctrl+A，再执行菜单栏中“编辑 / 描边”命令，弹出“描边”对话框，参数设置如图 5-16 所示。

步骤 17 ▶▶ 设置完毕后，单击“确定”按钮，描边后的效果如图 5-17 所示。

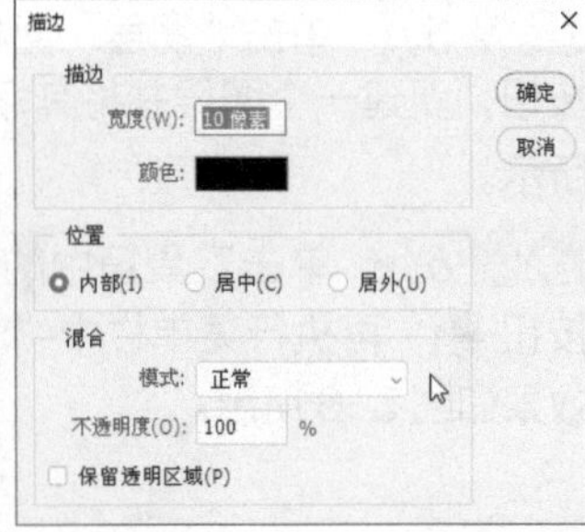

图 5-15　竹叶　　图 5-16　“描边”对话框

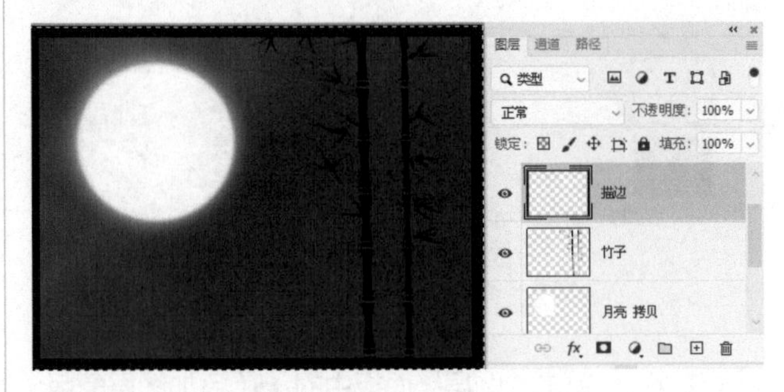

图 5-17　描边后

步骤 18 ▶▶ 按住键盘上的 Ctrl 键单击“描边”图层的缩览图，调出选区，复制“描边”图层，得到“描边拷贝”图层，并将选区填充为“白色”。再执行菜单栏中“编辑 / 变换 / 缩放”命令，调出变换框将图像缩小，按回车键确定，效果如图 5-18 所示。

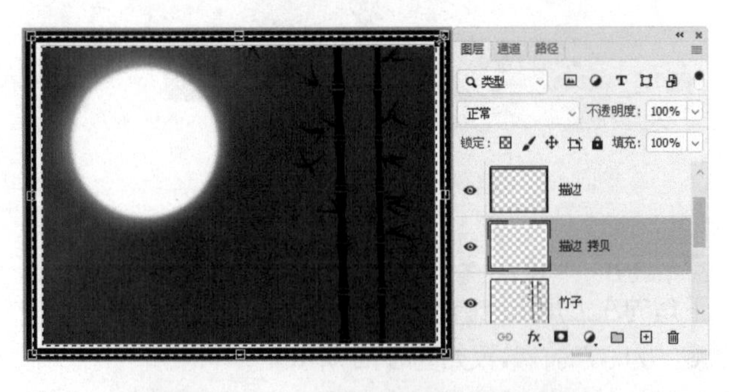

图 5-18　缩小

步骤 19 ▶▶ 执行菜单栏中“选择 / 取消选区”命令或按快捷键 Ctrl+D 取消选区。再执行菜单栏中“文件 / 打开”命令或按快捷键 Ctrl+O，打开随书附带的“素材 / 第 5 章 / 相拥”文件，使用 ✥（移动工具）将素材中的图像拖曳到新建文档中，如图 5-19 所示。

图 5-19　移入素材

步骤 20 ▶▶ 执行“选择 / 取消选区”菜单命令，取消选区。使用 ↓T（直排文字工具），在页面中输入相应的文字，完成本例效果的制作，如图 5-20 所示。

图 5-20　最终效果

在图像中填充图案

01 实例目的

通过填充图案，进一步掌握“填充”命令的功能。

02 实例要点

- 创建选区。
- “填充”对话框的设置。
- 替换图案。

03 操作步骤

步骤 1 ▶▶ 执行菜单栏中的“文件 / 打开”命令或按快捷键 Ctrl+O，打开随书附带的“素材 / 第 5 章 / 创意图 01”文件，如图 5-21 所示。

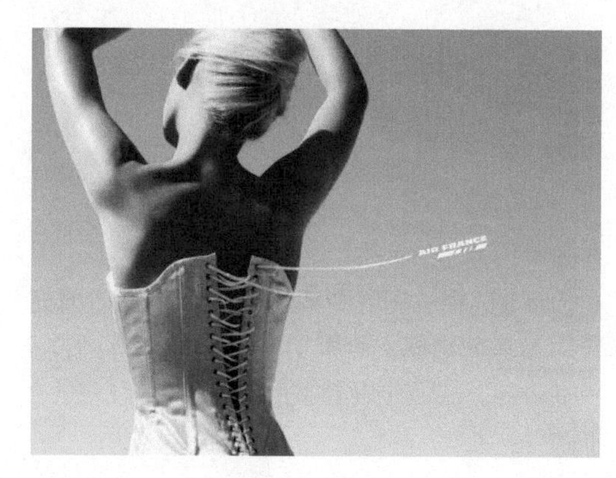

图 5-21　素材

步骤 2 ▶▶ 在工具箱中选择 （魔棒工具），在选项栏中单击 （添加到选区）按钮，设置“容差”为 50，不勾选“连续”复选框，在素材图像中的背景处单击，如图 5-22 所示。

图 5-22　调出选区

步骤 3 ▶▶ 此时会发现选区创建得并不完全，这时在没有创建选区的位置上单击，调出选区，只留下人物部分，效果如图 5-23 所示。

步骤 4 ▶▶ 新建一个图层 1，执行菜单栏中的“编辑 / 填充”命令或按快捷键 Shift+F5，打开“填充”对话框，在“内容”下拉列表中选择“图案”，再打开“自定图案”列表，选择“树叶图案纸”图案，如图 5-24 所示。

图 5-23　添加选区

步骤 5 ▶ 选择“树叶图案纸”后，再在“填充”对话框中设置其他参数，如图 5-25 所示。

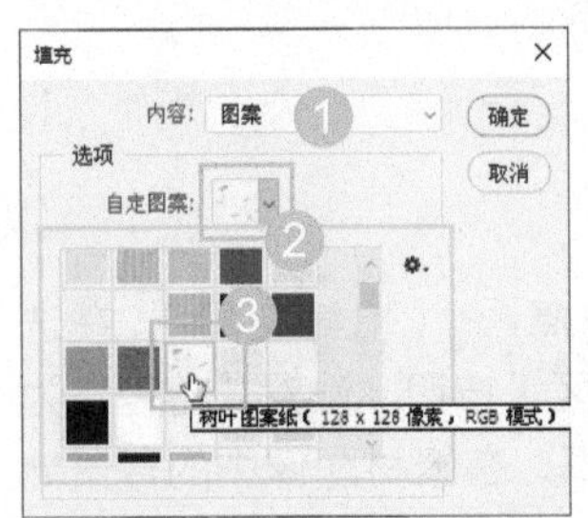

图 5-24　“填充”对话框（1）

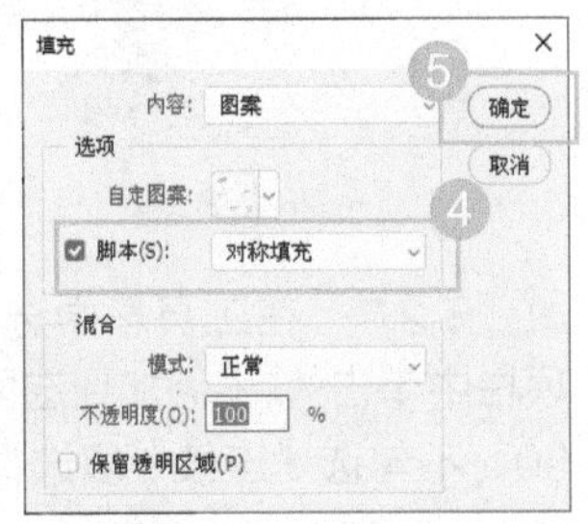

图 5-25　“填充”对话框（2）

步骤 6 ▶ 设置完毕后，单击“确定”按钮，打开“对称填充”对话框，其中的参数设置如图 5-26 所示。

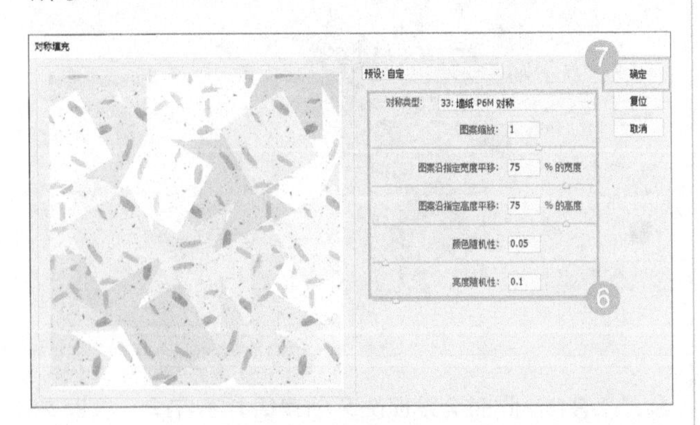

图 5-26　“对称填充”对话框

步骤 7 ▶ 设置完毕后，单击“确定”按钮，效果如图 5-27 所示。

步骤 8 ▶ 按快捷键 Ctrl+D 去掉选区，设置“混合模式”为“强光”、“不透明度”为 40%，效果如图 5-28 所示。

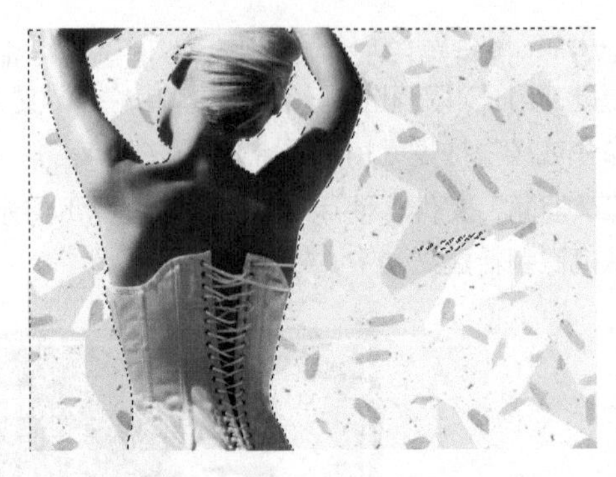

图 5-27　填充后

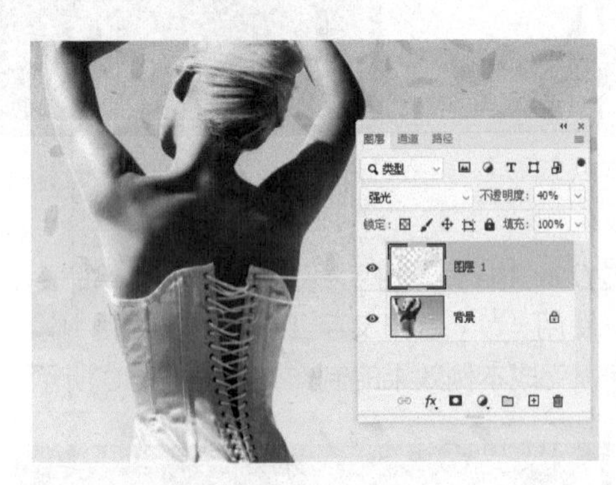

图 5-28　设置混合模式

步骤 9 ▶ 至此本例制作完毕，效果如图 5-29 所示。

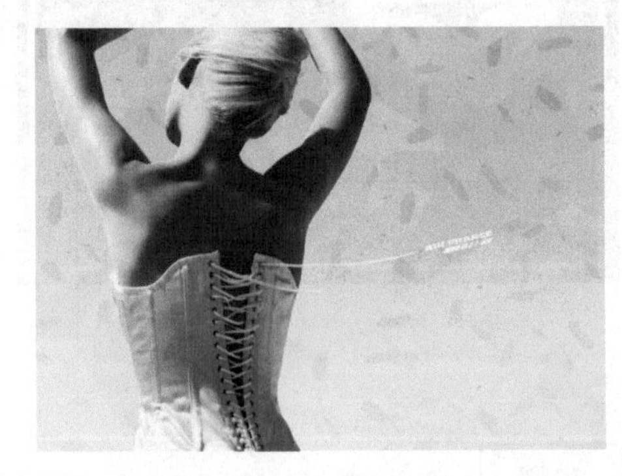

图 5-29　最终效果

实例 47　用内容识别填充修掉照片中的图形

01 实例目的

了解“填充”命令中“内容识别填充”的应用。

02 实例要点

- 打开素材。
- “内容识别填充”对话框。

03 操作步骤

步骤 1 执行菜单栏中“文件 / 打开”命令或按快捷键 Ctrl+O，打开随书附带的“素材 / 第 5 章 / 蒙眼人”文件，效果如图 5-30 所示。下面我们就通过“填充”命令清除素材中的几个图形。

步骤 2 使用 (矩形选框工具) 在素材中倒数第二个图形上创建一个矩形选区，如图 5-31 所示。

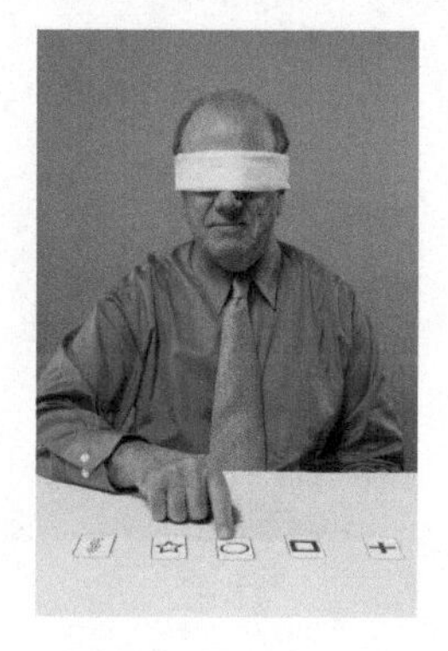

图 5-30　素材

图 5-31　在图像中创建选区

步骤 3 执行菜单栏中“编辑 / 内容识别填充”命令，打开“内容识别填充”对话框，其中的参数值按默认值即可，如图 5-32 所示。

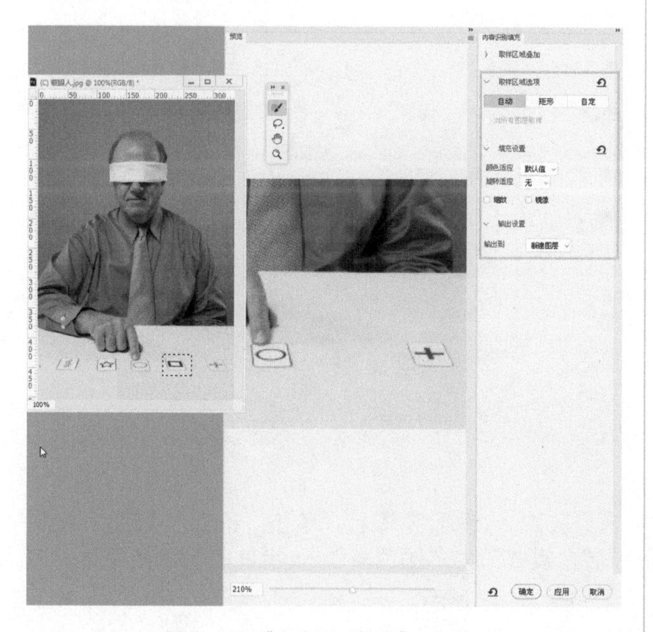

图 5-32　“内容识别填充”对话框

步骤 4 设置完毕后，单击“确定”按钮，按快捷键 Ctrl+D 去掉选区，效果如图 5-33 所示。

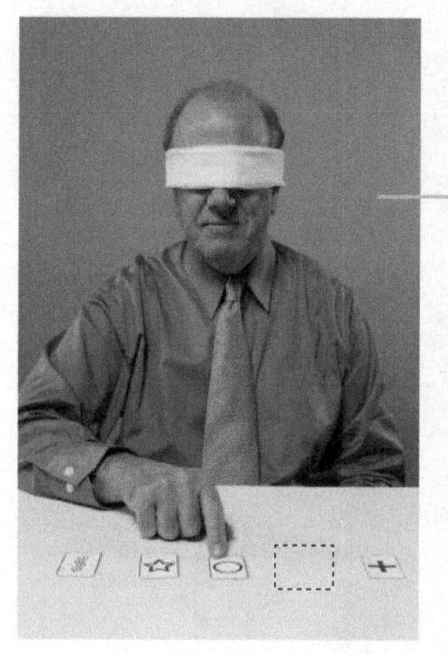

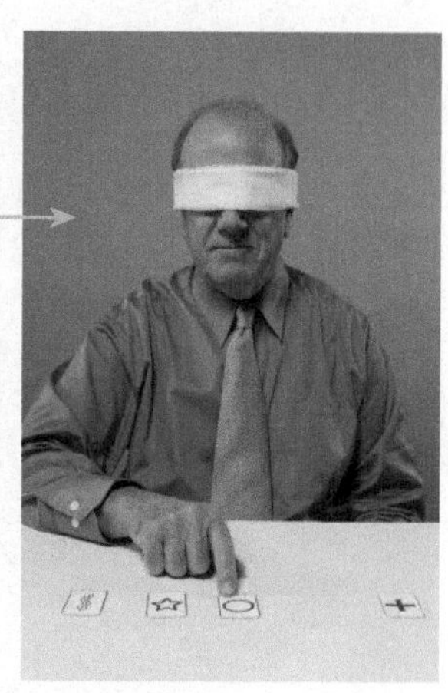

图 5-33　内容识别后

步骤 5 使用同样的方法还可以将图像中的第二个图形清除，效果如图 5-34 所示。

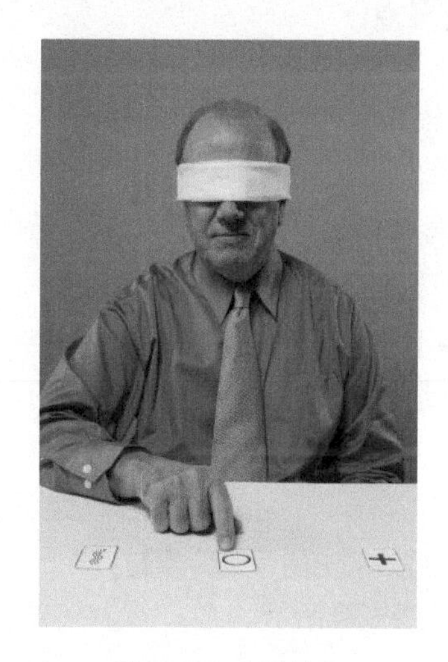

图 5-34　最终效果

为图像创建选区并进行描边

01 实例目的

通过制作如图 5-35 所示的流程图，了解“描边”命令在本例中的应用。

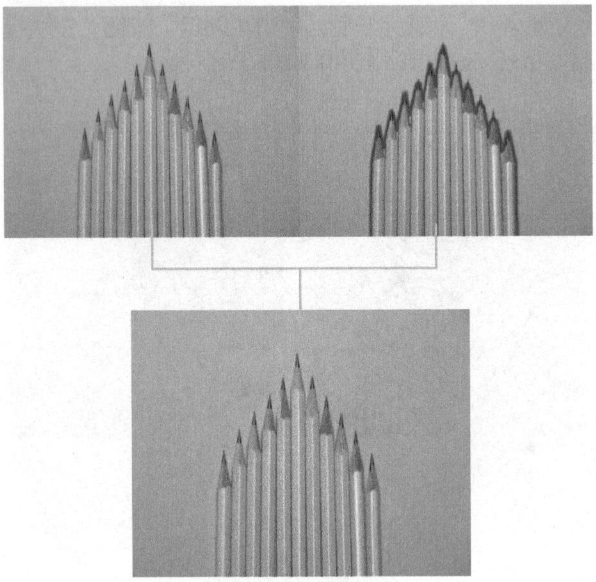

图 5-35　流程图

02 实例要点

- 打开素材。
- 创建选区。
- 设置“描边”对话框。
- 高斯模糊滤镜。

03 操作步骤

步骤 1 ▶▶ 执行菜单栏中“文件 / 打开”命令或按快捷键 Ctrl+O，打开随书附带的“素材 / 第 5 章 / 铅笔”文件，效果如图 5-36 所示。

步骤 2 ▶▶ 使用 （对象选择工具）在素材中铅笔上拖曳鼠标创建选区，如图 5-37 所示。

图 5-36　素材

图 5-37　在图像中创建选区

步骤 3 ▶▶ 将前景色设置为“粉色”，新建一个图层 1，如图 5-38 所示。

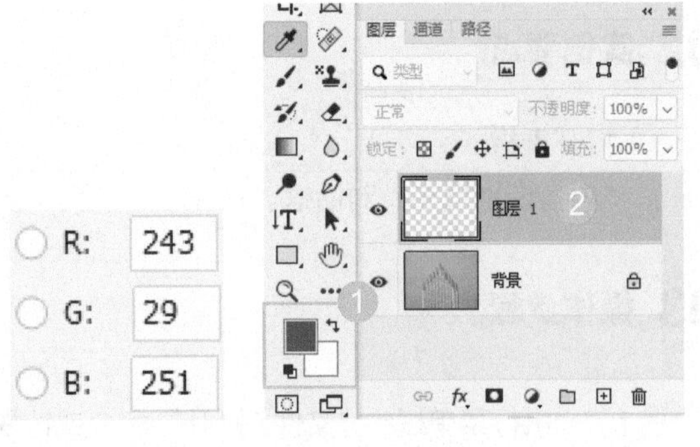

图 5-38　设置前景色新建图层

步骤 4 ▶▶ 执行菜单栏中“编辑 / 描边”命令，打开“描边”对话框，其中的参数设置如图 5-39 所示。

步骤 5 ▶▶ 设置完毕后，单击“确定”按钮，按快捷键 Ctrl+D 去掉选区，效果如图 5-40 所示。

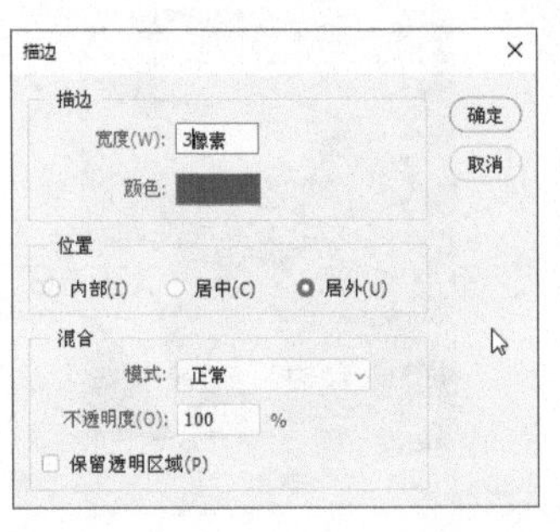

图 5-39　“描边”对话框

图 5-40　描边后

步骤 6 ▶▶ 执行菜单栏中“滤镜 / 模糊 / 高斯模糊”命令，打开“高斯模糊”对话框，其中的参数设置如图 5-41 所示。

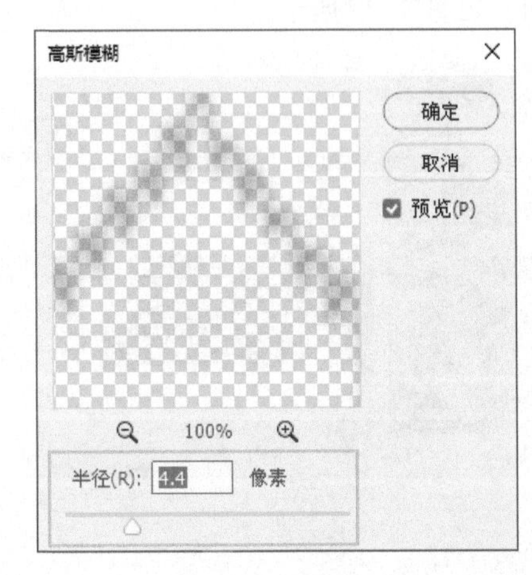

图 5-41　“高斯模糊”对话框

步骤 7 ▶▶ 设置完毕后，单击“确定”按钮，设置“混合模式”为“颜色减淡”。至此本例制作完毕，效果如图 5-42 所示。

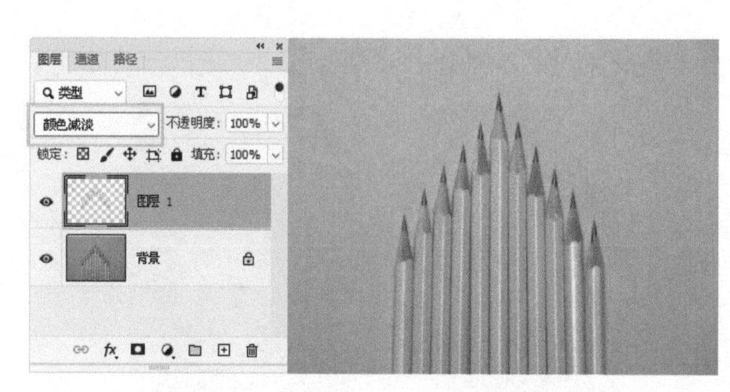

图 5-42　最终效果

用渐变工具填充梦幻图像

01 实例目的

了解“渐变工具”的应用。

02 实例要点

- “打开”命令。
- 应用“高斯模糊”滤镜。
- 设置混合模式。
- “渐变工具”的编辑与使用。

03 操作步骤

步骤 1 ▸▸ 执行菜单栏中的“文件 / 打开”命令或按快捷键 Ctrl+O，打开随书附带的“素材 / 第 5 章 / 风景”文件，如图 5-43 所示。

图 5-43　素材

步骤 2 ▸▸ 按快捷键 Ctrl+J 复制背景图层得到一个图层 1，如图 5-44 所示。

步骤 3 ▸▸ 执行菜单栏中“滤镜 / 模糊 / 高斯模糊”命令，打开“高斯模糊”对话框，其中的参数设置如图 5-45 所示。

图 5-44　复制图层

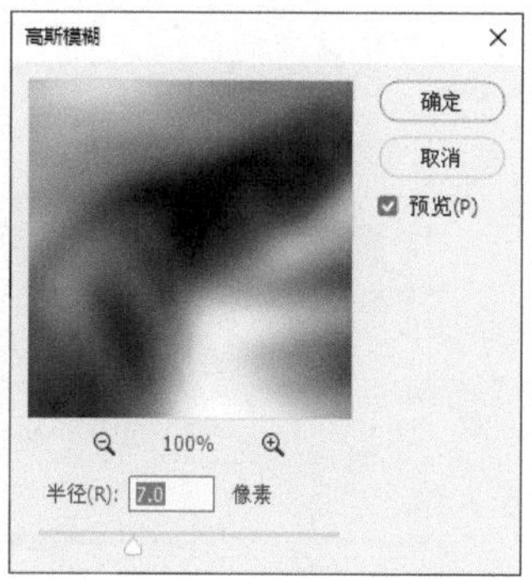

图 5-45　“高斯模糊”对话框

步骤 4 ▸▸ 设置完毕后，单击“确定”按钮，设置“混合模式”为“浅色”，效果如图 5-46 所示。

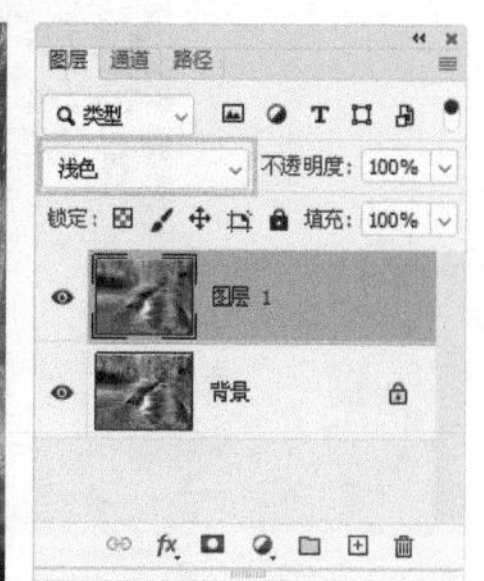

图 5-46　混合模式

步骤 5 ▸▸ 新建一个图层，使用工具箱中的 ■（渐变工具），设置“模式”为“线性渐变”，然后在“渐变类型”上单击鼠标左键，如图 5-47 所示。

图 5-47　设置渐变

步骤 6 ▸▸ 单击后，打开“渐变编辑器”对话框，设置渐变为 6 种不同的颜色，如图 5-48 所示。

步骤 7 ▸▸ 设置完毕后，单击“确定”按钮，使用 ■（渐变工具）在新建的图层中按住鼠标左键从左上角向右下角拖曳，松开鼠标按键后页面就被填充为线性的色谱效果，如图 5-49 所示。

图 5-48　设置渐变

图 5-49　绘制渐变

技巧

（渐变工具）不能用于位图、索引颜色模式的图像；执行渐变操作时，在图像中或选区内按住鼠标左键单击起点，然后拖曳鼠标指针确定终点，松开鼠标按键即可。若要限制方向（45° 的倍数），则在拖曳时按住 Shift 键即可。

步骤 8 ▶▶ 设置“混合模式”为“柔光”、“不透明度”为 54%，如图 5-50 所示。

图 5-50　混合模式

步骤 9 ▶▶ 至此本例制作完毕，效果如图 5-51 所示。

图 5-51　最终效果

用油漆桶工具填充自定义图案

01 实例目的

了解“油漆桶工具”的应用。

02 实例要点

- 打开素材。
- 替换图案。
- 更改“填充图案”并填充。
- 使用“混合模式”让图层之间更加融合。

03 操作步骤

步骤 1 ▶▶ 执行菜单栏中“文件/打开”命令或按快捷键 Ctrl+O，打开随书附带的“素材/第 5 章/墙面”文件，使用（矩形选框工具）在素材中绘制一个正方形选区，如图 5-52 所示。

图 5-52　素材

步骤 2 ▶▶ 执行菜单栏中“编辑/定义图案”命令，在系统打开的“图案名称”对话框中，设置“名称”为“地面”，如图 5-53 所示。

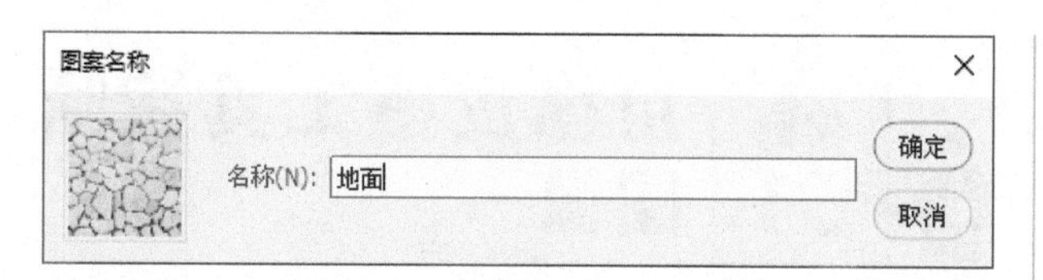

图 5-53　定义图案

步骤 3 ▶▶ 设置完毕后，单击“确定”按钮，将选区内的图像定义为自定义的图案，此图案会自动出现在“填充”对话框的“图案”中，选择（油漆桶工具）后，在“图案拾色器”中同样可以看到自定义的图案，如图 5-54 所示。

技巧

打开的素材可以直接定义为图案，在图像中创建矩形选区后，可以将选区内的图像定义为图案，创建的选区必须是矩形。

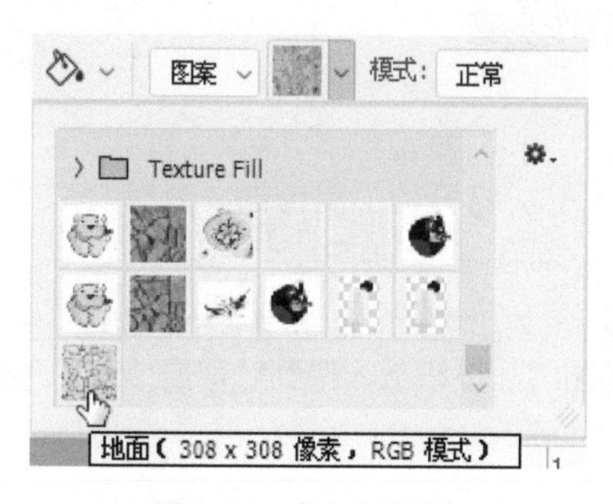

图 5-54　自定义的图案

步骤 4 ▶▶ 执行菜单栏中“文件 / 打开”命令或按快捷键 Ctrl+O，打开随书附带的“素材 / 第 5 章 / 屋子”文件，将其作为背景，在“图层”面板中新建一个图层 1，如图 5-55 所示。

图 5-55　素材

步骤 5 ▶▶ 在工具箱中选择（油漆桶工具），在选项栏中打开“填充”下拉列表选择“图案”，单击右边的倒三角形按钮，弹出“图案拾色器”选项面板选择刚才自定义的“地面”图案，设置“模式”为“正常”、“不透明度”为 100%、“容差”为 32，勾选“消除锯齿”复选框、“连续的”复选框和“所有图层”复选框，如图 5-56 所示。

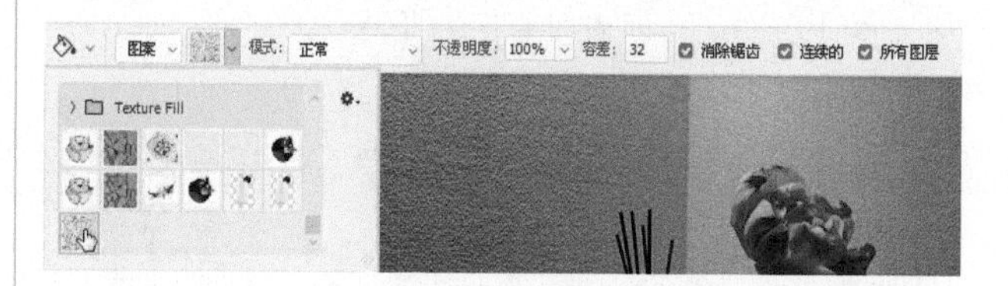

图 5-56　设置工具

技巧

如果感觉填充的图案范围太小，则可以通过加大“容差”值，来增加图案填充的范围。

技巧

输入法处于英文状态时，按 G 键可以选择（渐变工具）或（油漆桶工具）；按快捷键 Shift+G 可以在（渐变工具）和（油漆桶工具）之间切换。

技巧

在属性栏中勾选“消除锯齿”复选框，可平滑填充选区边缘；勾选“连续的”复选框，可只填充与单击像素连续的像素，反之则填充图像中的所有相似像素；勾选“所有图层”复选框，可填充所有可见图层的合并填充颜色。

步骤 6 ▶▶ 使用（油漆桶工具）在素材的地面上单击为其填充自定义的图案，如图 5-57 所示。

图 5-57　填充图案

技巧

如果在图上工作且不想填充透明区域，可在“图层”面板中锁定该图层的透明区域。

步骤 7 ▶▶ 设置“混合模式”为“饱和度”、“不透明度”为100%，效果如图5-58所示。

图5-58 混合模式

步骤 8 ▶▶ 新建图层2，使用（油漆桶工具）在属性栏中选择“纤维纸”，效果如图5-59所示。

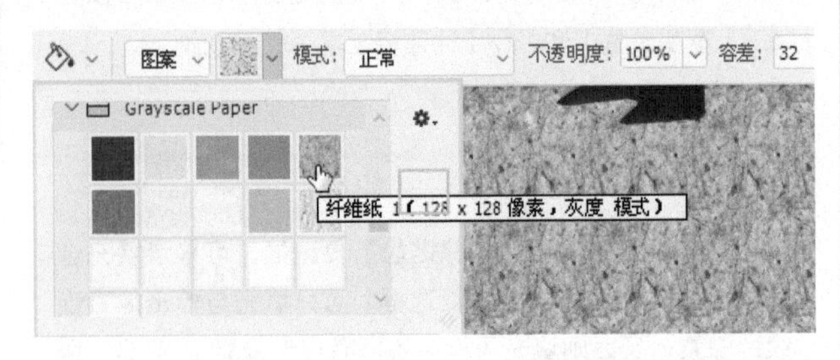

图5-59 填充图案

步骤 9 ▶▶ 设置“混合模式”为“颜色加深”、“不透明度”为27%，如图5-60所示。

步骤 10 ▶▶ 至此本例制作完毕，效果如图5-61所示。

图5-60 混合模式　　图5-61 最终效果

实例51 用橡皮擦工具擦除图像

01 实例目的

了解“橡皮擦工具”的应用。

02 实例要点

- “背景”图层的复制。
- “水彩画纸”命令及“橡皮擦工具”的应用。
- “去色”命令和“色阶”命令的应用。

03 操作步骤

步骤 1 ▶▶ 执行菜单栏中“文件/打开”命令或按快捷键Ctrl+O，打开随书附带的“素材/第5章/直升机”文件，如图5-62所示。

步骤 2 ▶▶ 在“图层”面板中拖动“背景”图层至（创建新图层）按钮上，得到“背景 拷贝”图层，如图5-63所示。

图5-62 素材　　图5-63 复制

步骤 3 ▶▶ 执行菜单栏中“滤镜/滤镜库”命令，在其中选择“素描/半调图案”命令，打开“半调图案”对话框，设置参数如图5-64所示。

步骤 4 ▶▶ 完成“半调图案”对话框的设置，单击“确定”按钮，图像效果如图5-65所示。

步骤 5 ▶▶ 使用工具箱中的（橡皮擦工具），设置笔尖为“绒毛球”，“主直径”值为192，如图5-66所示。

图 5-64 “半调图案”对话框

图 5-65 半调图案

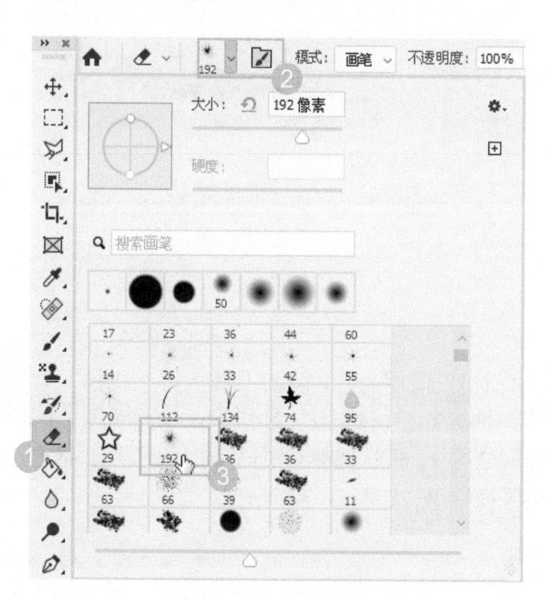

图 5-66 设置橡皮擦

步骤 6 ▸▸ 在属性栏中，设置“模式”为画笔、“不透明度”为 100%、“流量”为 100%，如图 5-67 所示。

图 5-67 设置属性

步骤 7 ▸▸ 使用 （橡皮擦工具）在页面中擦除相应的位置，效果如图 5-68 所示。

图 5-68 擦除

技 巧

按住键盘上的 Shift 键可以强迫“橡皮擦工具”以直线方式擦除；按住键盘上的 Ctrl 键可以暂时将“橡皮擦工具”切换为“移动工具”；按住键盘上的 Alt 键系统将会以相反的状态进行擦除。

步骤 8 ▸▸ 执行菜单栏中“图像 / 调整 / 色相 / 饱和度”命令，打开“色相 / 饱和度”对话框，其中的参数值设置如图 5-69 所示。

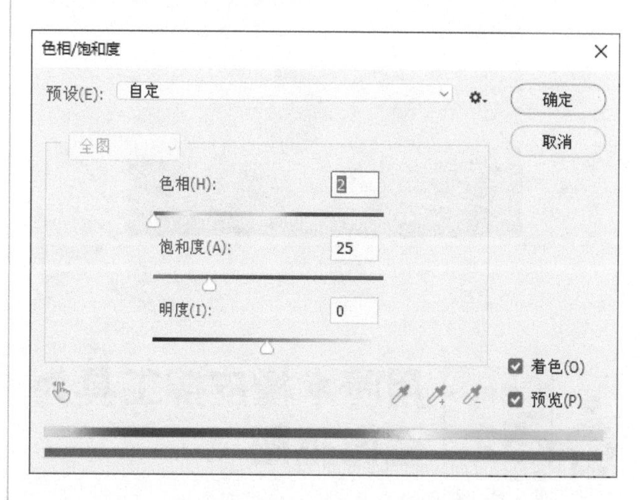

图 5-69 “色相 / 饱和度”对话框

步骤 9 ▸▸ 设置完毕后，单击“确定”按钮，效果如图 5-70 所示。

步骤 10 ▸▸ 执行菜单栏中“图像 / 调整 / 色阶”命令，弹出“色阶”对话框，参数设置如图 5-71 所示。

图 5-70　调整色相后

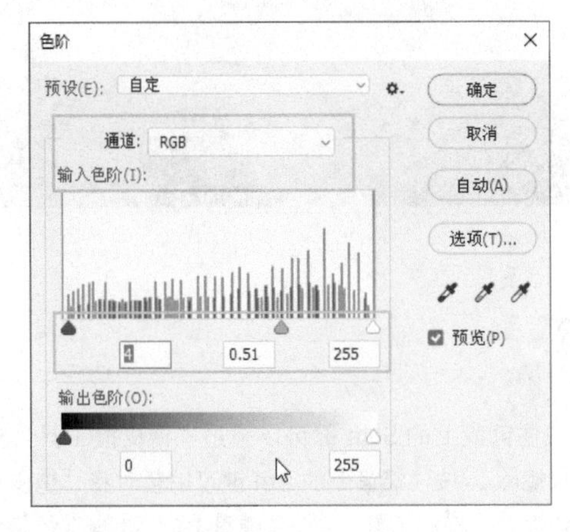

图 5-71 “色阶”对话框

步骤 11 ▶▶ 设置完毕后，单击“确定”按钮，至此本例制作完成，效果如图 5-72 所示。

图 5-72　最终效果

实例 52 用魔术橡皮擦工具为图像抠图

01 实例目的

了解“魔术橡皮擦工具”的应用。

02 实例要点

- 打开文档。
- 移动图像。
- “魔术橡皮擦工具”的应用。

03 操作步骤

步骤 1 ▶▶ 执行菜单栏中“文件 / 打开”命令或按快捷键 Ctrl+O，打开随书附带的“素材 / 第 5 章 / 钱包和背景 01”文件，如图 5-73 所示。

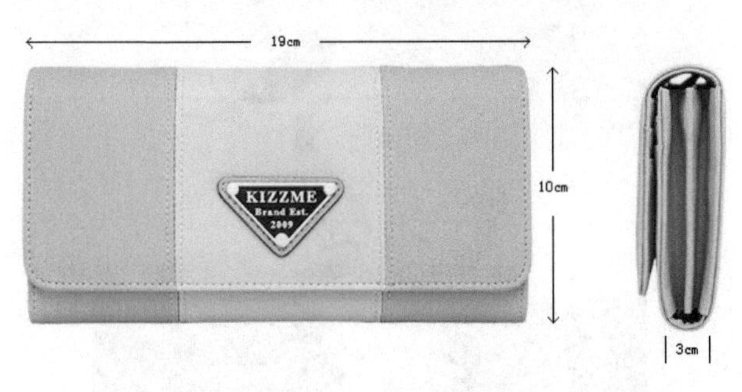

图 5-73　素材

步骤 2 ▶▶ 使用 （移动工具）将“钱包”素材中的图像拖曳到“背景 01”文档中，在“图层”面板中会出现图层 1，按快捷键 Ctrl+T 调出变换框，拖动控制点将图像缩小，如图 5-74 所示。

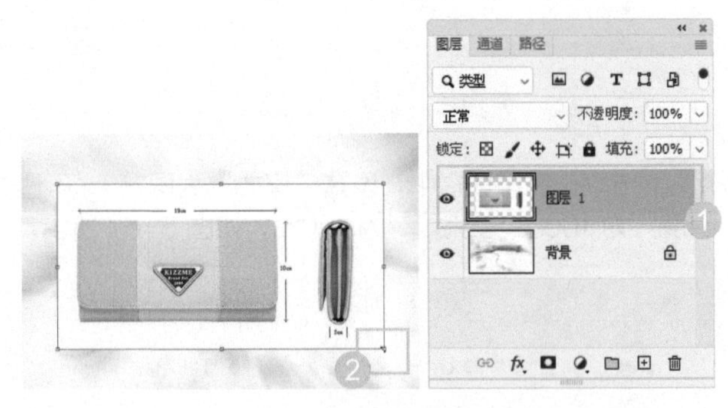

图 5-74　变换

步骤 3 按回车键确定，在工具箱中选择（魔术橡皮擦工具），设置“容差”为 10，不勾选“连续”复选框，如图 5-75 所示。

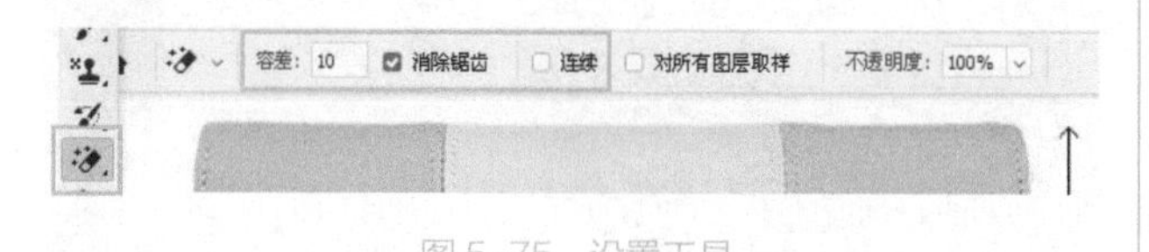

图 5-75　设置工具

步骤 4 使用（魔术橡皮擦工具）在白色背景上单击，效果如图 5-76 所示。

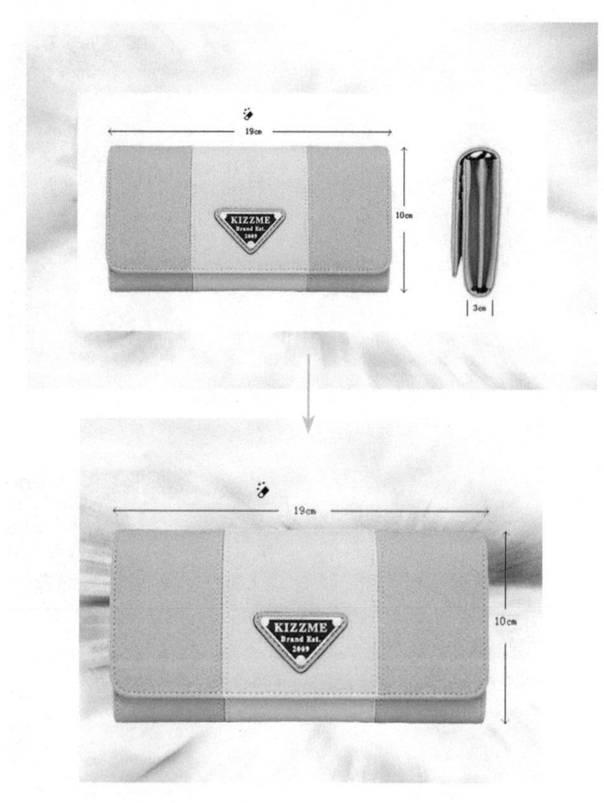

图 5-76　擦除

步骤 5 至此本例制作完毕，最终效果如图 5-77 所示。

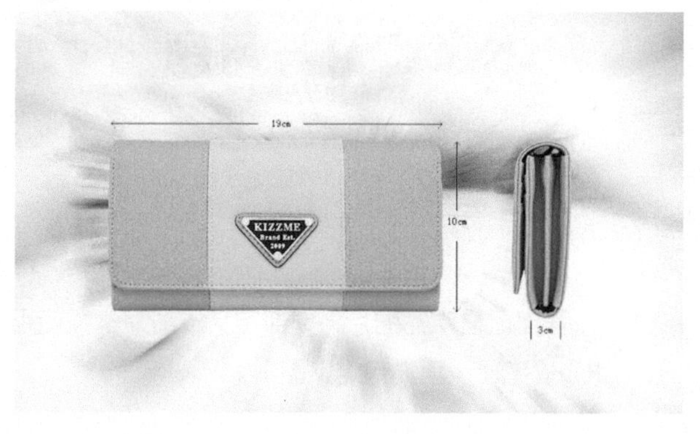

图 5-77　最终效果

实例 53　用背景橡皮擦工具抠图

01 实例目的

了解“背景橡皮擦工具”的应用。

02 实例要点

- 设置“背景橡皮擦工具”的属性栏。
- 使用“移动工具”和新建图层命令。

03 操作步骤

步骤 1 执行菜单栏中“文件/打开”命令或按快捷键 Ctrl+O，打开随书附带的“素材/第 5 章/手表”文件，如图 5-78 所示。

图 5-78　素材

步骤 2 选择工具箱中的（背景橡皮擦工具），在属性栏中单击（一次取样）按钮，设置“限制”为“连续”，“容差”值为 24%，如图 5-79 所示。

图 5-79　属性

技巧

在属性栏的“取样”区中，选择“连续”选项，可以将鼠标经过处的所有颜色擦除；选择“一次”选项，鼠标在选区内单击处的颜色将会被作为背景色，只要不松手就可以一次擦除这种颜色；选择“背景色板”可以擦除与前景色同样的颜色。

技巧

在英文输入法状态下，按键盘上的 Shift+E 键可以选择（橡皮擦工具）或（魔术橡皮擦工具）或（背景橡皮擦工具）。

技巧

在使用（背景橡皮擦工具）时，在属性栏中勾选"保护前景色"复选框，可以在擦除颜色的同时保护前景色不被擦除。

步骤 3 ▶▶ 使用（背景橡皮擦工具）在背景图像上按住鼠标左键拖曳擦除背景，如图 5-80 所示。

步骤 4 ▶▶ 按住鼠标左键在整个图像上拖曳擦除所有的背景，效果如图 5-81 所示。

图 5-80　擦除背景（1）

图 5-81　擦除背景（2）

步骤 5 ▶▶ 执行菜单栏中"文件/打开"命令或按快捷键 Ctrl+O，打开随书附带的"素材/第 5 章/手表背景"文件，如图 5-82 所示。

图 5-82　素材

步骤 6 ▶▶ 选择工具箱中的（移动工具），将刚刚被擦除背景的手表图像拖曳到素材图像中，并新建图层 1，如图 5-83 所示。

步骤 7 ▶▶ 按快捷键 Ctrl+T 调出变换框，拖曳控制点将图层 1 中的图像放大，如图 5-84 所示。

步骤 8 ▶▶ 按键盘上的 Enter 键确定，至此本例制作完毕，效果如图 5-85 所示。

图 5-83　移动

图 5-84　变换

图 5-85　最终效果

本章练习与习题

练习

找一张自己喜欢的图片将局部定义成图案，再使用（油漆桶工具）填充自定义图案。

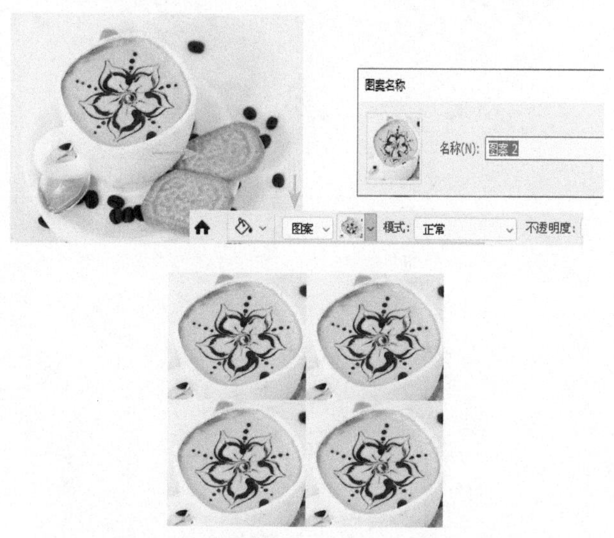

矩形选区定义图案后在新建文档中使用（油漆桶工具）填充图案。

习题

1. 下面哪个渐变填充为角度填充？（　　）

A.　　　　B.

C.　　　　D.

2. 下面哪个工具可以填充自定义图案？（　　）

A. 渐变工具　　B. 油漆桶工具

C. 魔术棒工具　　D. 背景橡皮擦工具

3. 在背景橡皮擦属性栏中选择哪个选项时可以始终擦除第一次选取的颜色？（　　）

A. 一次　　B. 连续

C. 背景色板　　D. 保护前景色

修整工具的使用

本章内容

- 用修复画笔工具抚平头部伤疤
- 用污点修复画笔工具快速修掉毛绒玩具上的污渍
- 用修补工具修掉照片中的日期
- 用内容感知移动工具复制小雪人
- 用红眼工具修复照片中的红眼
- 用减淡工具为小朋友皮肤增白
- 用加深工具加深脚底区域
- 用锐化与模糊工具制作照片景深效果
- 用海绵工具突显照片中的局部

本章全面讲解 Photoshop 修整工具的使用，内容涉及修复画笔工具、污点修复画笔工具、修补工具、红眼工具、模糊工具、锐化工具、涂抹工具、减淡工具、加深工具和海绵工具等。

实例 54　用修复画笔工具抚平头部伤疤

01 实例目的

了解“修复画笔工具”的应用。

02 实例要点

- 打开文件。
- “修复画笔工具”的使用。

03 操作步骤

步骤 1 执行菜单栏中“文件/打开”命令或按快捷键 Ctrl+O，打开随书附带的“素材/第 6 章/伤疤”文件，如图 6-1 所示。

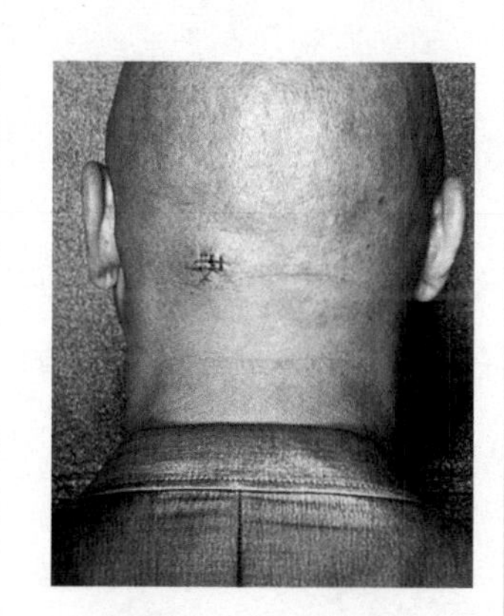

图 6-1　素材

步骤 2 单击工具箱中的 （修复画笔工具），设置画笔“大小”为 25 像素、“硬度”为 100%、“间距”为 25%、“角度”为 0°、“圆度”为 100%、“模式”为“正常”，选中“取样”单选按钮，在伤疤附近的位置，按住键盘上的 Alt 键并单击鼠标左键选取取样点，如图 6-2 所示。

技 巧

在选项栏中选中“取样”单选按钮，在图像中必须按住 Alt 键才能采集样本；选中“图案”单选按钮，可以在右侧的下拉菜单中选择图案来修复图像。

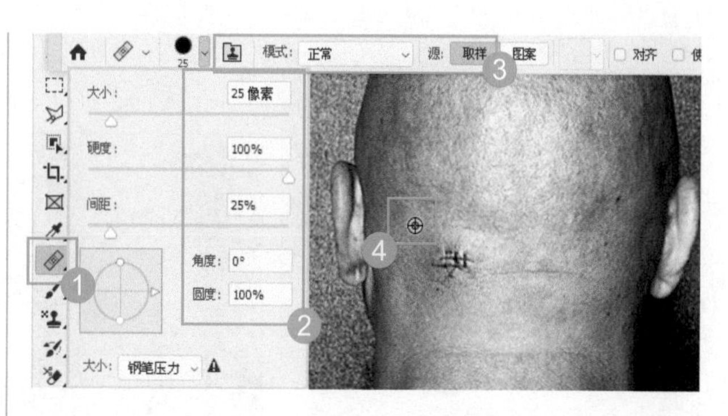

图 6-2　取样

步骤 3 取完点后松开 Alt 键，在图像中有伤疤的地方涂抹覆盖伤疤，效果如图 6-3 所示。

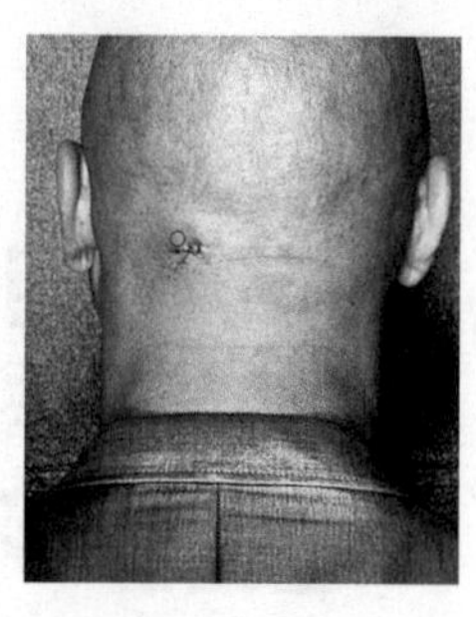

图 6-3　修复（1）

步骤 4 反复选取取样点后，将整个伤疤去除，效果如图 6-4 所示。

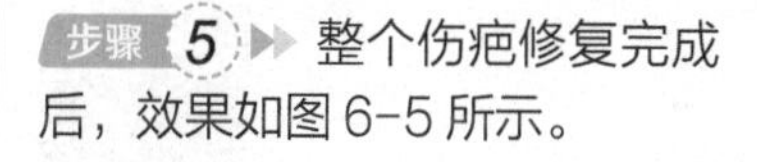

步骤 5 整个伤疤修复完成后，效果如图 6-5 所示。

技 巧

在使用 （修复画笔工具）修复图像时，画笔的大小和硬度是非常重要的，硬度越小，边缘的羽化效果越明显。

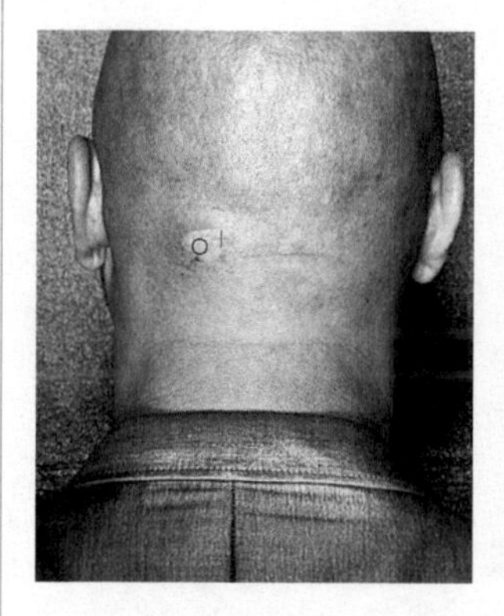

图 6-4　修复（2）

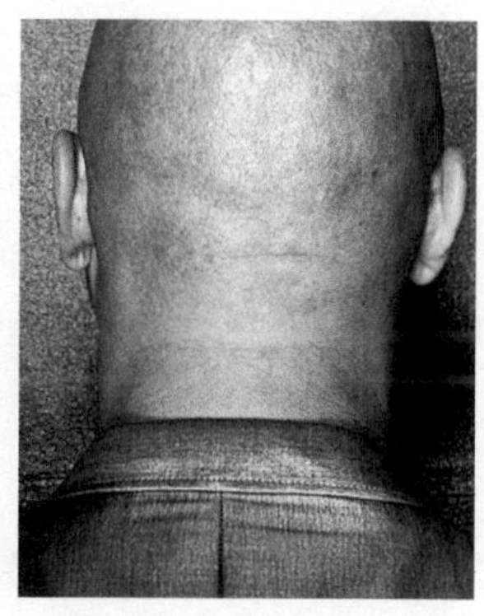

图 6-5　修复后

步骤 6 执行菜单栏中“图像/调整/色阶”命令，打开“色阶”对话框，其中的参数设置如图 6-6 所示。

步骤 7 设置完毕后，单击“确定”按钮，至此本例制作完毕，效果如图 6-7 所示。

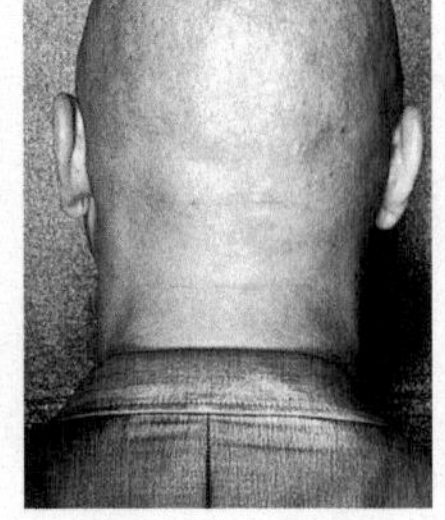

图 6-6 “色阶”对话框　　图 6-7 最终效果

实例 55 用污点修复画笔工具快速修掉毛绒玩具上的污渍

01 实例目的

了解“污点修复画笔工具”的应用。

02 实例要点

- 打开文件。
- 设置“污点修复画笔工具”的属性栏。
- 使用“污点修复画笔工具”去除污点。

03 操作步骤

步骤 1 ▶ 执行菜单栏中“文件 / 打开”命令或按快捷键 Ctrl+O，打开随书附带的“素材 / 第 6 章 / 毛绒玩具”文件，如图 6-8 所示。

图 6-8 素材

步骤 2 ▶ 单击工具箱中 （污点修复画笔工具），设置画笔“大小”为 26 像素、“硬度”为 100%、“间距”为 25%、“角度”为 0°、“圆度”为 100%、“模式”为“正常”，选中“内容识别”单选按钮，如图 6-9 所示。

图 6-9 设置属性

步骤 3 ▶ 在图像上有污渍的地方涂抹，如图 6-10 所示。

步骤 4 ▶ 松开鼠标按键后，此处污渍就会被去除，如图 6-11 所示。

图 6-10 涂抹　　图 6-11 修复

步骤 5 ▶ 使用 （污点修复画笔工具）在有污点的地方反复涂抹，直到去除污渍为止。至此本例制作完成，效果如图 6-12 所示。

图 6-12 最终效果

技巧

使用“污点修复画笔工具”去除图像上的污点时，画笔的大小是非常重要的，稍微大一点则会将边缘没有污点的图像也添加到其中。

实例 56 用修补工具修掉照片中的日期

01 实例目的

了解“修补工具”的应用。

02 实例要点

- 打开素材。
- 使用“修补工具”修补斑点。

03 操作步骤

步骤 1 执行菜单栏中“文件 / 打开”命令或按快捷键 Ctrl+O，打开随书附带的“素材 / 第 6 章 / 足球宝贝”文件，将其作为背景，如图 6-13 所示。

图 6-13　素材

步骤 2 选择（修补工具），在属性栏中设置“修补”为“内容识别”，再使用（修补工具）在文字的位置创建选区，如图 6-14 所示。

图 6-14　设置修补工具

步骤 3 使用（修补工具）直接拖动刚才创建的选区到没有文字的附近区域上，效果如图 6-15 所示。

图 6-15　移动

步骤 4 松开鼠标完成修补，效果如图 6-16 所示。

图 6-16　修补

技巧

使用“修补工具”时，在属性栏中“结构”是用来调整源结构的保留严格程度；“颜色”是用来调整可修改源色彩的程度。

技巧

使用任意一款选区工具创建选区后，都可以使用“修补工具”进行修补操作。

技巧

在英文输入法状态下，按键盘上的 J 键可以选择“修复画笔工具”或“修补工具”，按键盘上的 Shift+J 键可以在它们之间进行切换。

步骤 5 按快捷键 Ctrl+D 去掉选区，至此本例制作完毕，最终效果如图 6-17 所示。

图 6-17　最终效果

实例 57　用内容感知移动工具复制小雪人

01 实例目的

了解“内容感知移动工具”的应用。

02 实例要点

- 打开素材。
- 矩形选框工具创建选区。
- 使用“内容感知移动工具”扩展图像。

03 操作步骤

步骤 1 执行菜单栏中“文件 / 打开”命令或按快捷键 Ctrl+O，打开随书附带的“素材 / 第 6 章 / 小雪人”文件，将其作为背景，如图 6-18 所示。

步骤 2 使用（矩形选框工具）在雪人上创建一个矩形选区，如图 6-19 所示。

图 6-18　素材

图 6-19　创建选区

步骤 3 选择（内容感知移动工具）在属性栏中设置“模式”为“扩展”、“结构”为 3、“颜色”为 0，勾选“投影时变换”复选框，如图 6-20 所示。

图 6-20　属性栏

步骤 4 使用（内容感知移动工具）向左拖动选区内的图像，如图 6-21 所示。

步骤 5 松开鼠标，拖动控制点将选区内的图像缩小，效果如图 6-22 所示。

图 6-21　扩展

图 6-22　缩放

步骤 6 按回车键完成变换，效果如图 6-23 所示。

步骤 7 按快捷键 Ctrl+D 去掉选区，至此本例制作完毕，效果如图 6-24 所示。

图 6-23　完成变换（1）

图 6-24　完成变换（2）

实例 58　用红眼工具修复照片中的红眼

01 实例目的

了解“红眼工具”的应用。

02 实例要点

- 打开素材。
- 设置“红眼工具”属性。
- 使用“红眼工具”在红眼处单击即可去除红眼效果。

03 操作步骤

步骤 1 执行菜单栏中“文件 / 打开”命令或按快捷键 Ctrl+O，打开随书附带的“素材 / 第 6 章 / 红眼照片”文件，将其作为背景，如图 6-25 所示。

步骤 2 选择 （红眼工具），在属性栏中设置“瞳孔大小”为 50%，设置“变暗量”为 10%，再使用 （红眼工具）在红眼上单击，如图 6-26 所示。

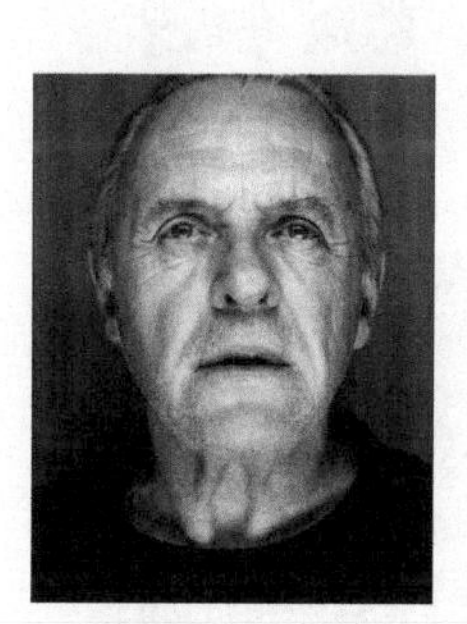

图 6-25　素材

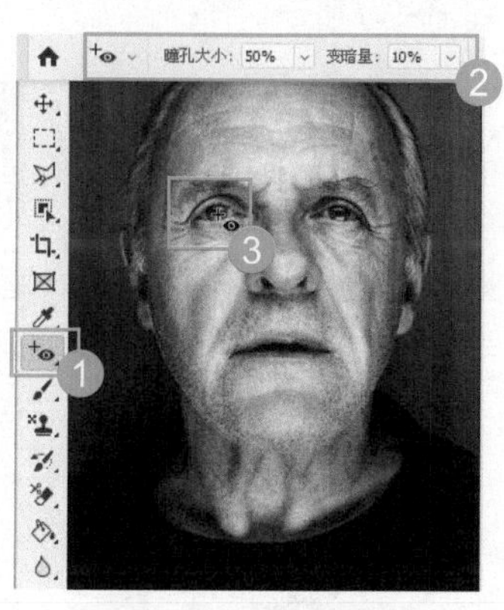

图 6-26　设置红眼工具

技 巧

在处理不同大小照片的红眼效果时，可按照片的要求设置“瞳孔大小”和“变暗量”，然后再在红眼处单击。

步骤 3 松开鼠标后，系统会自动按照属性设置对红眼进行清除，效果如图 6-27 所示。

步骤 4 使用同样的方法在另一只眼睛上单击消除红眼，至此本例制作完毕，效果如图 6-28 所示。

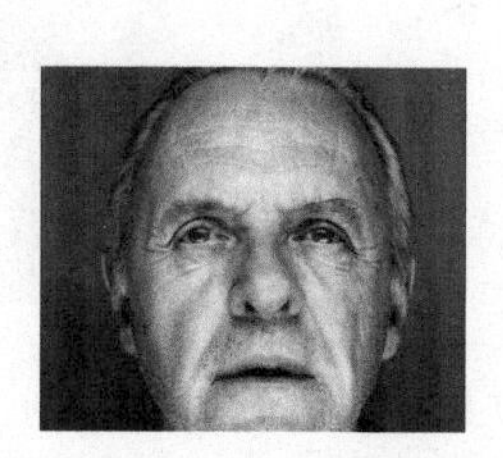

图 6-27　消除红眼

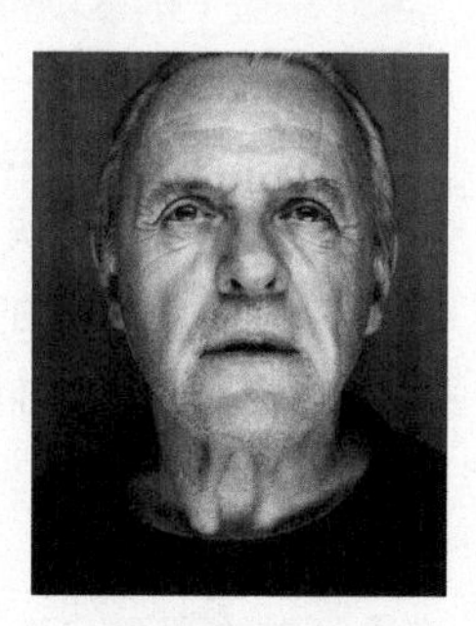

图 6-28　最终效果

实例 59 用减淡工具为小朋友皮肤增白

01 实例目的

了解“减淡工具”的应用。

02 实例要点

- 打开素材。
- 设置 （减淡工具）属性。
- 使用 （减淡工具）对人物面部进行减淡处理。

03 操作步骤

步骤 1 执行菜单栏中“文件 / 打开”命令或按快捷键 Ctrl+O，打开随书附带的“素材 / 第 6 章 / 小朋友”文件，将其作为背景，如图 6-29 所示。

图 6-29　素材

步骤 2 选择 （减淡工具），设置“大小”为 338 像素、“硬度”为 0%，设置“范围”为“中间调”，设置“曝光度”为 50%，勾选“保护色调”复选框，再使用 （减淡工具）在素材中面部进行反复涂抹，效果如图 6-30 所示。

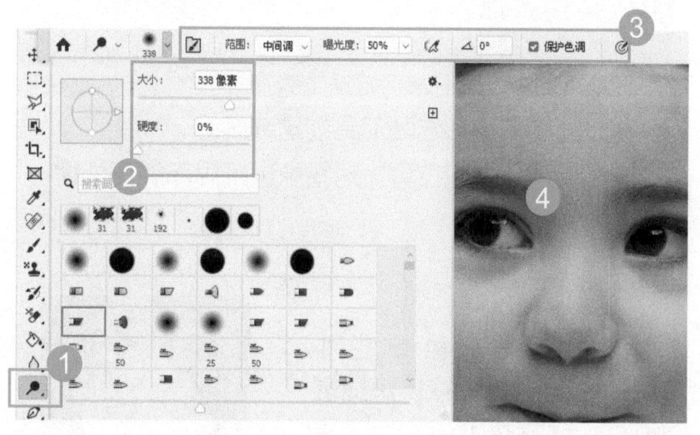

图 6-30　设置工具

步骤 3 反复调整画笔的大小，其他参数不变，使用 （减淡工具）在素材中面部进行反复涂抹，效果如图 6-31 所示。

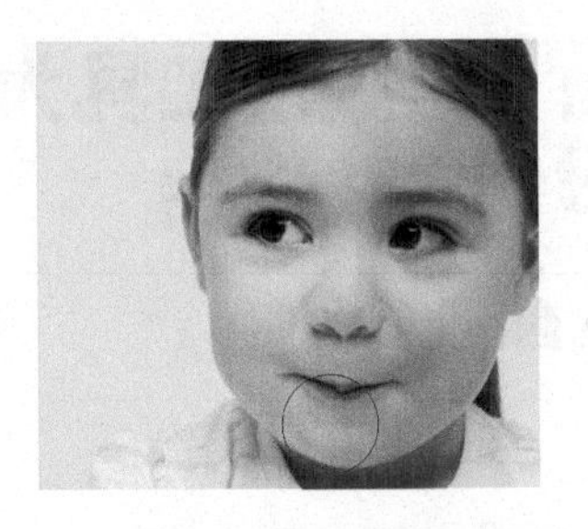

图 6-31　再次减淡

步骤 4 ▶▶ 整个面部涂抹后，得到最终效果，如图 6-32 所示。

图 6-32　最终效果

实例 60 用加深工具加深脚底区域

01 实例目的

了解“加深工具”的应用。

02 实例要点

- 打开文件。
- 使用多边形选区工具创建选区。
- 使用“加深工具”对图像进行局部加深处理。

03 操作步骤

步骤 1 ▶▶ 执行菜单栏中“文件 / 打开”命令或按快捷键 Ctrl+O，打开随书附带的“素材 / 第 6 章 / 卡通鼠”文件，如图 6-33 所示。

图 6-33　素材

步骤 2 ▶▶ 在工具箱中选择 （多边形套索工具），设置属性栏中的“羽化”为 1 像素，在老鼠头上单击创建选区的第一点，如图 6-34 所示。

图 6-34　编辑选区

步骤 3 ▶▶ 沿老鼠的边缘单击创建选区，过程如图 6-35 所示。

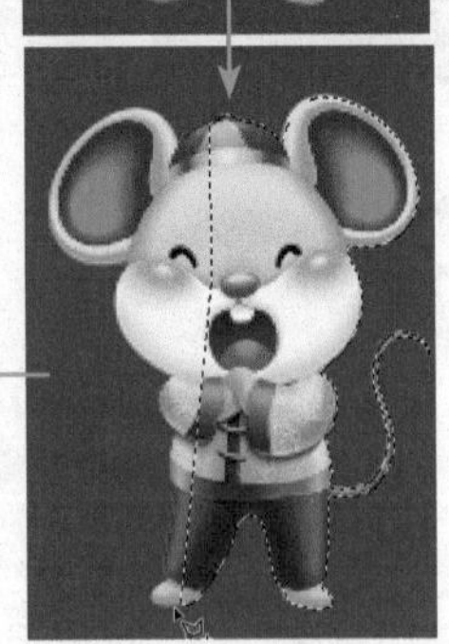

图 6-35　创建选区

步骤 4 ▶▶ 整个选区创建完成后，效果如图 6-36 所示。

图 6-36　选区

步骤 5 ▶▶ 执行菜单栏中“文件 / 打开”命令或按快捷键 Ctrl+O，打开随书附带的“素材 / 第 4 章 / 过山车”文件，如图 6-37 所示。

步骤 6 ▶▶ 使用 （移动工具）将选区内的图像拖动到“过山车”文档中，将老鼠移到相应位置，效果如图 6-38 所示。

图 6-37 素材

图 6-38 移动

步骤 7 ▶▶ 选择 （加深工具），设置画笔“大小”为 25 像素、“范围”为“中间调”、“曝光度”为 50%，勾选“保护色调”复选框，效果如图 6-39 所示。

图 6-39 设置属性

步骤 8 ▶▶ 选择“背景”图层，使用 （加深工具）在老鼠脚底处进行涂抹，如图 6-40 所示。

步骤 9 ▶▶ 在两只脚底处进行涂抹，完成本例的制作，最终效果如图 6-41 所示。

图 6-40 加深

图 6-41 最终效果

技 巧

在“范围”下拉列表中可以选择“中间调”、“暗调”和“高光”选项，分别代表更改灰色的中间区域、更改深色区域和更改浅色区域。

技 巧

选择 （加深工具），在图像的某一点进行涂抹后，会使此处变得比原图稍暗一些。主要用于两个图像进行衔接的地方，使其看起来更加融合。

实例 61 用锐化与模糊工具制作照片景深效果

01 实例目的

了解“锐化工具”与“模糊工具”的应用。

02 实例要点

- 打开文件。
- 使用“锐化工具”对图像局部进行锐化处理。
- 使用“模糊工具”对图像局部进行模糊处理。

03 操作步骤

步骤 1 ▶▶ 执行菜单栏中“文件/打开”命令或按快捷键Ctrl+O，打开随书附带的“素材/第6章/抱抱熊”文件，将其作为背景，如图6-42所示。

步骤 2 ▶▶ 选择工具箱中的 （锐化工具），设置主直径“大小”为202像素，“硬度”为0%，如图6-43所示。

图6-42 素材

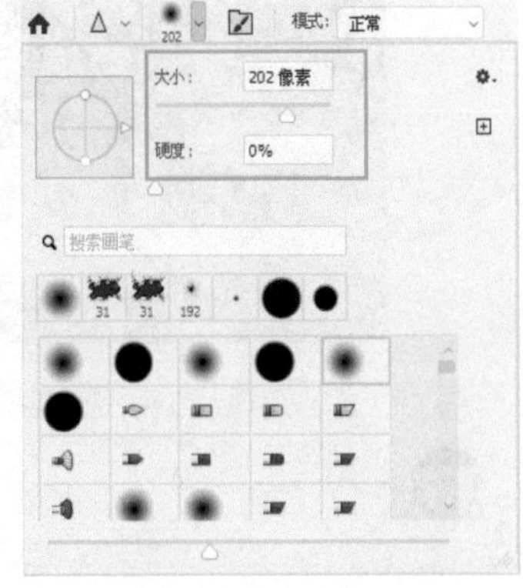

图6-43 设置工具

步骤 3 ▶▶ 在属性栏中设置“模式”为“正常”、“强度”为50%，勾选“保护细节”复选框，如图6-44所示。

图6-44 属性栏

步骤 4 ▶▶ 使用（锐化工具）在图像中小熊部位进行涂抹，效果如图6-45所示。

步骤 5 ▶▶ 选择工具箱中的（模糊工具），设置主直径“大小”为114像素、“硬度”为0%，如图6-46所示。

步骤 6 ▶▶ 在属性栏中设置“模式”为“正常”、“强度”为87%，如图6-47所示。

步骤 7 ▶▶ 使用（模糊工具）在图像中小熊以外的部位进行涂抹，至此本例制作完毕，最终效果如图6-48所示。

图6-45 涂抹

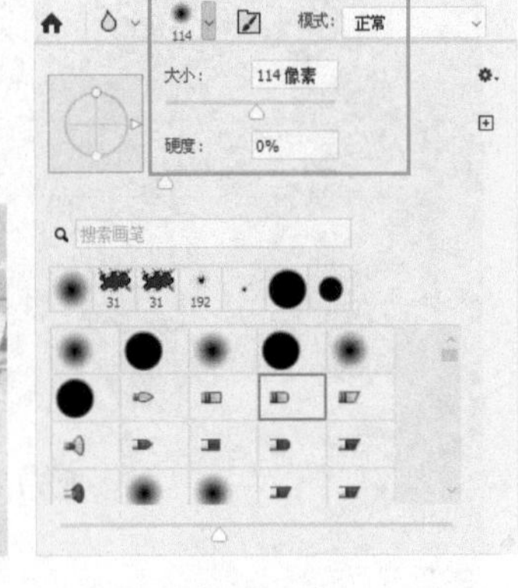

图6-46 设置工具

图6-47 属性栏

图6-48 最终效果

> **技巧**
>
> 使用（锐化工具），在比较模糊的图像上来回涂抹后，会使模糊图像变得清晰一些，它的功能与（模糊工具）正好相反。

实例62 用海绵工具突显照片中的局部

01 实例目的

了解“海绵工具”的应用。

02 实例要点

- 打开文件。
- 使用“海绵工具”对图像局部进行去色处理。

03 操作步骤

步骤 1 执行菜单栏中“文件 / 打开”命令，打开随书附带的“素材 / 第 6 章 / 油画笔”文件，将其作为背景，如图 6-49 所示。

图 6-49 素材

步骤 2 选择工具箱中的 （海绵工具），设置“模式”为“去色”、“流量”为 100%，勾选“自然饱和度”复选框，如图 6-50 所示。

图 6-50 设置工具

技巧

（海绵工具）属性栏中的“模式”包含“去色”和“加色”两个选项，“去色”可以将画笔经过的区域颜色去掉，“加色”可以将画笔经过的区域颜色变得更加鲜艳。

步骤 3 使用 （海绵工具）随时调整画笔大小，在人物以外的区域进行涂抹，将涂抹的区域变为黑白色，如图 6-51 所示。

技巧

英文状态下，单击【键可以缩小画笔、单击】按钮可以放大画笔。

步骤 4 在整个画笔以外的区域涂抹，完成本例的制作，最终效果如图 6-52 所示。

图 6-51 涂抹

图 6-52 最终效果

本章练习与习题

练习

使用“涂抹工具”对素材局部进行液化涂抹，选择工具后设置相应“强度”，直接在素材中涂抹即可。

习题

1. 下面哪个工具可以对图像中的污渍进行修复?（ ）

A. 铅笔工具 B. 红眼工具

C. 修复画笔工具 D. 图案图章工具

2. 减淡工具和下面的哪个工具是基于调节照片特定区域的曝光度的传统摄影技术，可用于使图像区域变亮或变暗?（ ）

A. 渐变工具 B. 加深工具

C. 锐化工具 D. 海绵

3. 在涂抹图像时可以将鼠标经过的区域进行加色与去色处理的是以下哪个工具?（ ）

A. 加深工具 B. 减淡工具

C. 涂抹工具 D. 海绵工具

图层的使用

本章内容

- 用混合模式制作素描效果
- 叠加模式与图层样式——瓶中人
- 设置混合模式为 T 恤添加图案
- 选择样式及设置图层样式制作水晶徽章
- 用斜面和浮雕样式结合混合模式制作木版画
- 用图层样式为照片添加画框
- 用图案填充命令制作壁画
- 用图层顺序制作公益宣传海报
- 创建调整图层为图片添加光束

本章主要对Photoshop中核心部分的图层部分进行讲解，通过实例的操作让大家更轻松地掌握Photoshop核心内容。

用混合模式制作素描效果

01 实例目的

通过“混合模式”中的“颜色减淡”制作如图7-1所示的流程效果。

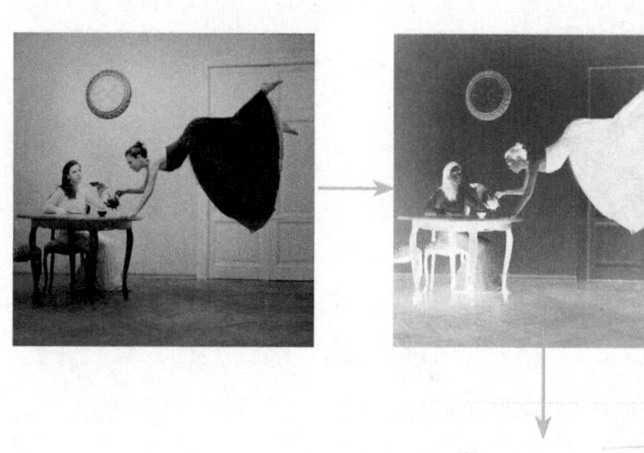

图7-1　流程效果图

02 实例要点

- 使用“打开”命令打开文件。
- 使用“去色”命令将彩色照片去掉颜色。
- 复制图层及使用“反相”命令。
- 使用“高斯模糊”及“颜色减淡”制作素描效果。

03 制作步骤

步骤 1 ▶▶ 执行菜单栏中“文件/打开”命令或按快捷键Ctrl+O，打开随书附带的“素材/第7章/创意斟茶”文件，如图7-2所示。

步骤 2 ▶▶ 执行菜单栏中“图像/调整/去色”命令或按快捷键Ctrl+Shift+U，将彩色图像去掉颜色，如图7-3所示。

图7-2　素材

图7-3　去色

步骤 3 ▶▶ 在“图层”面板中拖曳“背景”图层到 ⊞（创建新图层）按钮上，得到“背景 拷贝”图层，执行菜单栏中“图像/调整/反相”命令或按快捷键Ctrl+I，将图片变为底片效果，如图7-4所示。

图7-4　反相

步骤 4 ▶▶ 在“图层”面板中设置“混合模式”为“颜色减淡”，此时的画布将会变成如图7-5所示的效果。

步骤 5 ▶▶ 执行菜单栏中“滤镜/模糊/高斯模糊”命令，打开“高斯模糊”对话框，设置“半径”值为2.5像素，如图7-6所示。

图 7-5　混合模式

步骤 6 设置完成后单击“确定”按钮，至此本例制作完成，效果如图 7-7 所示。

图 7-6　“高斯模糊”对话框　　图 7-7　最终效果

技巧

将图片应用“去色”命令后，再复制并将副本应用“反相”命令，然后在“混合模式”中设置“颜色减淡”或“线性减淡”两种模式中的一种可以出现比较好的素描效果，前提必须要为上层图片应用“高斯模糊”命令或“最小值”命令。如果想要最佳素描效果，则可以通过调整对话框中的“半径”值来产生。

技巧

在“滤镜”中通过“风格化”菜单里的“查找边缘”命令去色后，再对其进行适当的调整也可以出现素描效果。

技巧

通过执行“滤镜 / 模糊 / 特殊模糊”菜单命令，在“特殊模糊”对话框中设置相应的参数也可以出现素描效果。

实例 64 叠加模式与图层样式——瓶中人

01 实例目的

了解“混合模式”中“叠加”以及“外发光”图层样式的应用。

02 实例要点

- 使用“打开”命令打开素材图像。
- 使用快速蒙版编辑方式创建选区。
- 复制图像，并将图像多余部分删除。
- 通过“混合模式”中“叠加”将两个图像更好地融合在一起。

03 制作步骤

步骤 1 执行菜单栏中“文件 / 打开”命令或按快捷键 Ctrl+O，打开随书附带的“素材 / 第 7 章 / 瓶子”文件，如图 7-8 所示。

图 7-8　素材

步骤 2 单击工具箱中的 （以快速蒙版模式编辑）按钮，进入快速蒙版编辑模式，使用 （画笔工具），在其属性栏上设置相应的画笔大小和笔触，在画布中进行涂抹，如图 7-9 所示。

图 7-9　快速蒙版

步骤 3 ▶▶ 相同的方法，通过修改画笔的大小和笔触，在画布上继续涂抹，如图 7-10 所示。

步骤 4 ▶▶ 单击工具箱中的 （以标准模式编辑）按钮，返回标准模式编辑状态，自动创建瓶子图形的选区，如图 7-11 所示。

图 7-10　编辑快速蒙版

图 7-11　创建选区

步骤 5 ▶▶ 按快捷键 Ctrl+C 复制选区中的图形，再按快捷键 Ctrl+V 粘贴图像，图像会自动新建一个图层来放置复制的图形，如图 7-12 所示。

图 7-12　复制

步骤 6 ▶▶ 选中“图层 1”图层，单击“图层”面板上的 fx（添加图层样式）按钮，打开“图层样式”对话框，在左侧的“样式”列表中勾选“投影”复选框，设置如图 7-13 所示。

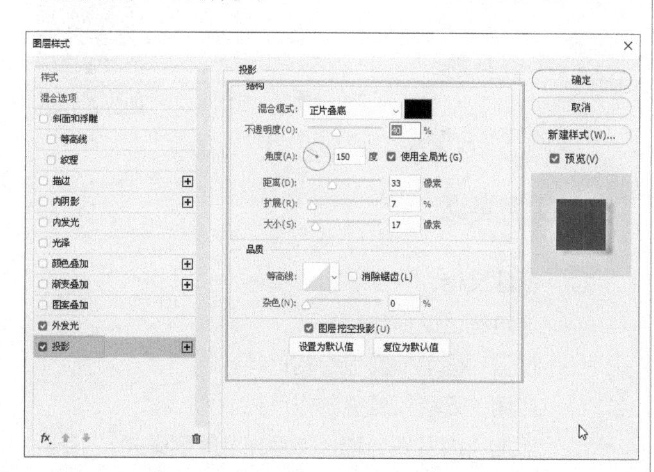

图 7-13　“投影”面板

技巧

在“图层样式”对话框中的投影选项设置中，在“混合模式”的下拉列表中调整相应模式，可以出现不同的投影效果。在“品质”中设置不同的“等高线”，可以出现不同的投影样式，单击“等高线”样式图标，可以打开“等高线编辑器”对话框，拖动其中的曲线可以自定义等高线的样式。

步骤 7 ▶▶ 在“图层样式”对话框左侧的“样式”列表中勾选“外发光”复选框，转换到外发光选项设置，设置如图 7-14 所示。

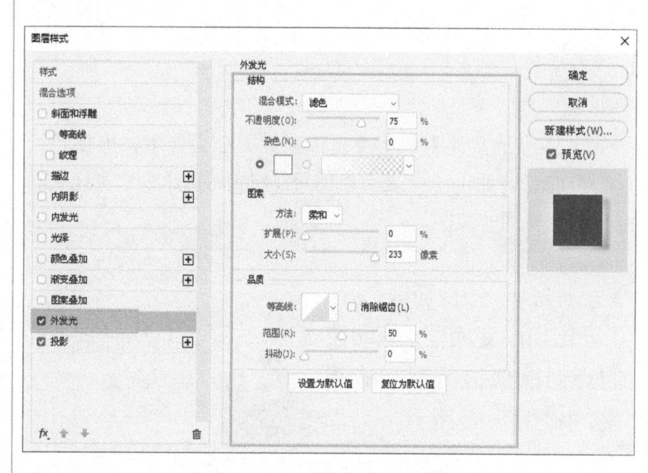

图 7-14　“外发光”面板

步骤 8 ▶▶ 单击“确定”按钮，完成“图层样式”对话框的设置，图像效果如图 7-15 所示。

图 7-15　添加样式

步骤 9 ▶▶ 执行菜单栏中“文件 / 打开”命令或按快捷键 Ctrl+O，打开随书附带的“素材 / 第 7 章 / 云门”文件，如图 7-16 所示。

图 7-16　素材

步骤 10 ▶▶ 使用工具箱中的 ✥（移动工具），拖动素材图像至刚才制作的图像文件中，如图7-17 所示。

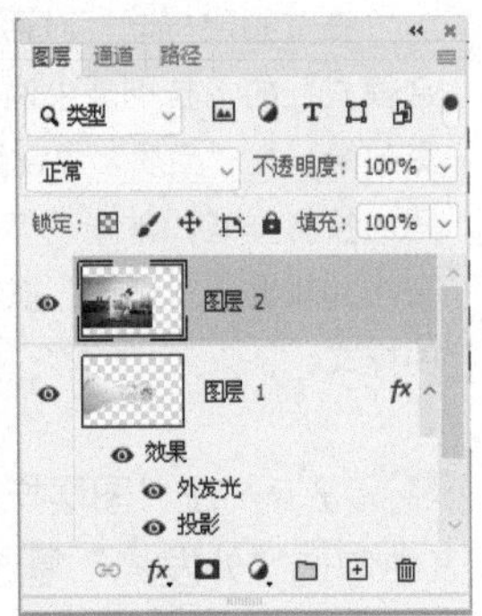

图 7-17 移动

技巧

将一个文件中的图像转移到另一个文件中，除使用“移动工具”拖动外，还可以使用复制和粘贴命令来实现图像在文件间的转移。

步骤 11 ▶▶ 按快捷键 Ctrl+T 调出自由变换框，拖动控制点对图像进行适当的调整，如图 7-18 所示。

图 7-18 变换

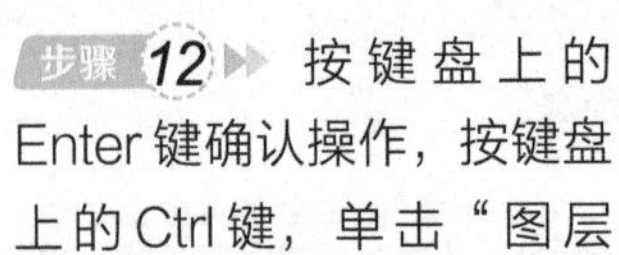

步骤 12 ▶▶ 按键盘上的 Enter 键确认操作，按键盘上的 Ctrl 键，单击“图层 1”图层缩览图，调出“图层 1”图层选区，执行菜单栏中“选择 / 反向”命令，反向选择选区，按键盘上的 Delete 键删除选区中的内容，如图 7-19 所示。

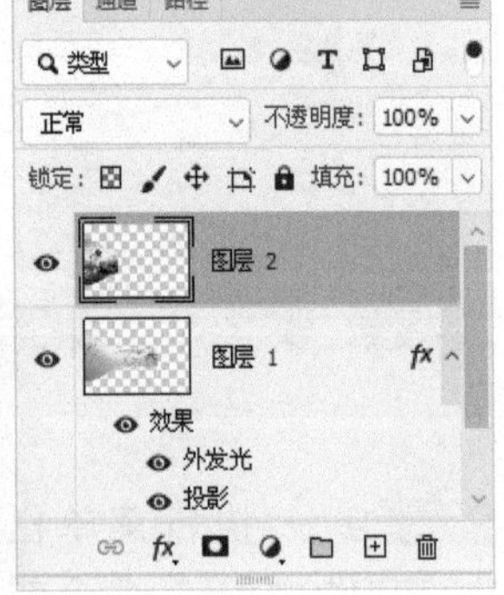

图 7-19 删除

技巧

执行“选择 / 载入选区”菜单命令，载入“图层 1”图层选区，同样可以调出该图层的选区。

步骤 13 ▶▶ 按快捷键 Ctrl+D 取消选区，在“图层”面板中设置“混合模式”为“叠加”，如图 7-20 所示。

图 7-20 混合模式

步骤 14 ▶▶ 使用 ✎（橡皮擦工具）选择一个柔边画笔，在图层 2 的左侧涂抹。至此本例制作完毕，最终效果如图 7-21 所示。

图 7-21 最终效果

实例 65 设置混合模式为 T 恤添加图案

01 实例目的

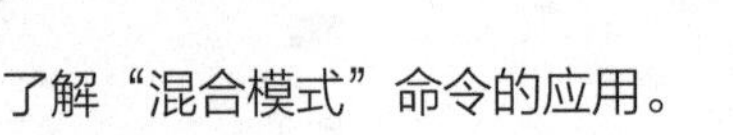

了解“混合模式”命令的应用。

02 实例要点

- 新建文档。
- 通过选区制作竹节。
- 设置“画笔”面板绘制竹叶。
- 应用“云彩”滤镜制作月亮。
- 添加“内发光”和“外发光”图层样式。
- 合并图层。
- 设置“混合模式”。

03 操作步骤

步骤 1 ▶▶ 执行菜单栏中“文件 / 新建”命令或按快捷键 Ctrl+N，打开“新建文档”对话框，其中的参数设置如图 7-22 所示。

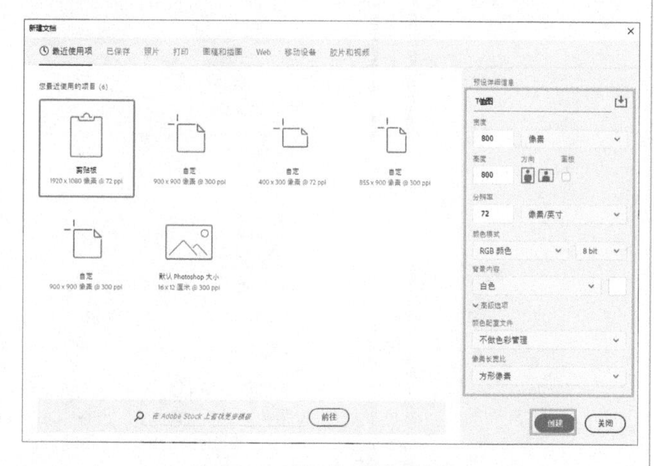

图 7-22 “新建文档”对话框

步骤 2 ▶▶ 单击“图层”面板中的（创建新图层）按钮，新建一个图层并命名为“竹子”。使用（矩形选框工具），在页面中绘制矩形选区并填充为“黑色”，再使用（椭圆选框工具）在矩形上绘制椭圆选区并按 Delete 键清除选区，效果如图7-23 所示。

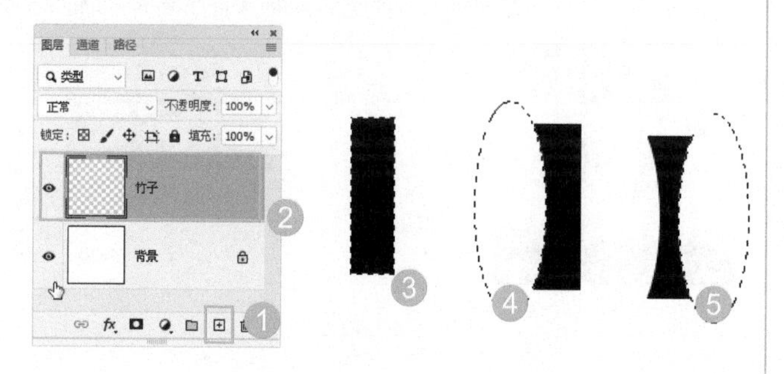

图7-23 新建图层绘制竹子

步骤 3 ▶▶ 使用（椭圆选框工具）绘制选区后填充黑色，绘制竹节部位，使用同样的方法制作出整根竹子，效果如图 7-24 所示。

步骤 4 ▶▶ 下面绘制竹叶。选择工具箱中的（画笔工具），按键盘上的 F5 键打开“画笔”面板，其中的参数设置如图 7-25 所示。

步骤 5 ▶▶ 在页面中绘制大小不等的竹叶，效果如图7-26 所示。

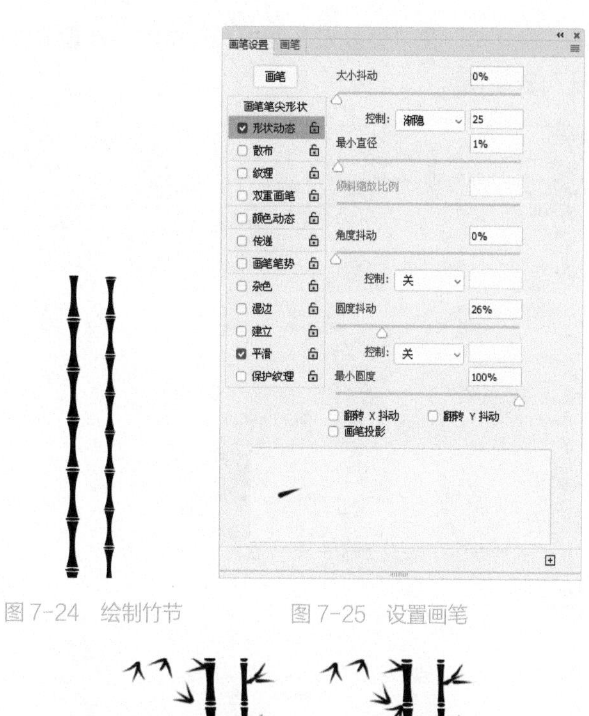

图 7-24 绘制竹节　　图 7-25 设置画笔

图 7-26 绘制竹叶

步骤 6 ▶▶ 新建一个图层并命名为“月亮”。使用（椭圆选框工具）按住 Shift 键绘制圆形选区，按键盘上的 D 键默认前景色为“黑色”、背景色为“白色”，执行菜单栏中“滤镜 / 渲染 / 云彩”命令，效果如图7-27 所示。

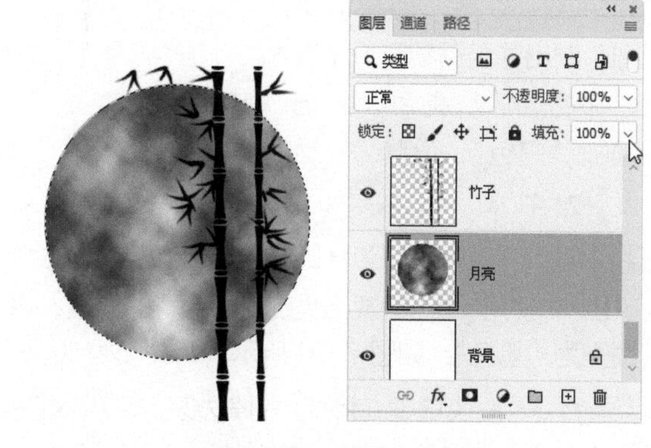

图 7-27 云彩滤镜

步骤 7 ▶▶ 按快捷键 Ctrl+D 去掉选区，执行菜单栏中“图层 / 图层样式 / 内发光和外发光”命令，分别打开“内发光”和“外发光”面板，其中的参数设置如图7-28 所示。

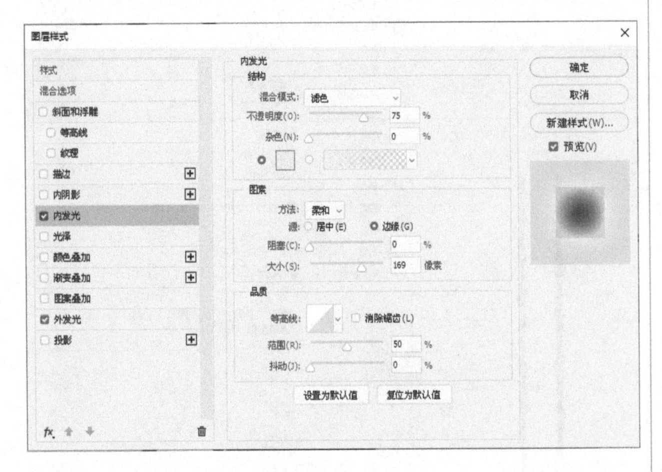

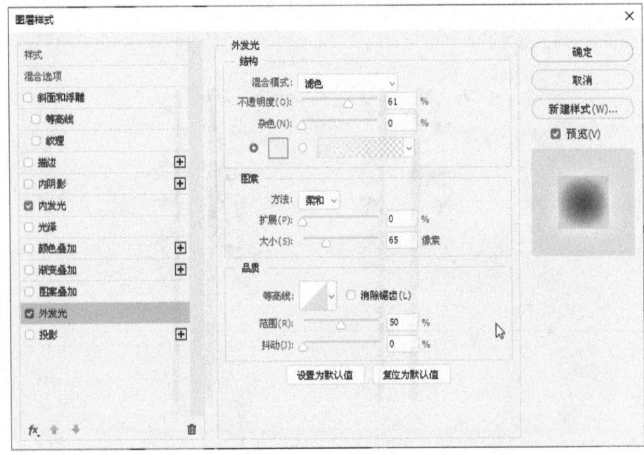

图 7-28 “内发光”和“外发光”面板

步骤 8 ▶▶ 设置完毕后，单击“确定”按钮，效果如图7-29 所示。

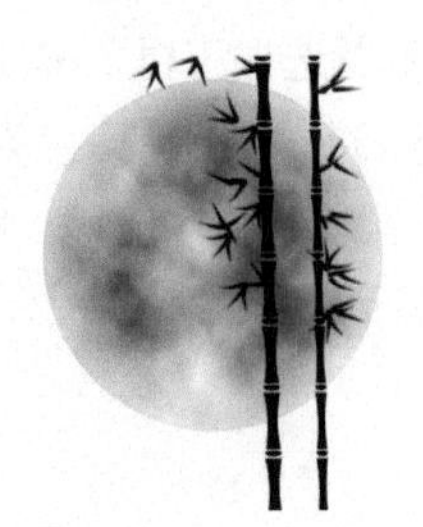

图 7-29 添加内发光和外发光后

步骤 9 ▶▶ 按住 Ctrl 键的同时，单击“月亮”图层的缩览图，调出选区后新建一个图层，命名为“月亮 2”，将选区填充“白色”，设置“不透明度”为 41%，设置效果如图 7-30 所示。

步骤 10 ▶▶ 按快捷键 Ctrl+D 去掉选区，新建图层命名为“山”，使用 （套索工具）绘制山形的选区，将选区填充为“黑色”，如图 7-31 所示。

步骤 11 ▶▶ 按快捷键 Ctrl+D 去掉选区，使用 （横排文字工具）在月亮上键入文字，如图 7-32 所示。

步骤 12 ▶▶ 选择除“背景”以外的所有图层，按快捷键 Ctrl+E 将选择的图层合并，如图 7-33 所示。

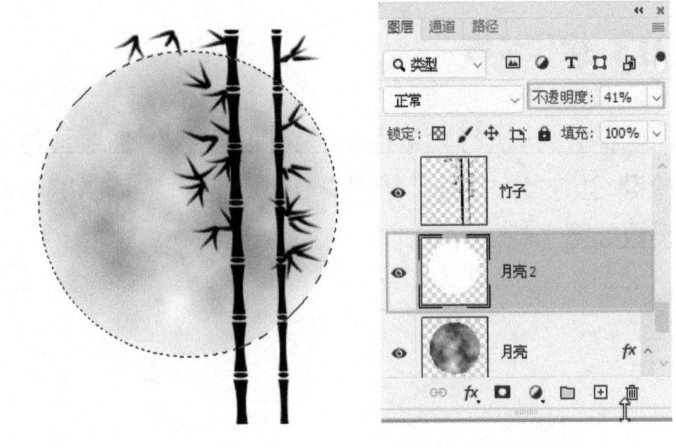

图 7-30 设置不透明度

图 7-31 绘制并填充选区

图 7-32 键入文字　　图 7-33 合并

步骤 13 ▶▶ 执行菜单栏中“文件 / 打开”命令或按快捷键 Ctrl+O，打开随书附带的“素材 / 第 7 章 /T 恤”文件，将其作为背景，如图 7-34 所示。

步骤 14 ▶▶ 使用 （移动工具）将“T 恤图”文档中合并的图层内容拖曳到“T 恤”文档中，按快捷键 Ctrl+T 调出变换框，拖动控制点调整图像大小并进行旋转，如图 7-35 所示。

步骤 15 ▶▶ 按回车键完成变换，设置“混合模式”为“叠加”，效果如图 7-36 所示。

步骤 16 ▶▶ 复制“月”图层，得到“月 拷贝”层，设置“混合模式”为“正片叠底”、“不透明度”为 40%，如图 7-37 所示。

图 7-34　T 恤素材

图 7-35　变换

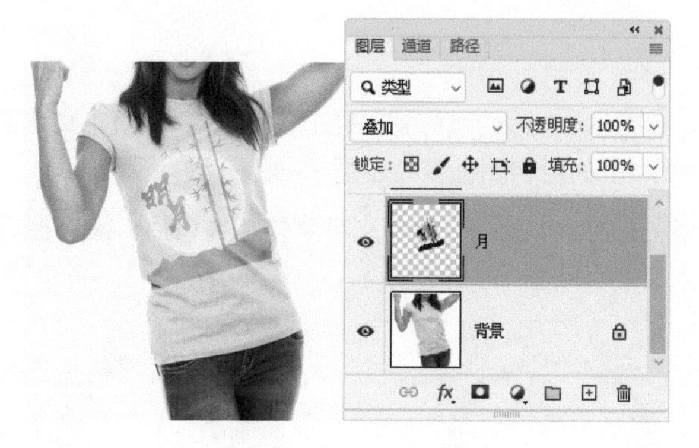

图 7-36　混合模式

步骤 17 ▶▶ 至此本例制作完毕，效果如图 7-38 所示。

图 7-37　混合模式

图 7-38　最终效果

实例 66　选择样式及设置图层样式制作水晶徽章

01 实例目的

了解“投影”图层样式的应用。

02 实例要点

- 使用“新建”菜单命令新建文件。
- 使用“椭圆工具”绘制正圆形。
- 使用“投影”和“描边”图层样式。
- 应用文本工具。

03 操作步骤

步骤 1 ▶▶ 执行菜单栏中“文件/新建”命令，打开“新建文档”对话框，新建一个“宽度”为 200 像素、“高度”为 200 像素、“分辨率”为 150 像素/英寸的空白文档，使用 （椭圆选框工具）在文档中绘制一个正圆选区，如图 7-39 所示。

步骤 2 ▶▶ 新建一个图层 1，将前景色设置为“黑色”，按快捷键 Alt+Delete 填充前景色，如图 7-40 所示。

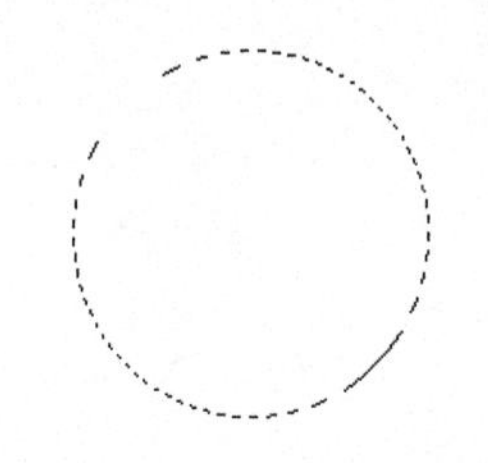
图 7-39　绘制正圆选区

图 7-40　填充前景色

步骤 3 ▶▶ 执行菜单栏中“窗口/样式”命令，打开“样式”面板，选择“蓝色凝胶”，效果如图 7-41 所示。

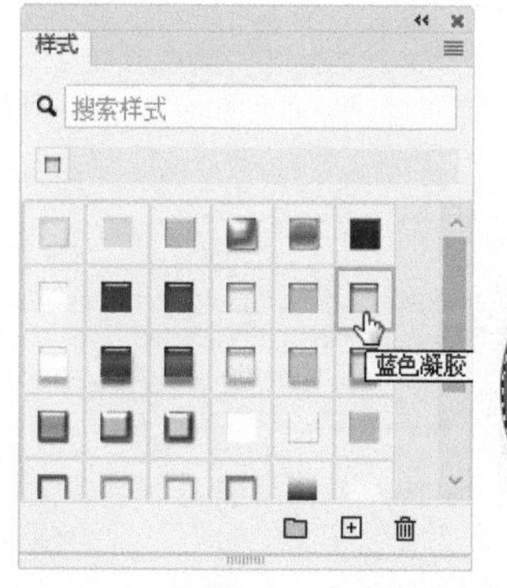

图 7-41　选择样式

步骤 4 ▶▶ 新建一个图层 2，将其放置到图层 1 的下面，执行菜单栏中“编辑/描边”命令，打开“描边”对话框，其中的参数设置如图 7-42 所示。

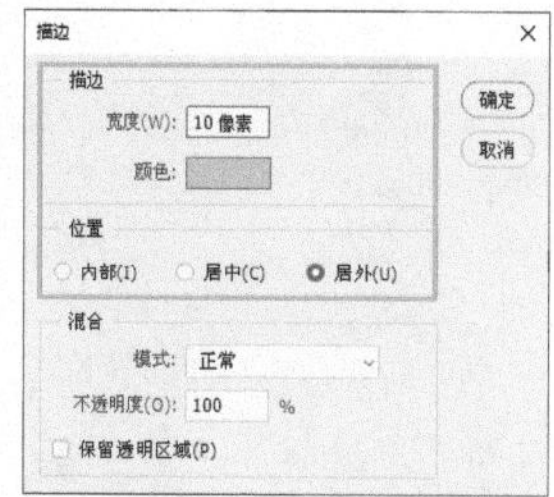

图 7-42　“描边”对话框

步骤 5 ▶▶ 设置完毕后，单击“确定”按钮，效果如图7-43 所示。

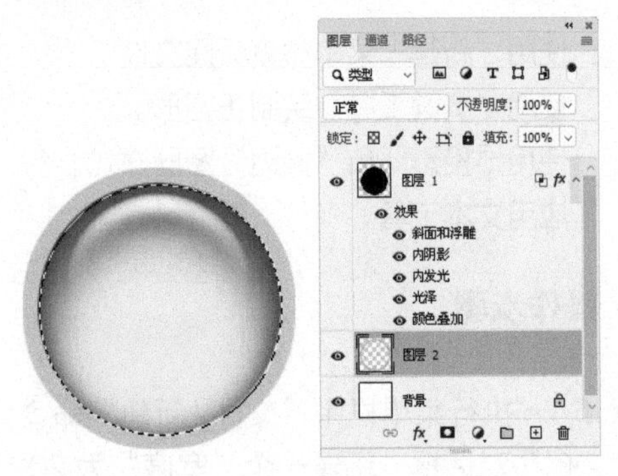

图 7-43　描边后

步骤 6 ▶▶ 按快捷键 Ctrl+D 去掉选区。执行菜单栏中“图层 / 图层样式 / 描边、内发光和投影”命令，分别打开“描边”、“内发光”和“投影”面板，其中的参数设置如图 7-44 所示。

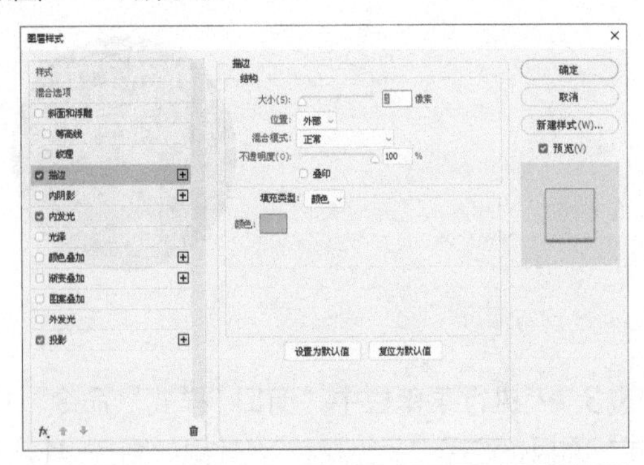

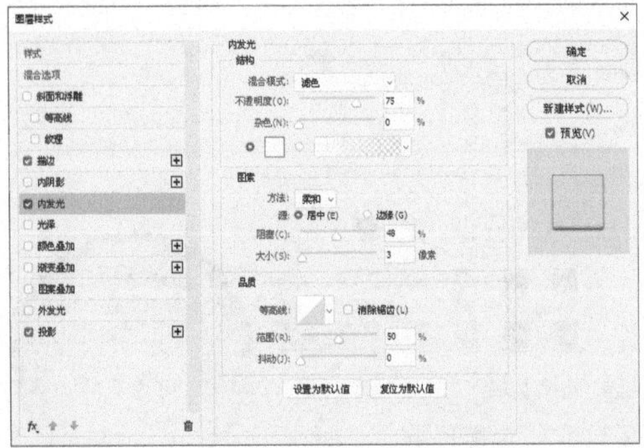

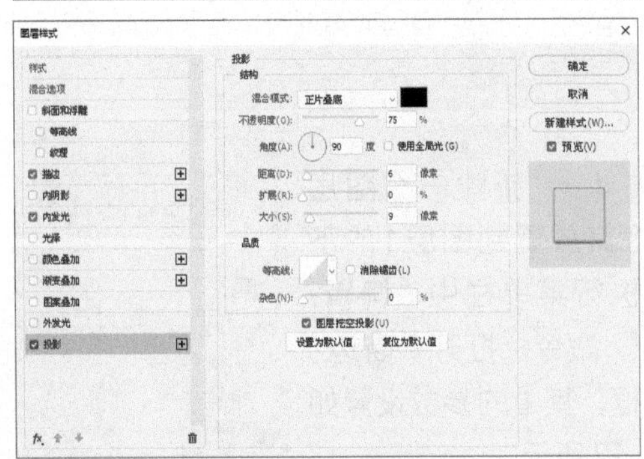

图 7-44　图层样式

步骤 7 ▶▶ 设置完毕后，单击“确定”按钮，图像效果如图 7-45 所示。

步骤 8 ▶▶ 使用 ◯（椭圆工具）在文档中绘制正圆路径，如图 7-46 所示。

图 7-45　添加图层样式　　图 7-46　绘制路径

步骤 9 ▶▶ 移动鼠标到路径上，使用 T（横排文字工具），此时会将图标变为如图 7-47 所示的效果。

步骤 10 ▶▶ 设置相应的文字字体和大小后，沿路径键入文字，如图 7-48 所示。

图 7-47　指针对正路径　　图 7-48　键入文字

步骤 11 ▶▶ 执行菜单栏中“文件 / 打开”命令，打开随书附带的“素材 / 第 7 章 / 卡通”文件，如图7-49 所示。

步骤 12 ▶▶ 使用 ✥（移动工具）拖动“卡通”素材中的图像到新建文档中，按快捷键 Ctrl+T 调出变换框，如图7-50 所示。

图 7-49　素材　　图 7-50　变换

步骤 13 ▶▶ 按回车键确定，设置“混合模式”为“正片叠底”，效果如图 7-51 所示。

步骤 14 ▶▶ 至此本例制作完毕，效果如图 7-52 所示。

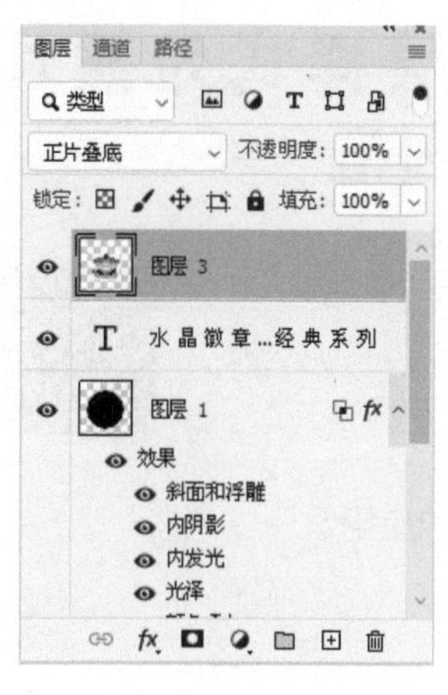

图 7-51　混合模式

图 7-52　最终效果

实例 67 用斜面和浮雕样式结合混合模式制作木版画

01 实例目的

了解“混合模式”中“强光”和“变亮”以及“斜面和浮雕”图层样式的应用。

02 实例要点

- 使用“打开”命令打开文件。
- 使用“斜面和浮雕”图层样式制作文字的立体化效果。
- 设置“混合模式”中的“颜色加深”和“变亮”。

03 操作步骤

步骤 1 执行菜单栏中“文件 / 打开”命令或按快捷键 Ctrl+O，打开随书附带的“素材 / 第 7 章 / 木栅栏和老虎”文件，如图 7-53 所示。

步骤 2 使用 （移动工具）将“老虎”素材中的图像拖至“木栅栏”图像上，按快捷键 Ctrl+T 调出变换框，拖动控制点调整图像的大小，效果如图 7-54 所示。

步骤 3 按回车键完成变换，在“图层”面板上设置“图层 1”图层的“混合模式”为“颜色加深”，设置“不透明度”为 38%，效果如图 7-55 所示。

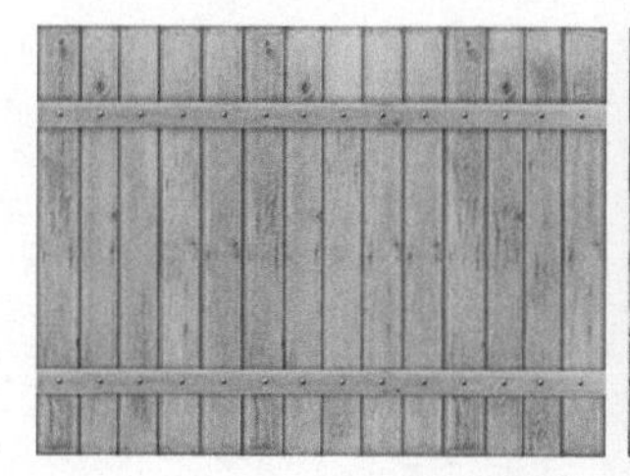

图 7-53　素材

图 7-54　变换

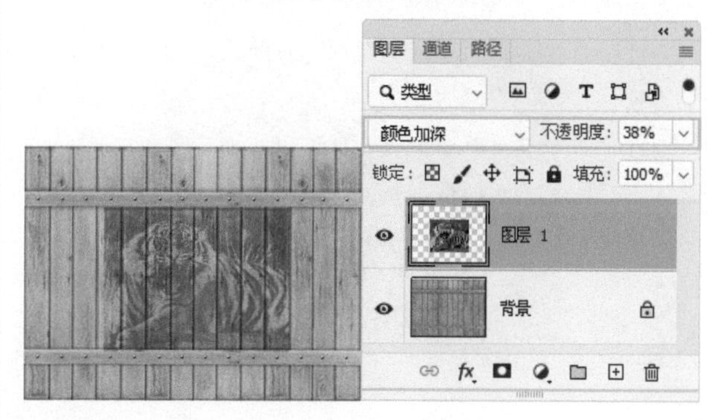

图 7-55　混合模式

技巧

在图层与图层之间调整“混合模式”中不同的模式后，两个图层之间的图像会出现非常惊奇的融合现象。

步骤 4 在工具箱中设置前景色为“黑色”，选择 T.（横排文字工具），在画布上输入文字，如图 7-56 所示。

图 7-56　键入文字

步骤 5 执行菜单栏中“图层 / 图层样式 / 斜面和浮雕”命令，在打开的“斜面和浮雕”面板中，对其中的各项参数进行相应的设置，如图 7-57 所示。

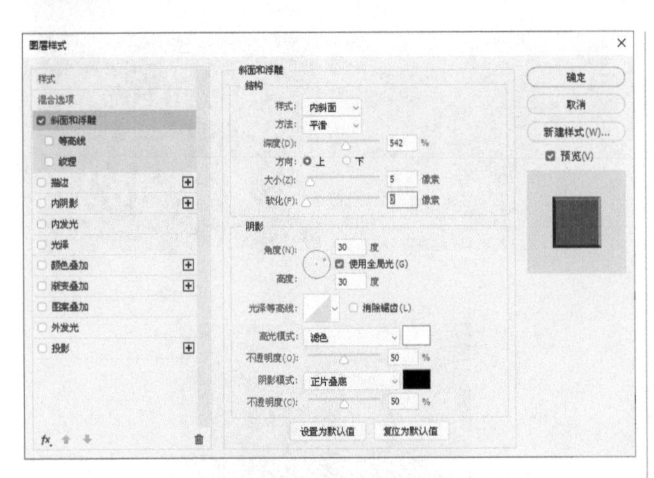

图 7-57 “斜面和浮雕”面板

步骤 6 单击“确定”按钮，完成“图层样式”对话框的设置，文字效果如图 7-58 所示。

图 7-58 添加浮雕

步骤 7 在“图层”面板上设置文本图层的“混合模式”为“变亮”，至此本例制作完毕，效果如图7-59 所示。

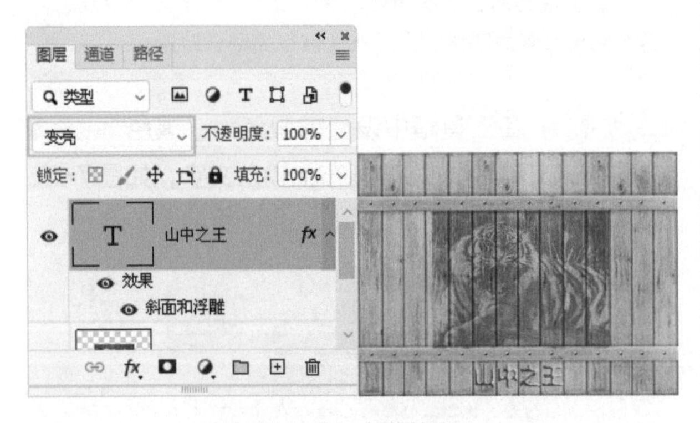

图 7-59 最终效果

技巧

浮雕文字在设置为“混合模式”中的“变亮”模式后，会出现好似在背景上出现浮雕的现象。

实例68 用图层样式为照片添加画框

01 实例目的

了解添加样式在本例中的应用。

02 实例要点

- 新建文件。
- 绘制矩形并缩小选区。
- 清除选区内容。
- 为图层添加“黑色电镀金属”样式。
- 导入素材并对其进行缩放变换。
- 为背景图层填充渐变色。

03 操作步骤

步骤 1 执行菜单栏中“文件 / 新建”命令或按快捷键 Ctrl+N，打开“新建文档”对话框。设置文件的“宽度”为 18 厘米，“高度”为 13.5 厘米，“分辨率”为 150 像素 / 英寸，选择“颜色模式”为“RGB 颜色”，选择“背景内容”为“白色”，然后单击“创建”按钮，新建一个空白文档，新建一个图层，设置前景色为“黑色”，使用 □（矩形工具）在页面中绘制一个黑色矩形，如图 7-60 所示。

图 7-60 新建文档绘制矩形

步骤 2 按住 Ctrl 键的同时单击“图层 1”的缩览图，调出选区，执行菜单栏中“选择 / 修改 / 收缩”命令，打开“收缩选区”对话框，设置“收缩量”为 45 像素，设置完毕后，单击“确定”按钮，效果如

图7-61 所示。

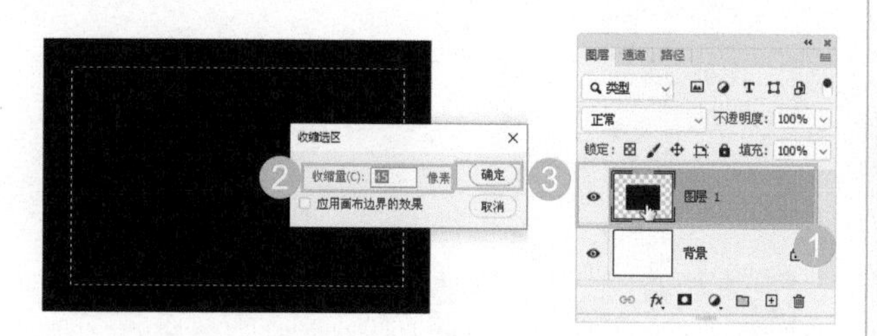
图 7-61 “收缩选区”对话框

步骤 3 按 Delete 键删除选区内容，再按快捷键 Ctrl+D 取消选区，效果如图7-62 所示。

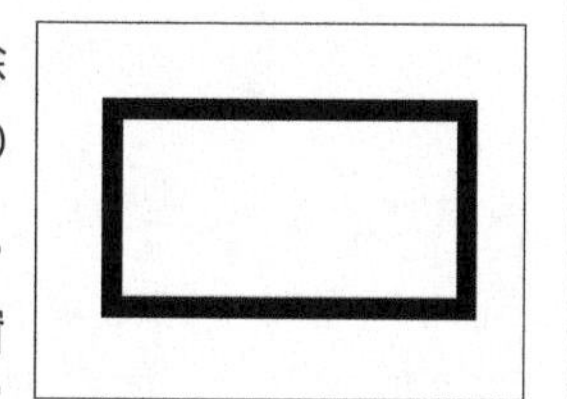
图 7-62 清除

步骤 4 执行菜单栏中“窗口 / 样式”命令，打开“样式”面板，选择“黑色电镀金属”样式，效果如图 7-63 所示。

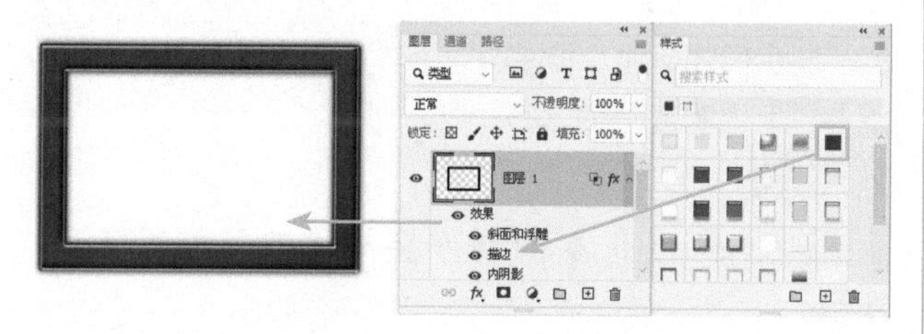
图 7-63 添加样式

步骤 5 执行菜单栏中“文件 / 打开”命令或按快捷键 Ctrl+O，打开随书附带的“素材 / 第 7 章 / 漂流瓶”文件，如图 7-64 所示。

图 7-64 素材

步骤 6 使用（移动工具）拖动“漂流瓶”文件中的图像到新建文件中，在“图层”面板中会自动得到一个“图层 2”图层，按快捷键 Ctrl+T 调出变换框，拖动控制点将图像缩小，效果如图7-65 所示。

步骤 7 按回车键确定，使用（矩形选框工具）绘制一个矩形选区，按快捷键 Ctrl+Shift+I 反选选区，

图 7-65 移动并变换

按 Delete 键删除选区内容，效果如图 7-66 所示。

图 7-66 删除

步骤 8 按快捷键 Ctrl+D 去掉选区，在背景层的上面新建一个图层，使用（矩形工具）绘制一个黑色矩形，效果如图 7-67 所示。

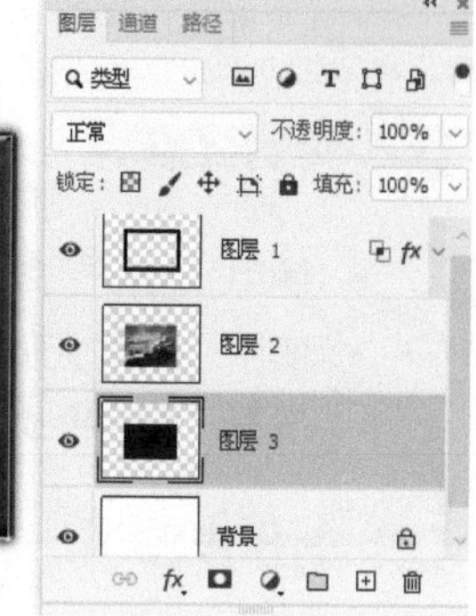
图 7-67 绘制矩形

步骤 9 选择“背景”图层，选择（渐变工具），设置“渐变样式”为“线性渐变”、“渐变类型”为“从前景色到透明”，使用（渐变工具）从右下角向左上角拖动鼠标，填充渐变色，效果如图 7-68 所示。

图 7-68 填充渐变色

步骤 10 ▶▶ 至此本例制作完毕，效果如图 7-69 所示。

图 7-69 最终效果

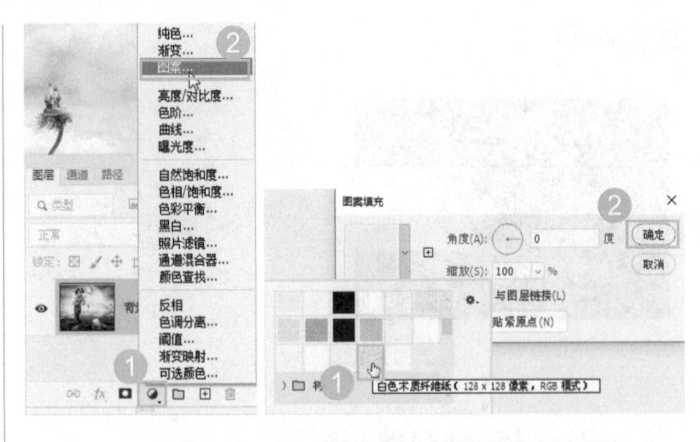

图 7-71 弹出　　图 7-72 “图案填充”对话框

实例 69 用图案填充命令制作壁画

01 实例目的

了解“图案填充”命令的应用

02 实例要点

- 使用“打开”命令打开素材图像。
- 使用“图案填充”命令填充图案。
- 设置“混合模式”为“线性加深”。

03 制作步骤

步骤 1 ▶▶ 执行菜单栏中“文件 / 打开”命令或按快捷键 Ctrl+O，打开随书附带的“素材 / 第 7 章 / 捕捉”文件，如图 7-70 所示。

图 7-70 素材

步骤 2 ▶▶ 单击（创建新的填充或调整图层）按钮，在弹出的菜单中选择“图案”，如图 7-71 所示。

步骤 3 ▶▶ 选择“图案”后，弹出“图案填充”对话框，选择相对应的图案，如图 7-72 所示。

步骤 4 ▶▶ 单击“确定”按钮，完成“图案填充”对话框的设置，图像效果如图 7-73 所示。

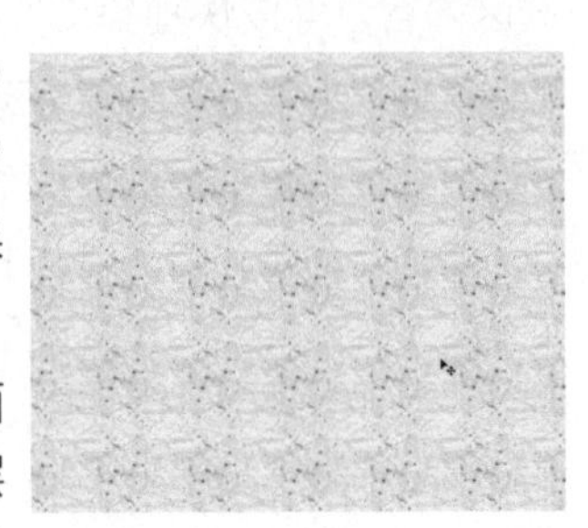

图 7-73 填充

步骤 5 ▶▶ 在“图层”面板上设置“图层 1”图层的“混合模式”为“线性加深”、“不透明度”为 52%，效果如图 7-74 所示。

步骤 6 ▶▶ 至此本例制作完毕，效果如图 7-75 所示。

图 7-74 混合模式

图 7-75 最终效果

实例 70 用图层顺序制作公益宣传海报

01 实例目的

了解“图层顺序”的应用

02 实例要点

- 新建文档。

- 通过渐变制作背景。
- 选择图层顺序。
- 添加图层样式。
- 绘制自定义形状。
- 复制与粘贴图层样式。

03 制作步骤

步骤 1 ▶▶ 新建一个“宽度”为 10 厘米，“高度”为 6.5 厘米、“分辨率”为 150 像素 / 英寸、“颜色模式”为“RGB 颜色”、“背景内容”为“白色”的空白文档，设置前景色为 RGB（30、165、20）、背景色为 RGB（16、92、12），使用（渐变工具）在文档中填充一个从前景色到背景色的“径向渐变”，效果如图 7-76 所示。

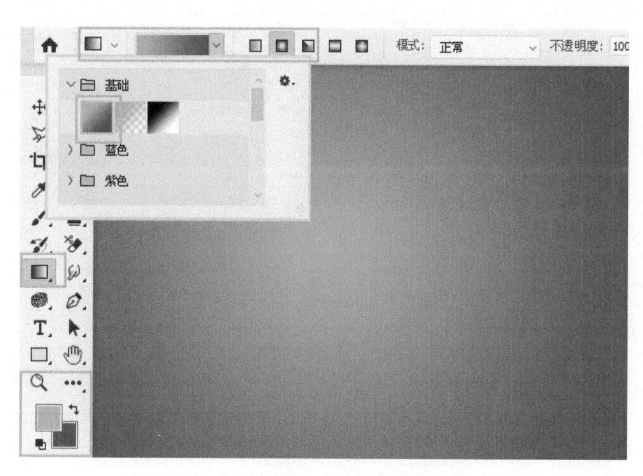

图 7-76　新建文档并填充渐变色

步骤 2 ▶▶ 按快捷键 Ctrl+J，复制背景得到一个图层 1，按快捷键 Ctrl+T 调出变换框。拖动控制点，将图像向下变换，设置“不透明度”为 83%，如图7-77 所示。

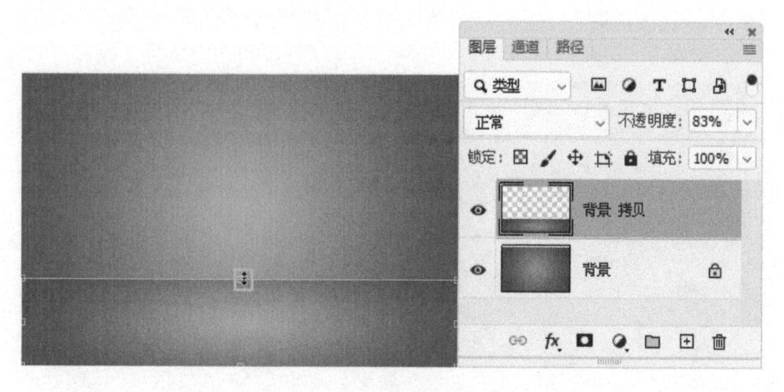

图 7-77　复制并变换

步骤 3 ▶▶ 按回车键完成变换，在背景图层的上方新建一个图层，使用（矩形选框工具）绘制一个矩形选区，将其填充为“白色”，如图 7-78 所示。

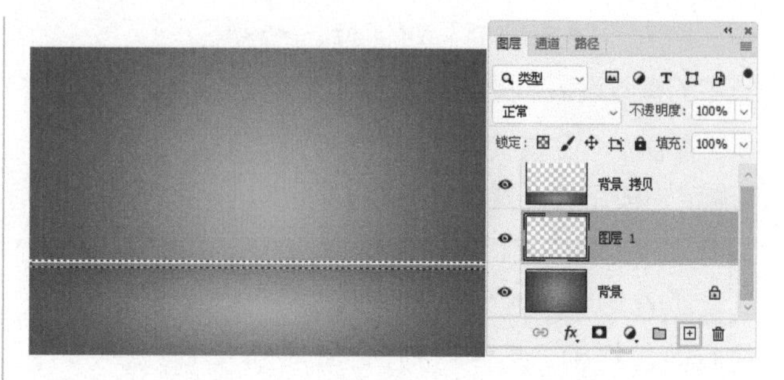

图 7-78　绘制矩形选区填充白色

步骤 4 ▶▶ 按快捷键 Ctrl+D 去掉选区，执行菜单栏中“滤镜 / 模糊 / 高斯模糊”命令，打开“高斯模糊”对话框，其中的参数设置如图 7-79 所示。

步骤 5 ▶▶ 设置完毕后，单击“确定”按钮，效果如图7-80 所示。

图 7-79　“高斯模糊”对话框　　图 7-80　高斯模糊后

步骤 6 ▶▶ 再复制背景图层，将复制得的副本拖曳到图层 1 的上面，执行菜单栏中“滤镜 / 杂色 / 添加杂色”命令，打开“添加杂色”对话框，其中的参数设置如图7-81 所示。

步骤 7 ▶▶ 设置完毕后，单击“确定”按钮，如图7-82 所示。

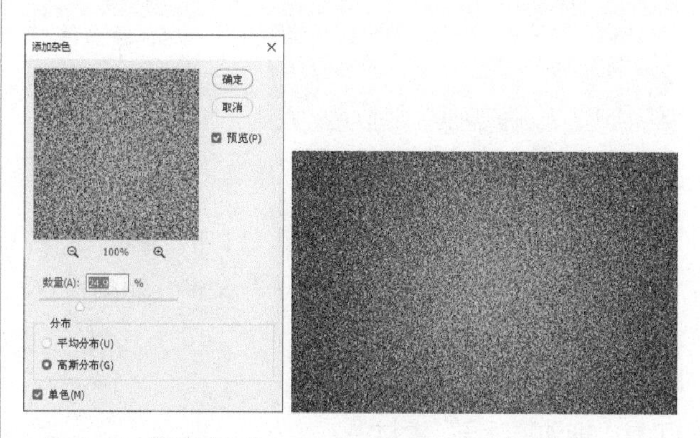

图 7-81　“添加杂色”对话框　　图 7-82　添加杂色后

步骤 8 ▶▶ 执行菜单栏中“滤镜 / 模糊 / 径向模糊”命

令，打开“径向模糊”对话框，其中的参数设置如图7-83所示。

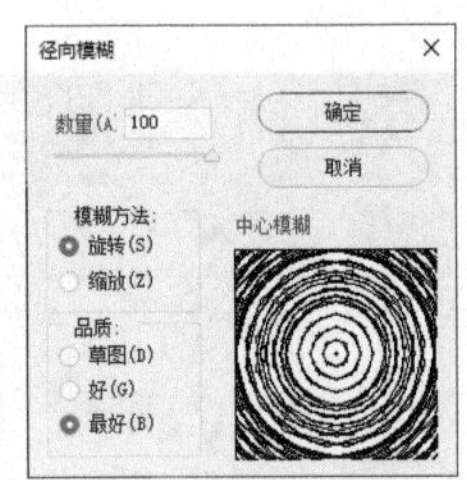

图7-83 “径向模糊”对话框

步骤 9 设置完毕后，单击“确定”按钮，设置“不透明度”为86%，效果如图7-84所示。

步骤 10 按回车键完成变换，执行菜单栏中“文件/打开”命令，打开随书附带的“素材/第7章/灯”文件，如图7-85所示。

图7-84 径向模糊后

步骤 11 使用（移动工具）拖动“灯”素材中的图像到“新建”文档中，在“图层”面板中会自动得到与图像相对应的图层，将图层进行命名，如图7-86所示。

图7-85 素材

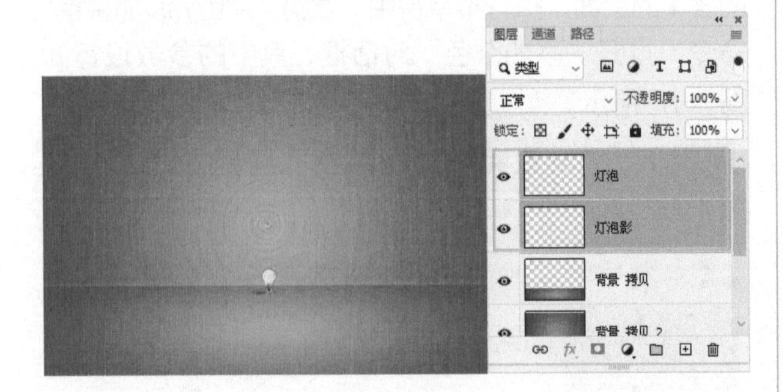

图7-86 移动图像

步骤 12 执行菜单栏中“文件/打开”命令，打开随书附带的“素材/第7章/叶子”文件，如图7-87所示。

步骤 13 使用（移动工具）拖动“叶子”素材中的图像到“新建”文档中，在“图层”面板中会自动得到与图像相对应的图层，将图层进行命名，如图7-88所示。

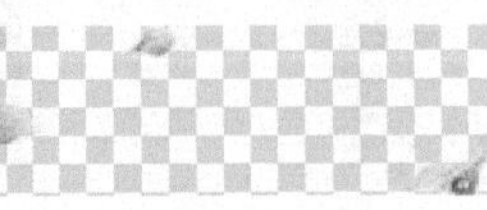

图7-87 叶子

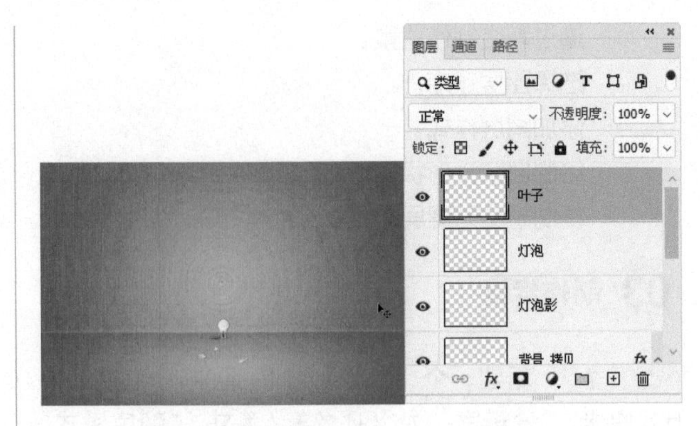

图7-88 移动

步骤 14 执行菜单栏中“图层/图层样式/投影”命令，打开“投影”面板，其中的参数设置如图7-89所示。

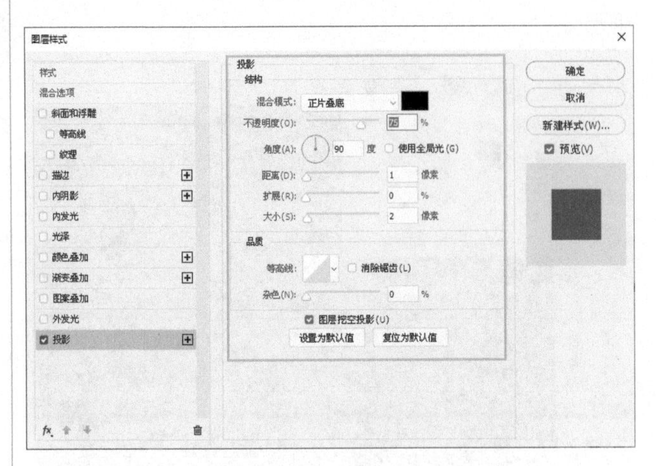

图7-89 “投影”面板

步骤 15 设置完毕后，单击“确定”按钮，效果如图7-90所示。

步骤 16 使用（横排文字工具）设置合适的文字大小和文字字体后，在文档的上面键入文字，如图7-91所示。

图7-90 添加投影后　　图7-91 键入文字

步骤 17 新建一个图层，使用（自定义形状工具）在文字下面绘制倒三角像素图形标志，如图7-92所示。

步骤 18 使用（矩形选框工具）在标志上绘制一

个矩形选区，按 Delete 键删除选区内容，如图 7-93 所示。

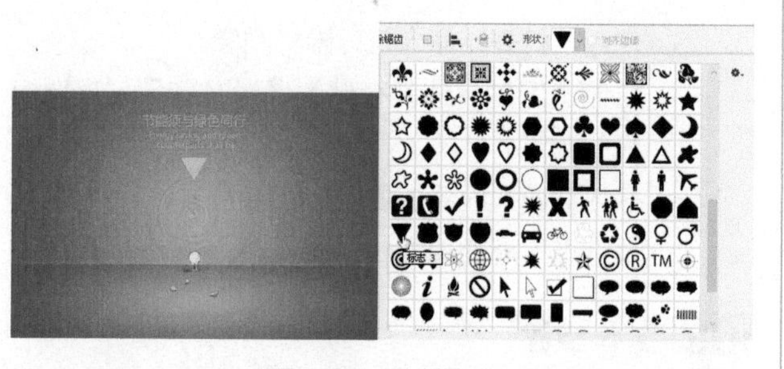

图 7-92　绘制图形

图 7-93　删除选区内容

步骤 19 ▶▶ 向下移动选区，删除选区内的图像，如图7-94 所示。

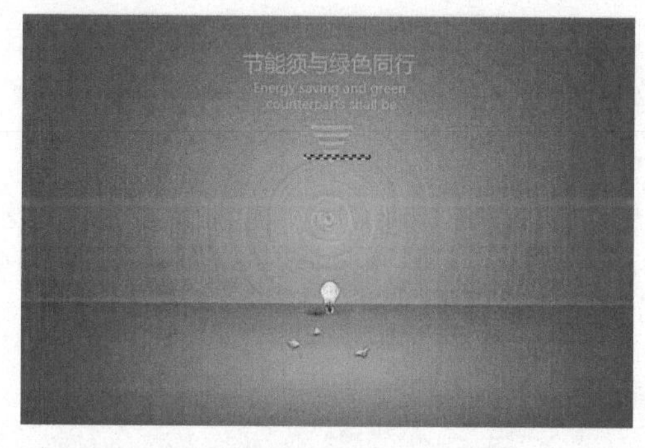

图 7-94　删除

步骤 20 ▶▶ 按快捷键 Ctrl+D 去掉选区，执行菜单栏中“图层 / 图层样式 / 描边、外发光、颜色叠加和投影”命令，分别打开“描边”、“外发光”、“颜色叠加”和“投影”面板，其中的参数设置如图 7-95 所示。

步骤 21 ▶▶ 设置完毕后，单击“确定”按钮，效果如图7-96 所示。

步骤 22 ▶▶ 选择添加图层样式的图层右击鼠标，在弹出的菜单中选择“拷贝图层样式”，再在文字图层上右击，选择“粘贴图层样式”，如图7-97 所示。

步骤 23 ▶▶ 至此本例制作完毕，最终效果如图7-98 所示。

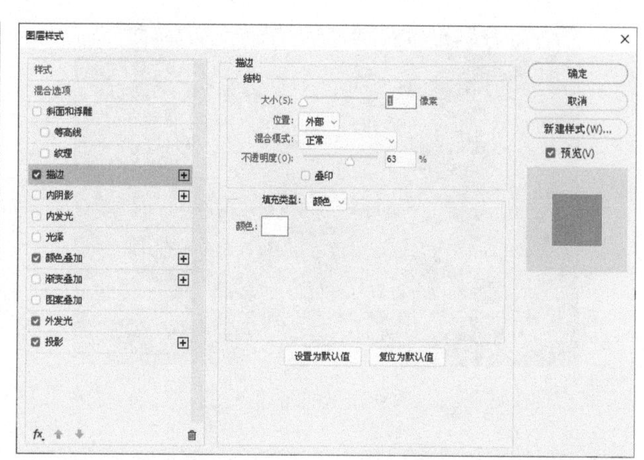

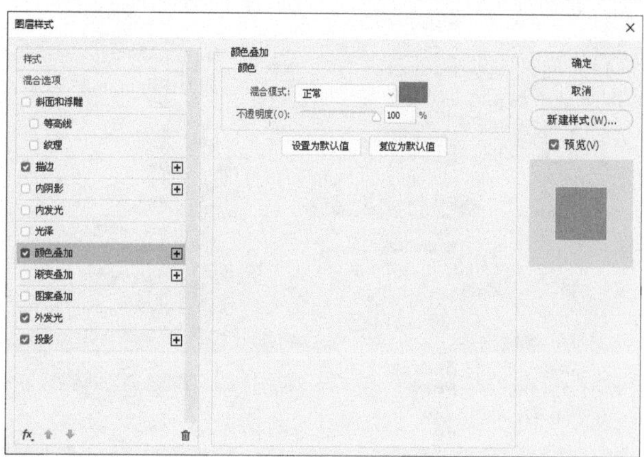

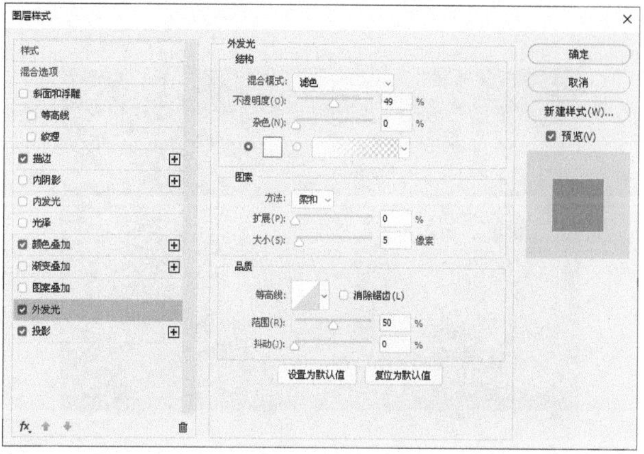

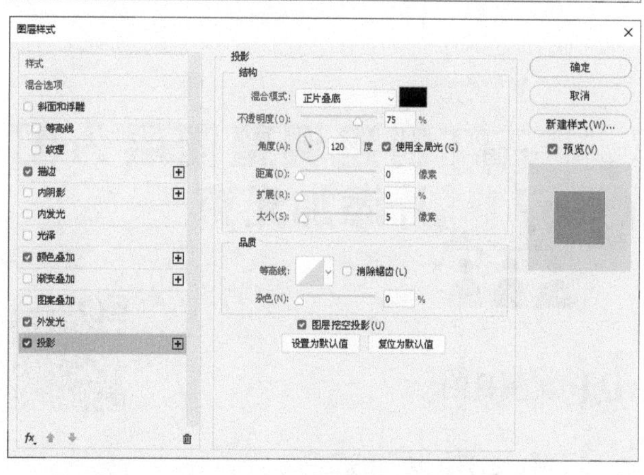

图 7-95　图层样式

图 7-96　添加图层样式

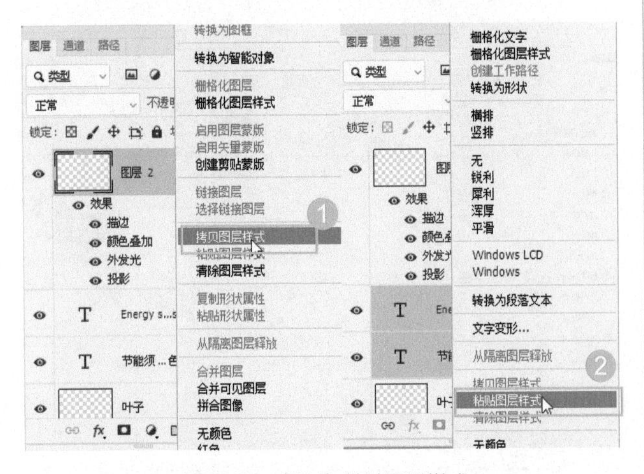

图 7-97　复制与粘贴图层样式

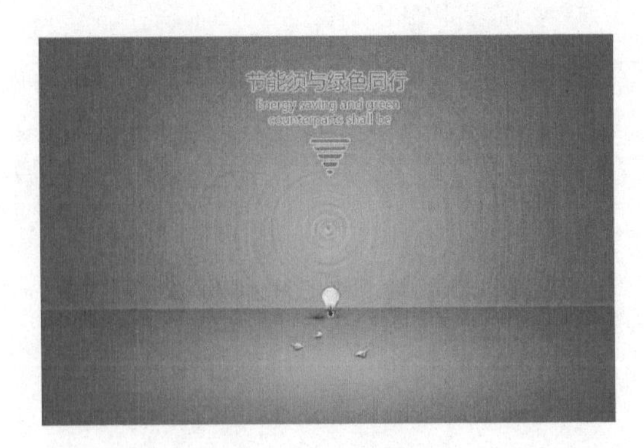

图 7-98　最终效果

实例 71 创建调整图层为图片添加光束

01 实例目的

了解“合并图层”的应用。

02 实例要点

- 使用“打开”命令打开素材图像。
- 绘制选区并将选区存储为通道并使用“高斯模糊”滤镜。
- 载入通道选区添加填充和调整图层。
- 反选选区添加填充和调整图层。

03 制作步骤

步骤 1 执行菜单栏中“文件/打开”命令或按快捷键 Ctrl+O，打开随书附带的“素材/第7章/创意图”文件，如图 7-99 所示。

步骤 2 选择工具箱中的（多边形套索工具），在图像中绘制选区，如图 7-100 所示。

图 7-99　素材

图 7-100　绘制选区

步骤 3 在“图层”面板中单击（创建新的填充或调整图层）按钮，在弹出菜单中选择“色阶”，如图 7-101 所示。

步骤 4 选择“色阶”命令后，系统会在“属性”面板中打开“色阶”调整选项，其中的参数设置如图 7-102 所示。

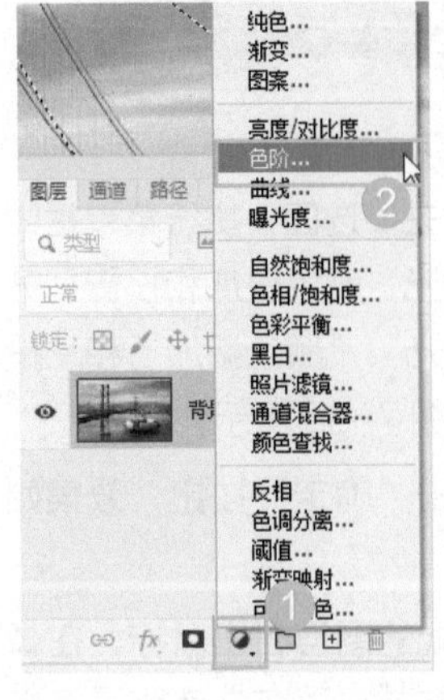

图 7-101　弹出菜单

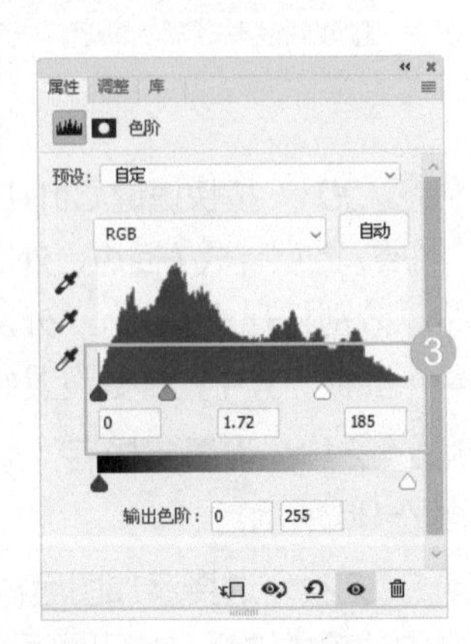

图 7-102　“属性”面板

步骤 5 调整完毕后的效果如图 7-103 所示。

技巧

添加填充和调整图层时，如果图像中有选区，那么添加的填充和调整图层只会对选区中的图像起作用；反之，则对整个图像起作用

步骤 6 ▶▶ 在“属性”面板中，选择【蒙版】按钮，进入蒙版编辑状态，其中的参数设置如图 7-104 所示。

图 7-103　色阶调整后　　图 7-104　设置属性蒙版

步骤 7 ▶▶ 调整完毕，效果如图 7-105 所示。

步骤 8 ▶▶ 在“图层”面板中按住 Ctrl 键单击蒙版缩览图，调出选区后，按快捷键 Ctrl+Shift+I 反选选区，如图 7-106 所示。

图 7-105　羽化后　　图 7-106　反选选区

步骤 9 ▶▶ 在“图层”面板中单击（创建新的填充或调整图层）按钮，在弹出菜单中选择“色阶”，打开“属性”面板，参数设置如图 7-107 所示。

步骤 10 ▶▶ 调整完毕后，至此本例制作完成，效果如图 7-108 所示。

图 7-107　“属性”面板

图 7-108　最终效果

本章练习与习题

练习

1. 创建“渐变填充”图层，选择渐变色后，设置“混合模式”。

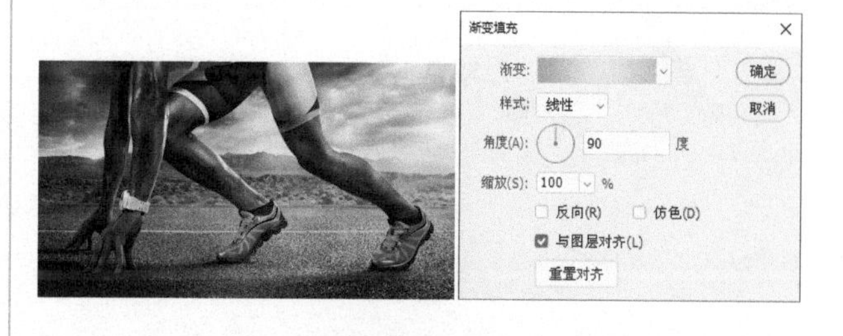

2. 定义选区内的图像，创建“图案填充”图层并设置参数，再设置“混合模式”和“不透明度”。

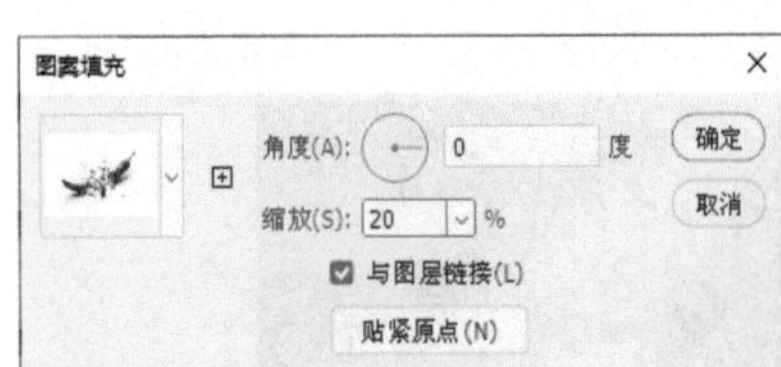

3. 使用“操控变形”改变像素。

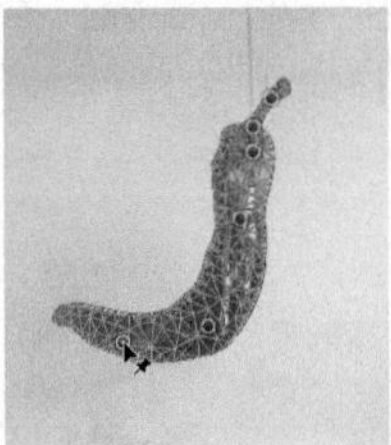

习题

1. 按哪个快捷键可以通过复制新建一个图层?（　　）

A. Ctrl+L　　B. Ctrl+C

C. Ctrl+J　　D. Shift+Ctrl+X

2. 填充图层和调整图层具有以下哪两种相同选项?（　　）

A. 不透明度　　B. 混合模式

C. 锁定图层　　D. 颜色

3. 下面哪几个功能不能应用于智能对象?（　　）

A. 绘画工具　　B. 滤镜

C. 图层样式　　D. 填充颜色

4. 以下哪几个功能可以将文字图层切换成普通图层?（　　）

A. 栅格化图层　　B. 栅格化文字

C. 栅格化 / 图层　　D. 栅格化 / 所有图层

路径与图形工具的使用

本章内容

- 用钢笔工具创建路径制作区域质感
- 用自由钢笔工具抠图
- 用添加锚点工具编辑形状制作心形图案
- 通过路径面板制作流星
- 用自定义形状工具制作连心云
- 通过用画笔描边路径制作缠绕效果
- 用多边形工具绘制四角星
- 绘制愤怒的小鸟

本章主要对Photoshop中核心部分的路径部分进行讲解，通过实例的操作让大家更轻松地掌握Photoshop中路径与图形的使用。

实例72 用钢笔工具创建路径制作区域质感

01 实例目的

了解“钢笔工具”的应用。

02 实例要点

- 使用“钢笔工具”，在页面中绘制路径。
- 建立选区并设置羽化。
- 混合模式。

03 操作步骤

步骤 1 执行菜单栏中“文件/打开”命令或按快捷键Ctrl+O，打开随书附带的“素材/第8章/手套”文件，如图8-1所示。

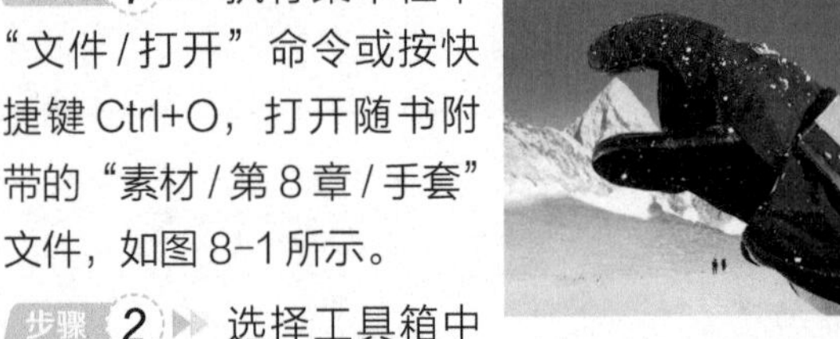

图8-1 素材

步骤 2 选择工具箱中的（钢笔工具），然后在属性栏上选择“路径”选项，在图像上创建路径，如图8-2所示。

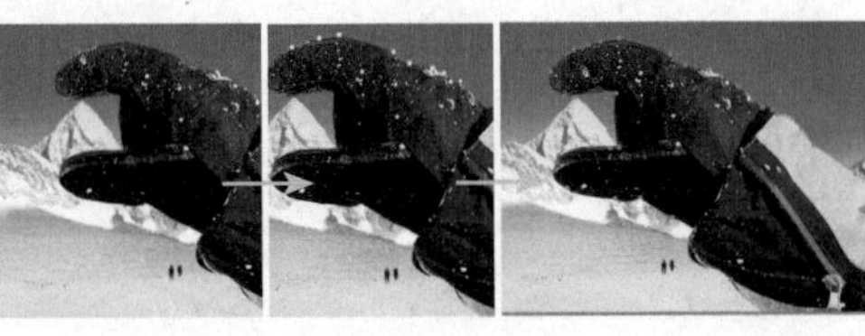

图8-2 创建路径

技巧

使用“钢笔工具”创建直线路径时，只单击但不要按住鼠标左键，当鼠标指针移动到另一点时单击鼠标左键即可创建直线路径；按住鼠标左键并拖动即可创建曲线路径。

技巧

在创建路径时，为了能够更好地控制路径的走向，可以通过Ctrl+“+”和Ctrl+“-”组合键来放大和缩小图像。

步骤 3 路径创建完毕后，在属性栏中单击“建立选区”按钮，如图8-3所示。

图8-3 属性栏

步骤 4 单击“建立选区”按钮后，系统会弹出“建立选区”对话框，在其中设置“羽化半径”为10，其他参数不变，如图8-4所示。

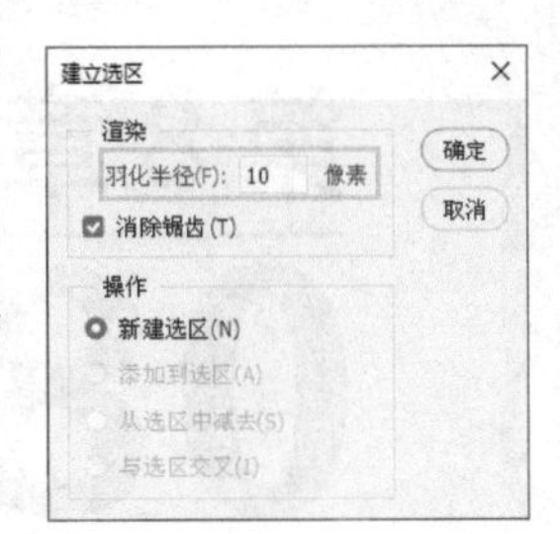

图8-4 “建立选区”对话框

技巧

使用“钢笔工具”时，选择属性栏上的“形状”选项时，在图像中依次单击鼠标左键可以创建具有“填充”和“描边”功能形状图层。

技巧

使用“钢笔工具”时，选择属性栏上的“路径”选项时，在图像中单击鼠标左键就可以创建普通的工作路径。

技巧

使用“钢笔工具”时，勾选属性栏中的“自动添加/删除”复选框，“钢笔工具”就具有了“添加锚点”和“删除锚点”的功能。

步骤 5 设置完毕后，单击“确定”按钮，此时会将路径转换为具有羽化效果的选区，如图8-5所示。

图8-5 转换为选区

步骤 6 在“图层”面板中新建一个图层1，将选区填充为白色，如图8-6所示。

步骤 7 设置“混合模式”为“叠加”、“不透明度”

为 77%，此时发现黑色的区域都比之前亮了很多，如图 8-7 所示。

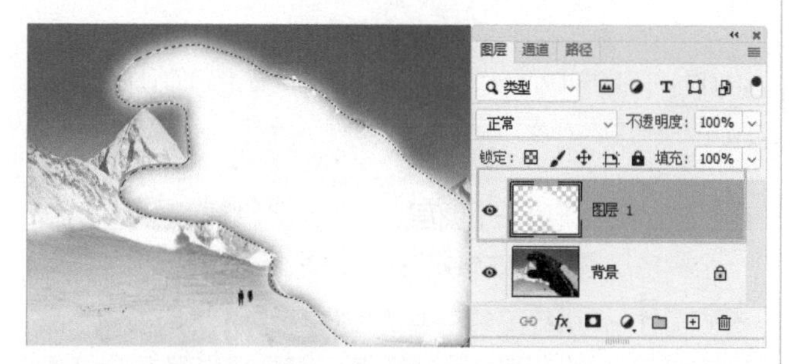

图 8-6　填充选区

图 8-7　混合模式

步骤 8 ▶▶ 按快捷键 Ctrl+D 去掉选区，如图 8-8 所示。

步骤 9 ▶▶ 使用工具箱中的 T（横排文字工具），设置文本颜色为 RGB（255、255、255），在页面中输入相应的文字内容。至此本例制作完毕，效果如图 8-9 所示。

图 8-8　去掉选区

图 8-9　最终效果

用自由钢笔工具抠图

01 实例目的

了解“自由钢笔工具”的应用。

02 实例要点

- 使用“自由钢笔工具”中的磁性钢笔绘制路径。
- 将路径转换为选区。
- 移动图像。

03 操作步骤

步骤 1 ▶▶ 执行菜单栏中“文件 / 打开”命令或按快捷键 Ctrl+O，打开随书附带的“素材 / 第 8 章 / 加湿器”文件，如图 8-10 所示。

图 8-10　素材

步骤 2 ▶▶ 在工具箱中单击（自由钢笔工具），在属性栏中选择“工具模式”为“路径”，单击“设置选项”按钮，打开“路径选项”列表菜单，其中的参数设置如图 8-11 所示。

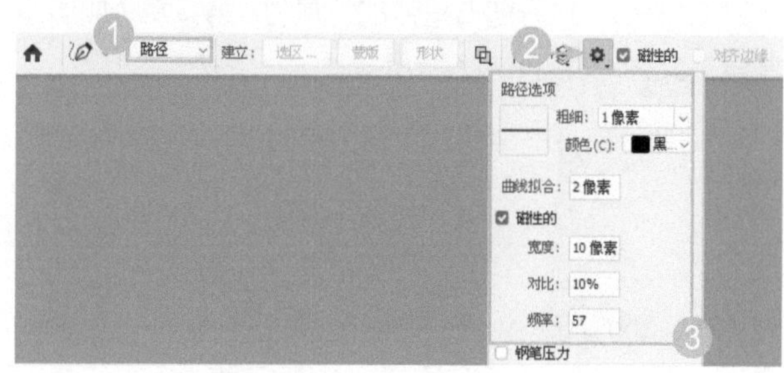

图 8-11　设置工具

步骤 3 ▶▶ 在加湿器左边缘处取一点单击鼠标确定起点，如图 8-12 所示。

步骤 4 ▶▶ 沿边缘拖动鼠标，（磁性钢笔工具）会自动在加湿器边缘创建锚点和路径，在拖动中可以按照自己的意愿单击鼠标添加控制锚点，这样会将路径绘制得更加贴切，如图 8-13 所示。

图 8-12　定义起点

图 8-13　创建路径过程

步骤 5 ▶▶ 当光标回到第一个锚点上时，光标右下角会出现一个小圆圈，如图 8-14 所示。

步骤 6 ▶▶ 此时只要单击鼠标，即可完成路径的绘制，效果如图 8-15 所示。

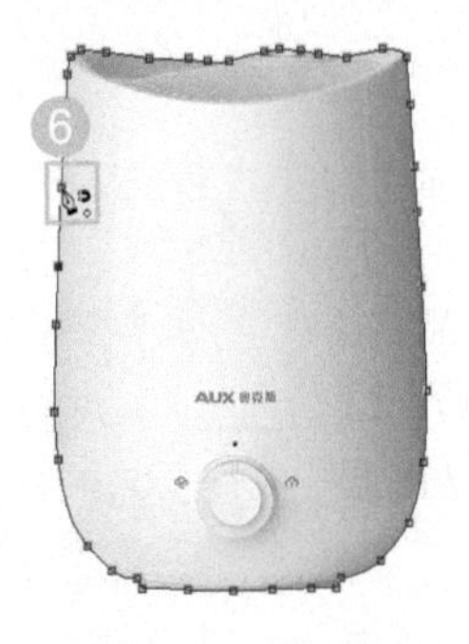
图 8-14 起点与终点相交

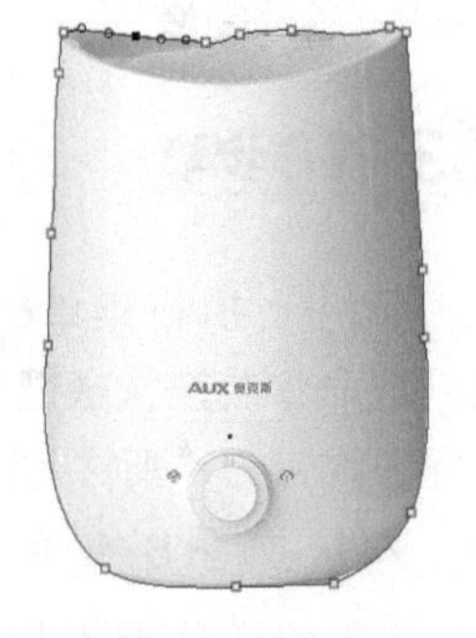
图 8-15 完成路径绘制

步骤 7 ▶▶ 路径绘制完成后，按快捷键 Ctrl+Enter 将路径转换为选区，如图 8-16 所示。

步骤 8 ▶▶ 执行菜单栏中“文件 / 打开”命令或按快捷键 Ctrl+O，打开随书附带的“素材 / 第 8 章 / 加湿器背景”文件，如图 8-17 所示。

图 8-16 转换为选区

图 8-17 素材

步骤 9 ▶▶ 使用（移动工具）将选区内的图像拖动到“加湿器背景”文档中，效果如图 8-18 所示。

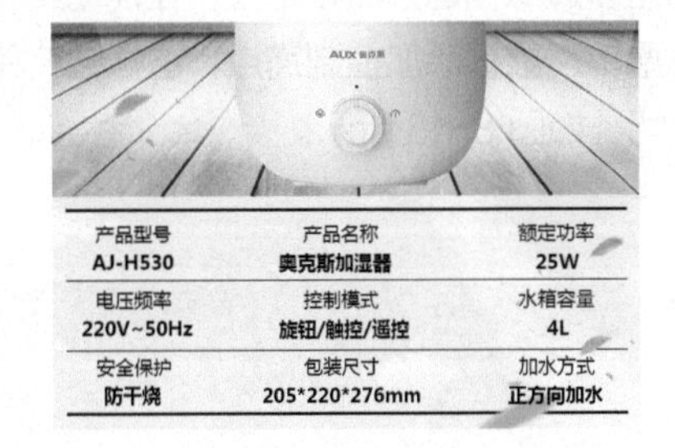

图 8-18 移入图像

技巧

使用（磁性钢笔工具）绘制路径时，按回车键可以结束路径的绘制；在最后一个锚点上双击可以与第一锚点自动封闭路径；按 Alt 键可以暂时转换成钢笔工具。

技巧

使用（磁性钢笔工具）绘制路径时，当路径发生偏移时，只要按 Delete 键即可将最后一个锚点删除，以此类推可以向前删除多个锚点。

步骤 10 ▶▶ 新建一个图层，使用（椭圆工具）绘制一个黑色椭圆形，效果如图 8-19 所示。

步骤 11 ▶▶ 执行菜单栏中“滤镜 / 模糊 / 高斯模糊”命令，打开“高斯模糊”对话框，设置“半径”为 2 像素，效果如图 8-20 所示。

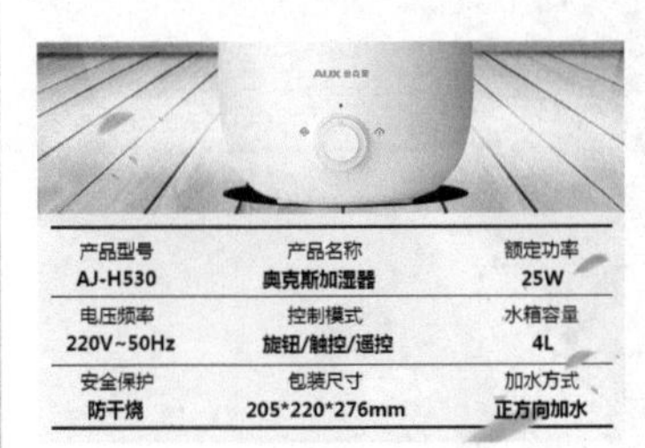
图 8-19 绘制黑色椭圆

图 8-20 “高斯模糊”对话框

步骤 12 ▶▶ 设置完毕后，单击“确定”按钮，设置“不透明度”为 11%。至此本例制作完毕，效果如图8-21 所示。

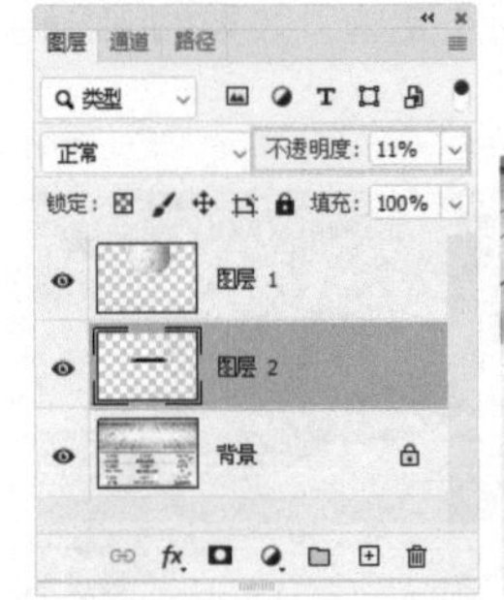

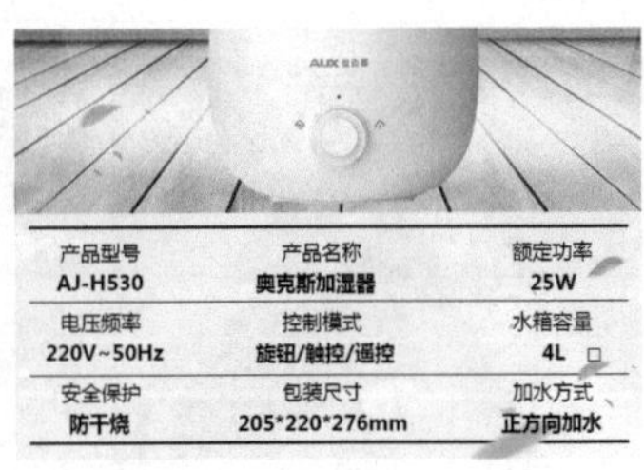
图 8-21 最终效果

实例 74 用添加锚点工具编辑形状制作心形图案

01 实例目的

了解“三角形工具”“添加锚点工具”“自定义形状

工具”的应用。

02 实例要点

- 新建文档。
- 使用“三角形工具”绘制三角形。
- 添加锚点调整形状。
- 图案预览制作无缝拼接。
- 图层蒙版。
- “渐变工具”编辑蒙版。

03 操作步骤

步骤 1 执行菜单栏中“文件 / 新建”命令，新建一个“宽度”和“高度”都设置为 500 像素、“分辨率”为 72 像素 / 英寸的空白文档，使用 （三角形工具）绘制一个三角形，拖动圆角控制点，尖角调整成圆角效果，如图 8-22 所示。

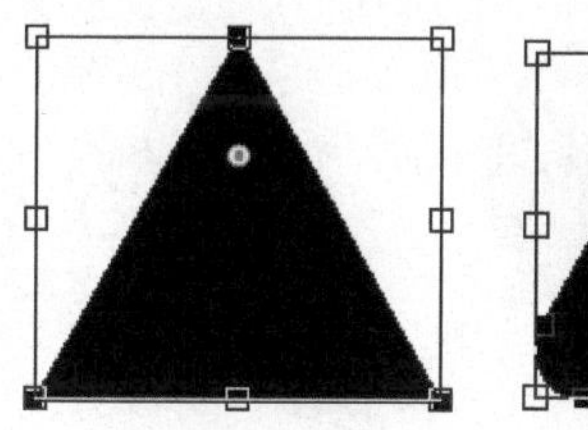

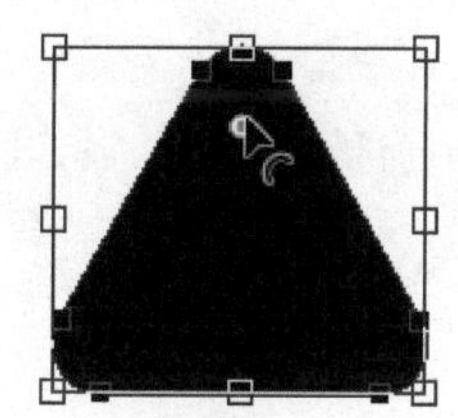

图 8-22　绘制三角形

步骤 2 使用 （添加锚点工具），在三角形上单击添加锚点，拖动锚点改变形状，如图 8-23 所示。

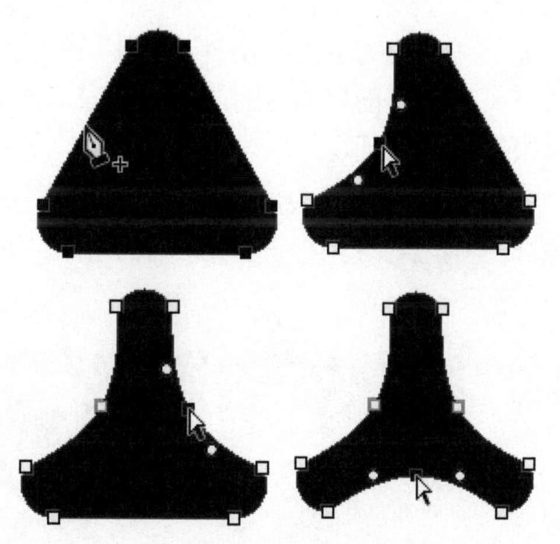

图 8-23　添加锚点调整形状

步骤 3 执行菜单栏中“窗口 / 样式”命令，打开“样式”面板，选择“红色凝胶”，效果如图 8-24 所示。

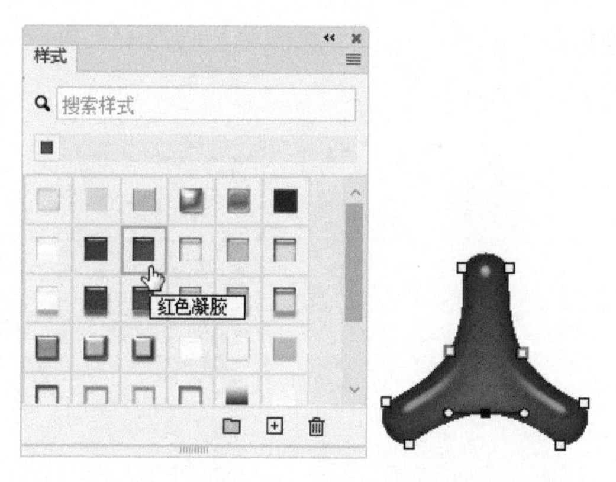

图 8-24　添加样式

步骤 4 执行菜单栏中“视图 / 图案预览”命令，将文档框调大，可以看到效果，如图 8-25 所示。

步骤 5 按快捷键 Ctrl+T 调出变换框，将图形进行调整，效果如图 8-26 所示。

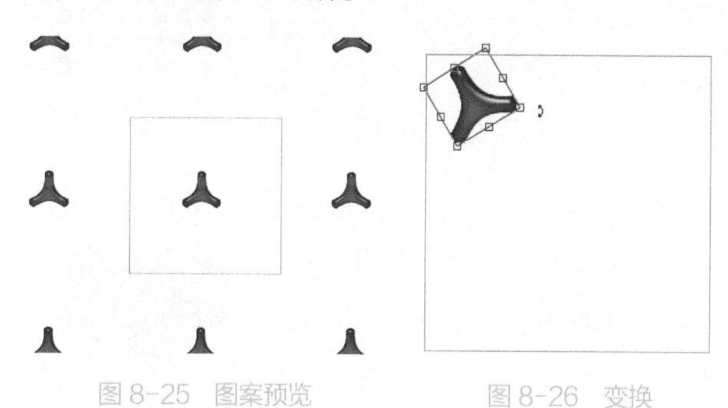

图 8-25　图案预览　　图 8-26　变换

步骤 6 复制图形，得到副本，此时会出现无缝拼接效果，如图 8-27 所示。

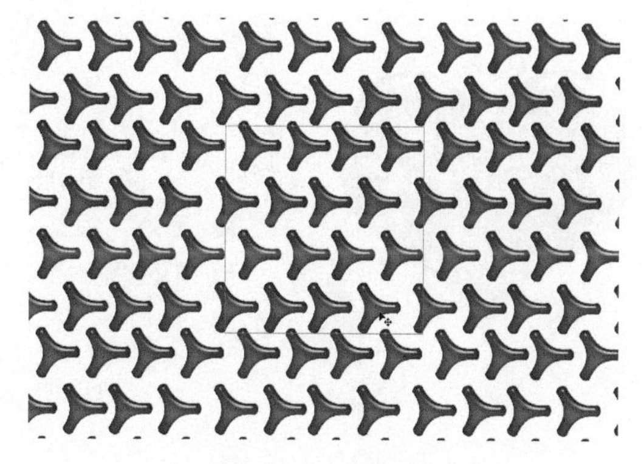

图 8-27　无缝拼接

步骤 7 选择除背景以外的所有图层，按快捷键 Ctrl+E 将其合并，执行菜单栏中“视图 / 图案预览”命令，取消图案预览，设置“不透明度”为 10%，效果如图 8-28 所示。

步骤 8 在工具箱中选择 （自定义形状工具），在属性栏中选择“绘制类型”为“形状”，打开“形状拾色器”面板，在其中选择“红心形卡”形状，如图8-29所示。

图8-28 合并图层

图8-29 选择形状

步骤 9 ▶▶ 选择形状后，使用 （自定义形状工具）在页面中绘制一个路径形状，如图8-30所示。

图8-30 绘制形状

步骤 10 ▶▶ 在“样式”面板中选择“红色凝胶”，效果如图8-31所示。

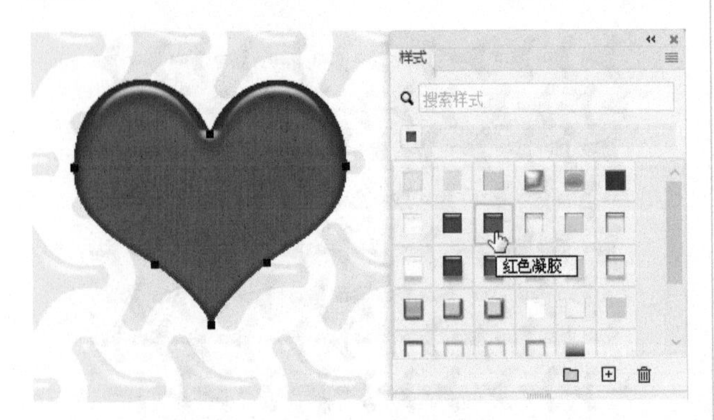

图8-31 应用样式

步骤 11 ▶▶ 复制一个心形副本，执行菜单栏中“编辑/变换/垂直翻转”命令，调整翻转后图形位置，如图8-32所示。

步骤 12 ▶▶ 执行菜单栏中“图层/栅格化/图层样式”命令，将图层样式合并到图形中，效果如图8-33所示。

图8-32 翻转

图8-33 栅格化图层样式

步骤 13 ▶▶ 单击“图层”面板下面的 （添加图层蒙版）按钮，为“红心形卡1拷贝”图层添加图层蒙版，使用 （渐变工具），在蒙版中从下向上拖曳为其填充从黑色到白色的线性渐变，如图8-34所示。

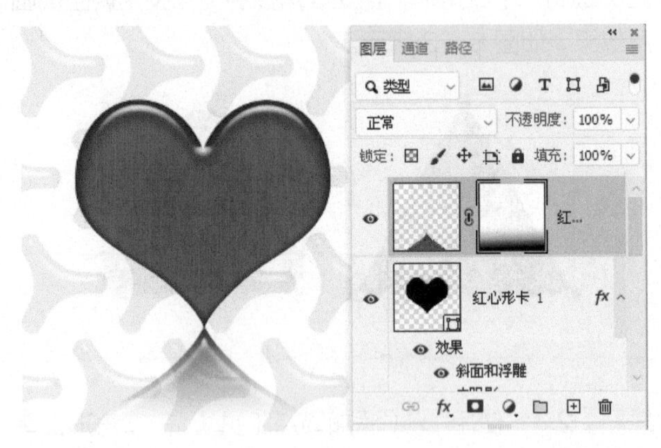

图8-34 变换

步骤 14 ▶▶ 执行菜单栏中“文件/打开”命令或按快捷键Ctrl+O，打开随书附带的“素材/第8章/天空”文件，如图8-35所示。

步骤 15 ▶▶ 使用 （移动工具）将“天空”文档中的图像拖动到新建文档中。至此本例制作完毕，效果如图8-36所示。

图8-35 素材　　图8-36 最终效果

实例 75　通过路径面板制作流星

01 实例目的

了解“路径”面板的使用方法。

02 实例要点

- 打开素材。
- 使用“钢笔工具”绘制直线路径。
- 在“路径”面板中为路径描边。
- 通过画笔面板为画笔设置基本属性。

03 操作步骤

步骤 1 执行菜单栏中“文件/打开”命令或按快捷键 Ctrl+O，打开随书附带的“素材/第 8 章/夜空”文件，将其作为背景，如图8-37 所示。

图 8-37　素材

步骤 2 使用工具箱中的（钢笔工具），在属性栏上选择“路径”选项，如图 8-38 所示。

图 8-38　属性栏

步骤 3 在图像上单击一点后移到另一点再单击，创建一个如图 8-39 所示的路径。

步骤 4 新建一个图层，选择工具箱中的（画笔工具），执行菜单栏中“窗口/画笔设置”命令或按 F5 键，打开“画笔设置”面板，如图 8-40 所示。

技巧

这里绘制路径的方向很重要，直接取决于最后制作的流星的方向。读者要按照提示进行绘制。

步骤 5 勾选“传递”选项，在“不透明度抖动”选项下的“控制”下拉菜单中选择“渐隐”选项，设置“渐隐”值为 40，再勾选“形状动态”，在“大小抖动”

图 8-39　创建路径

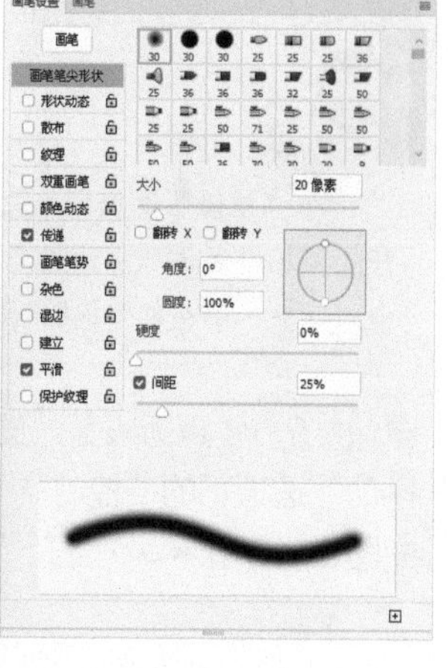

图 8-40　“画笔设置”面板

选项下拉菜单中选择“渐隐”选项，设置“渐隐”值为 60，如图 8-41 所示。

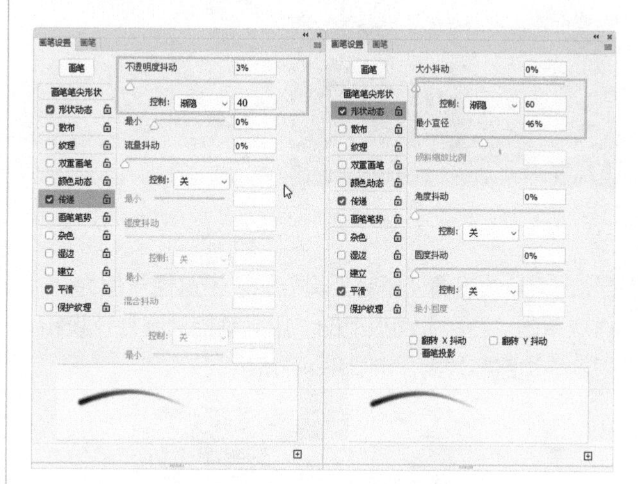

图 8-41　“画笔设置”面板

步骤 6 设置（画笔工具）的前景色为“白色”，“主直径”值为 10，执行菜单栏中“窗口/路径”命令，打开“路径”面板，如图 8-42 所示。

步骤 7 单击“路径”面板下面的“用画笔描边路径”按钮，如图 8-43 所示。

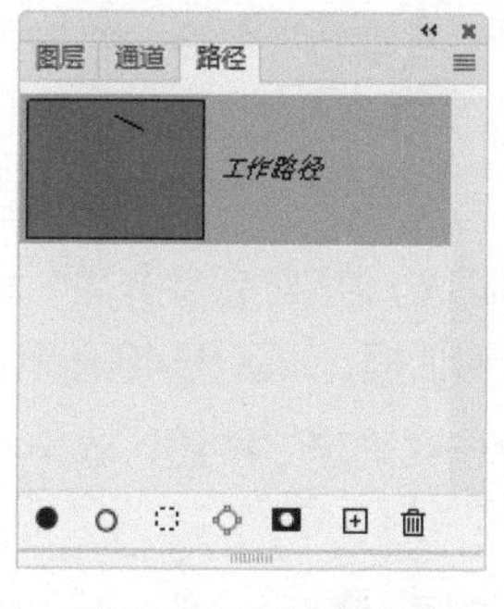

图 8-42　“路径”面板

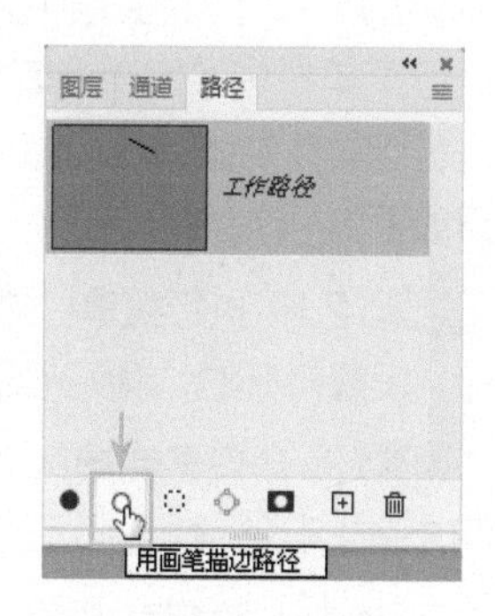

图 8-43　描边

步骤 8 ▶▶ 得到描边路径效果，如图8-44所示。

技巧

在“路径”面板中单击右上角的小三角形按钮，在打开的菜单中单击“描边路径”或“填充路径”，都会打开一个对话框，可在其中根据需要进行设置。

步骤 9 ▶▶ 重新设置“画笔设置”面板中“不透明度抖动”选项下的“控制”下拉菜单中“渐隐”值为60，如图8-45所示。

图8-44 描边路径效果（1）

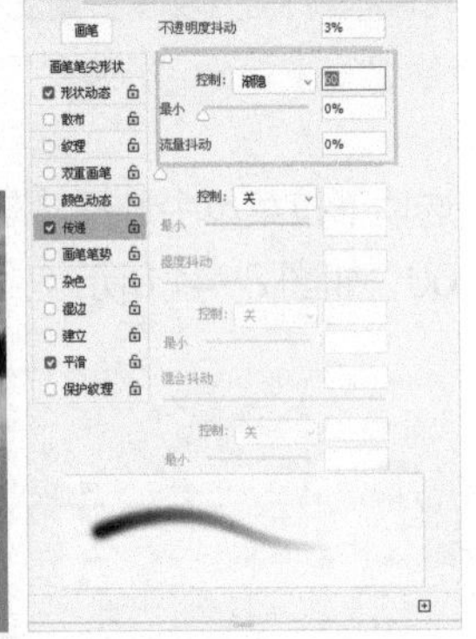

图8-45 “画笔设置”面板

步骤 10 ▶▶ 设置“画笔工具”的“主直径”值为20，再次单击“路径”面板上的“用画笔描边路径”按钮，得到描边路径效果，如图8-46所示。

图8-46 描边路径效果（2）

步骤 11 ▶▶ 复制图层1，得到“图层1 拷贝”图层，执行菜单栏中“编辑/变换/垂直翻转”命令，将副本进行翻转，将翻转后的图形向下移动，降低透明度，效果如图8-47所示。

步骤 12 ▶▶ 执行菜单栏中“滤镜/渲染/镜头光晕”命令，设置打开的“镜头光晕”对话框，如图8-48所示。

步骤 13 ▶▶ 设置完毕后，单击“确定”按钮，效果如图8-49所示。

步骤 14 ▶▶ 执行菜单栏中“滤镜/渲染/镜头光晕”命令，设置打开的“镜头光晕”对话框，如图8-50所示。

图8-47 复制并翻转

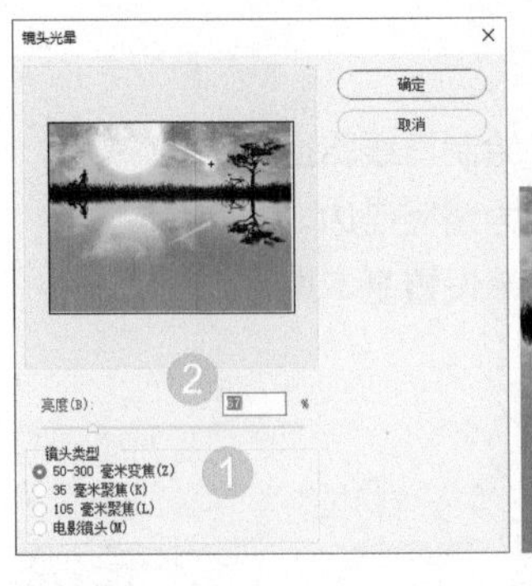

图8-48 “镜头光晕”对话框

图8-49 添加光晕

步骤 15 ▶▶ 设置完毕后，单击“确定”按钮，效果如图8-51所示。

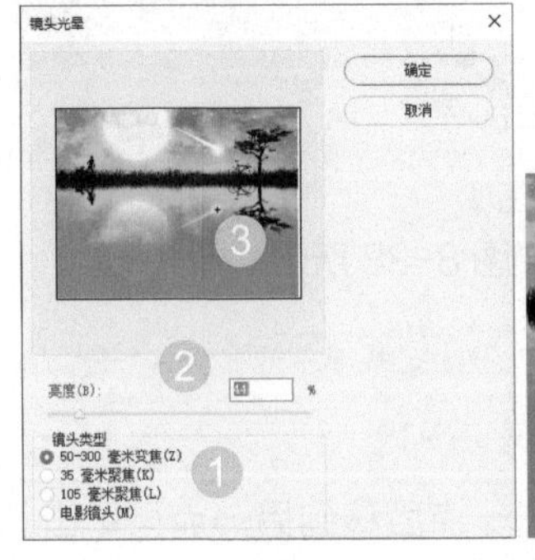

图8-50 “镜头光晕”对话框

图8-51 最终效果

用自定义形状工具制作连心云

01 实例目的

了解“自定义形状工具”及“描边路径”的使用方法。

02 实例要点

- 打开素材。
- 设置“画笔”面板中的笔触。
- 绘制自行定义形状路径。
- 在“路径”面板中为路径描边。

03 操作步骤

步骤 1 ▶▶ 在菜单栏中执行“文件/打开”命令或按快捷键 Ctrl+O，打开随书附带的“素材/第 8 章/天空 2”文件，如图 8-52 所示。

图 8-52　素材

步骤 2 ▶▶ 在工具箱中选择 ▱（画笔工具）后，按 F5 键打开“画笔设置”面板，分别设置画笔的各项功能，如图 8-53 所示。

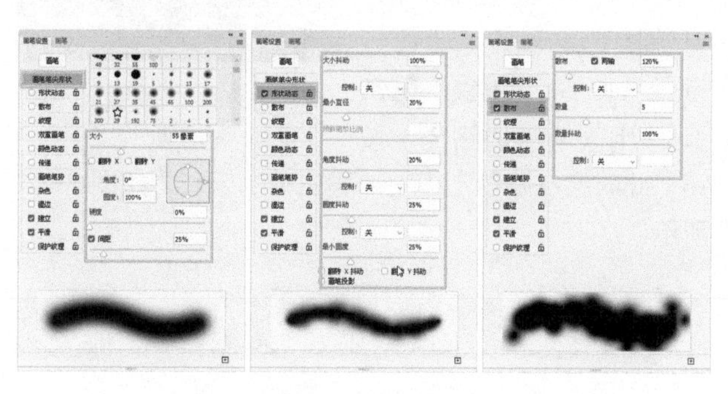

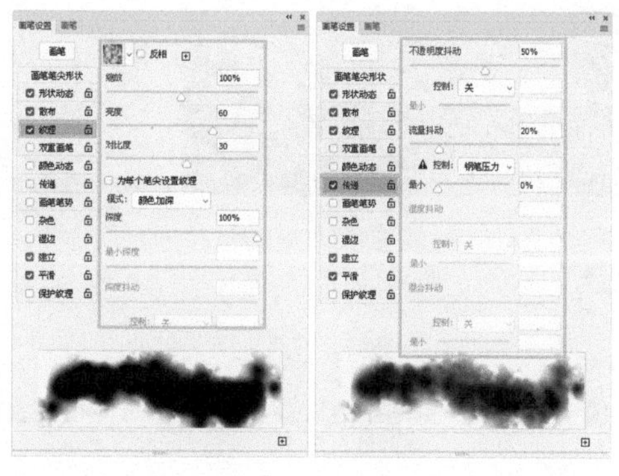

图 8-53　设置画笔

步骤 3 ▶▶ 新建图层 1，将前景色设置为“白色”，使用 ▱（自定义形状工具）在素材中绘制心形路径，如图 8-54 所示。

步骤 4 ▶▶ 打开“路径”面板，单击 ▱（用画笔描边路径）按钮，此时会在心形路径上描上一层白色的云彩，如图 8-55 所示。

图 8-54　绘制路径

步骤 5 ▶▶ 在“路径”面板空白处单击隐藏路径，回到“图层”面板中按快捷键 Ctrl+J 复制图层 1 得到“图层 1 拷贝”图层，按快捷键 Ctrl+T 调出变换框，拖动控制点将云彩图像缩小，如图 8-56 所示。

图 8-55　描边路径

图 8-56　复制并变换

步骤 6 ▶▶ 按回车键完成本次操作，最终效果如图 8-57 所示。

图 8-57　最终效果

实例 77 通过用画笔描边路径制作缠绕效果

01 实例目的

了解“用画笔描边路径”的使用方法。

02 实例要点

- 打开素材。
- 使用“钢笔工具”绘制路径。
- 设置描边路径。
- 为路径描边。
- 调整明度。

03 操作步骤

步骤 1 在菜单栏中执行“文件 / 打开”命令或按快捷键 Ctrl+O，打开随书附带的“素材 / 第 8 章 / 相拥”文件，如图 8-58 所示。

图 8-58　素材

步骤 2 在工具箱中选择（画笔工具）后，按 F5 键打开“画笔设置”面板，设置的过程与上一实例相同，不同的是在“形状动态”部分将“大小抖动”处的“控制”设置为“钢笔压力”，在“路径”面板选择“描边路径”，在对话框中勾选“模拟压力”复选框，如图8-59 所示。

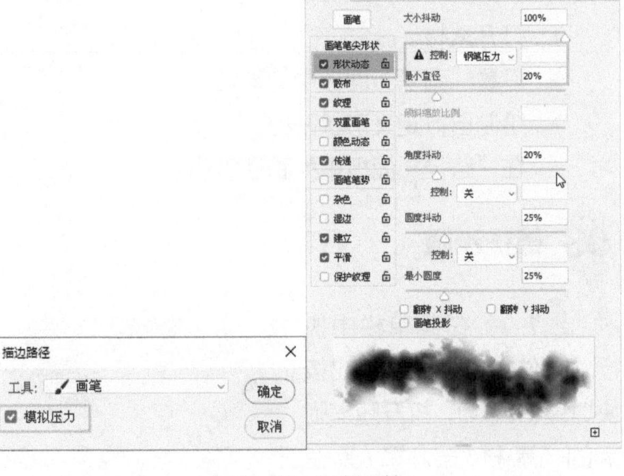

图 8-59　设置画笔

步骤 3 使用（钢笔工具）在素材中绘制如图8-60 所示的路径。

图 8-60　绘制路径

步骤 4 新建图层1，将前景色设置为“白色”，打开“路径”面板，单击（用画笔描边路径）按钮，此时会在路径上描上一层白色的云彩，如图 8-61 所示。

图 8-61　描边路径

温馨提示

由于设置了“钢笔压力”，所以描边的云彩两头会越来越细。

步骤 5 在“路径”面板空白处单击隐藏路径，回到“图层”面板，使用（橡皮擦工具）在相应位置的云彩上进行擦除，如图 8-62 所示。

步骤 6 使用（橡皮擦工具）在围绕人物的云彩上进行涂抹，将云彩制作成围绕人物的效果，如图8-63 所示。

图 8-62　擦除

步骤 7 此时发现云彩有些过于白亮，下面将其进行一下调整。在“图层”面板中单击（创建新的填充或调整图层）按钮，在弹出的菜单中选择“色相 / 饱和度”命令，之后在“属性”面板中设置“色相 / 饱和度”的各个参数，如图 8-64 所示。

图 8-63　擦除

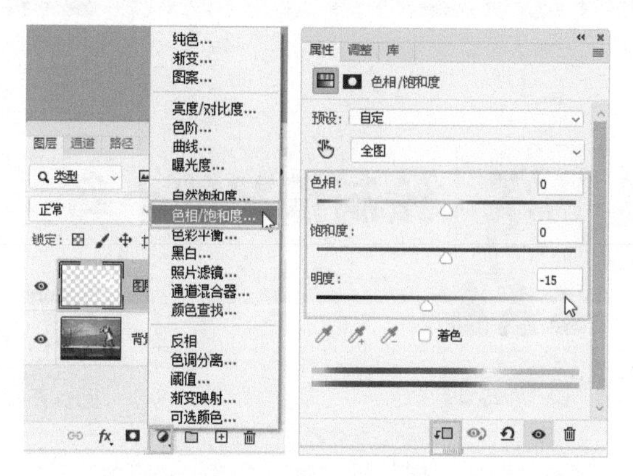

图 8-64　设置色相 / 饱和度

步骤 8 至此本例制作完毕，最终效果如图 8-65 所示。

图 8-65　最终效果

实例 78 用多边形工具绘制四角星

01 实例目的

了解“多边形工具”的使用方法。

02 实例要点

- 打开素材。
- 设置多边形属性。
- 绘制星形。

03 操作步骤

步骤 1 执行菜单栏中“文件 / 打开”命令或按快捷键 Ctrl+O，打开随书附带的“素材 / 第 8 章 / 插画”文件，将其作为背景，如图 8-66 所示。

图 8-66　素材

步骤 2 将前景色设置为“白色”，选择工具箱中的（多边形工具），在属性栏中选择“像素”选项，再单击（几何选项）按钮，打开“多边形选项”面板，勾选“星形”复选框，设置“缩进边依据”为 80%，再设置属性栏上的“边”数为 4，如图 8-67 所示。

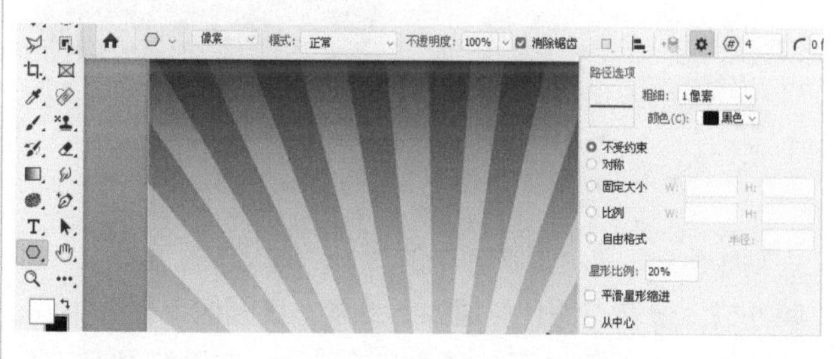

图 8-67　设置工具

技巧

使用（多边形工具）可以绘制多边形和星形。在属性栏上的“边”选项中填入要绘制多边形的边数，在页面绘制时便可以绘制出预设的多边形。在属性栏中打开

"路径选项"对话框时，设置星形比例，在页面中绘制的多边形便是星形。

步骤 3 单击"图层"面板上的（创建新图层）按钮，新建一个图层并将其命名为"星星"，将前景色设置为"白色"，在图像中相应的位置绘制图形，如图8-68 所示。

图 8-68 在新建图层中绘制星形

步骤 4 选中"星星"图层，执行菜单栏中"滤镜/模糊/高斯模糊"命令，打开"高斯模糊"对话框，设置"半径"值为 0.8 像素，如图 8-69 所示。

步骤 5 设置完毕后，单击"确定"按钮，图像效果如图 8-70 所示。

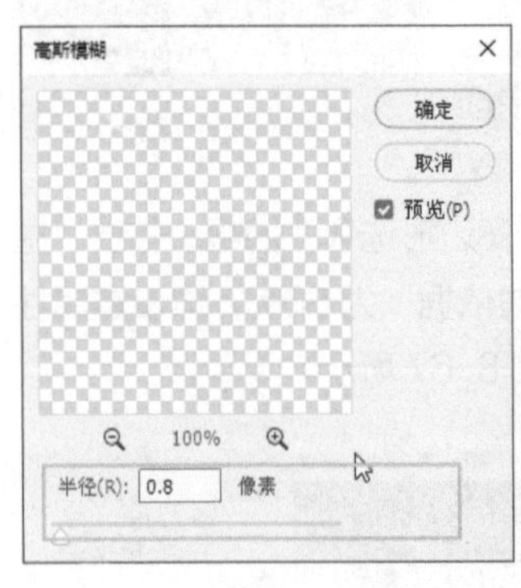

图 8-69 "高斯模糊"对话框　图 8-70 模糊后

步骤 6 使用工具箱中的（椭圆选框工具），在属性栏上设置"羽化"值为 5 像素，在图像上星形中间位置绘制椭圆形选区，并填充前景色，效果如图 8-71 所示。

步骤 7 按快捷键 Ctrl+D，取消选区，使用同样的方法绘制另外的星形。至此本例制作完毕，效果如图8-72 所示。

图 8-71 图像效果

图 8-72 最终效果

绘制愤怒的小鸟

01 实例目的

了解"椭圆工具"及"钢笔工具"的应用。

02 实例要点

- 使用"新建"命令新建文件。
- 使用椭圆工具绘制圆形形状。
- 使用直接选择工具调整形状。
- 使用钢笔工具绘制图形。

03 制作步骤

步骤 1 新建一个"高度"为 15 厘米、"宽度"为 15 厘米、"分辨率"为 150 像素 / 英寸的空白文档，使用（椭圆工具）在文档中绘制一个黑色正圆形状，将其作为小鸟的身体，如图 8-73 所示。

图 8-73　新建文档后绘制黑色正圆

步骤 2 使用（直接选择工具）调整形状，效果如图 8-74 所示。

步骤 3 使用（椭圆工具）在身体上绘制灰色椭圆，复制后得到一个副本，使用（直接选择工具）调整形状，效果如图 8-75 所示。

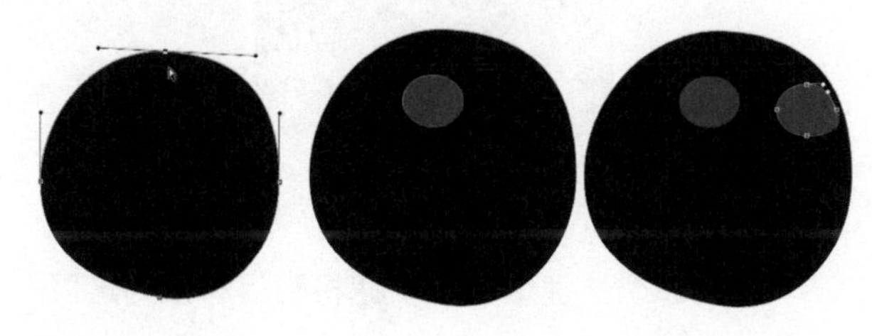

图 8-74　调整形状　　图 8-75　绘制椭圆并调整形状

技巧

在 Photoshop 中，使用（移动工具）移动对象时按住 Alt 键，可以直接复制一个该对象的副本。

步骤 4 再绘制白色与黑色椭圆，此时眼睛绘制完成，如图 8-76 所示。

步骤 5 再使用（椭圆工具）绘制脑门中间的白色正圆，如图 8-77 所示。

图 8-76　绘制眼睛　　图 8-77　白色正圆

步骤 6 使用（钢笔工具）在身体上部绘制黑色和黄色羽毛以及橘色眼眉，如图 8-78 所示。

步骤 7 使用（钢笔工具）在身体上绘制灰色肚子和黄色填充黑色描边的嘴，此时小鸟绘制完毕，如图8-79 所示。

图 8-78　绘制羽毛及眼眉

步骤 8 对绘制的小鸟进行修饰，在身体的底部绘制一个椭圆作为阴影，如图 8-80 所示。

图 8-79　绘制嘴和肚子　　图 8-80　绘制椭圆

步骤 9 执行菜单栏中"滤镜 / 模糊 / 高斯模糊"命令，打开"高斯模糊"对话框，其中的参数设置如图8-81 所示。

步骤 10 设置完毕后，单击"确定"按钮，设置"不透明度"为 35%，效果如图8-82 所示。

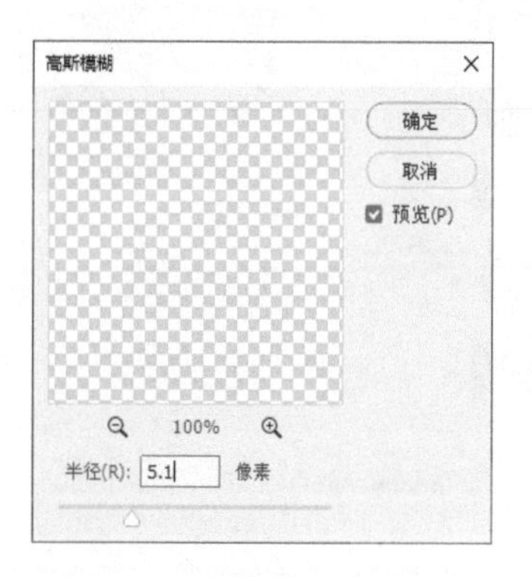

图 8-81　"高斯模糊"对话框　　图 8-82　模糊后

步骤 11 打开随书附带的"素材 / 第 8 章 / 愤怒的小鸟多角色"文件，将素材拖动到新建的文档中，在下面的小鸟上绘制一个矩形选区，如图 8-83 所示。

图 8-83　移动素材

步骤 12 执行菜单栏中"编辑 / 定义图案"命

令，打开“图案名称”对话框，如图 8-84 所示。

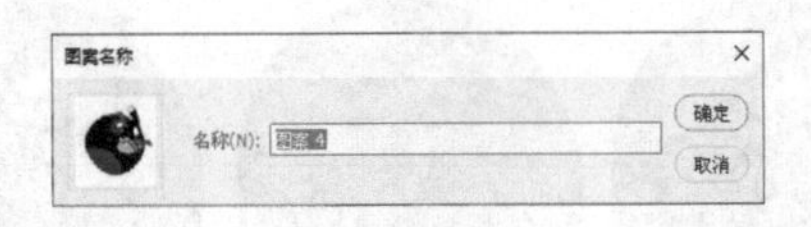

图 8-84 “图案名称”对话框

步骤 13 设置完毕后，单击“确定”按钮，再执行菜单栏中“编辑 / 填充”命令，打开“填充”对话框，其中的参数设置如图 8-85 所示。

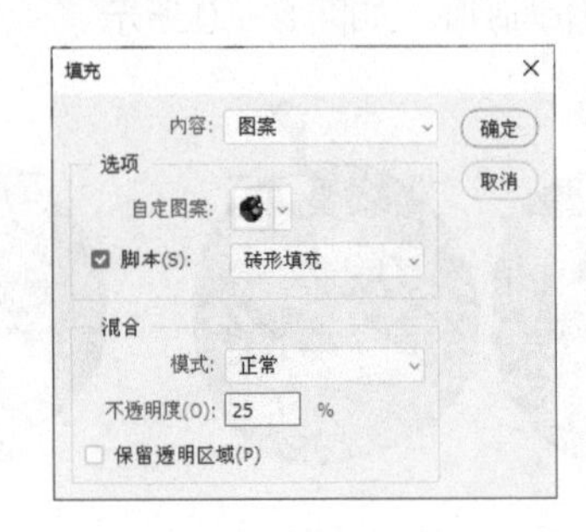

图 8-85 “填充”对话框

步骤 14 设置完毕后，单击“确定”按钮，此时会打开“砖形填充”对话框，其中的参数设置如图 8-86 所示。

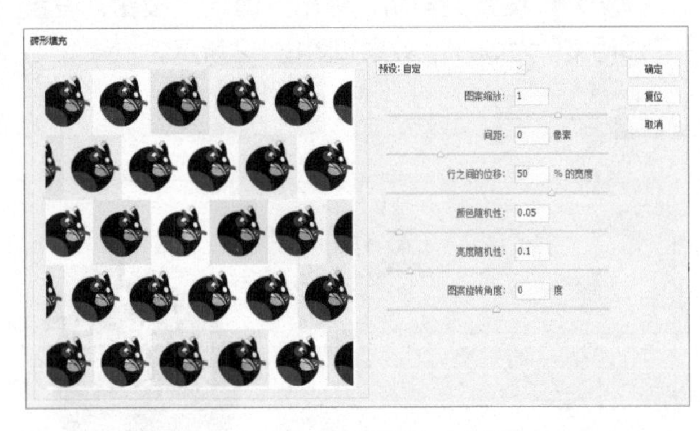

图 8-86 “砖形填充”对话框

步骤 15 设置完毕后，单击“确定”按钮，至此本例制作完毕，效果如图 8-87 所示。

图 8-87 最终效果

本章练习与习题

练习

使用“钢笔工具”创建路径后，在“路径”面板中将路径转换为选区，对选区内的图像进行抠图替换背景。

习题

1. 按哪个快捷键可以快速将路径转换为选区？（ ）

   A. Ctrl+Enter　B. Ctrl+C
   C. Ctrl+J　D. Shift+Ctrl+X

2. 对已经绘制的封闭路径进行填充时以下哪种选项可以填充？（ ）

   A. 图案　B. 混合模式
   C. 背景色　D. 前景色

3. 多边形工具除了可以绘制多边形还可以绘制什么？（ ）

   A. 星形　B. 直线
   C. 圆角矩形　D. 圆形

4. 路径类工具包括以下哪两类工具？（ ）

   A. 钢笔工具　B. 矩形工具
   C. 形状工具　D. 多边形工具

5. 以下哪个工具可以选择一个或多个路径？（ ）

   A. 直接选择工具　B. 路径选择工具
   C. 移动工具　D. 转换点工具

6. 以下哪个工具可以激活“填充像素”？（ ）

   A. 多边形工具　B. 钢笔工具
   C. 自由钢笔工具　D. 圆角矩形工具

7. 使用以下哪个命令可以制作无背景图像？（ ）

   A. 描边路径　B. 填充路径
   C. 剪贴路径　D. 存储路径

蒙版与通道的使用

本章内容

- 用渐变编辑蒙版合成海市蜃楼图像
- 通过外部粘贴命令插入蒙版替换背景
- 通过快速蒙版为图像添加边框
- 用画笔工具编辑图层蒙版合成图像
- 选区编辑蒙版合成图像
- 在通道中调出图像选区
- 用分离与合并通道改变图像色调
- 用通道抠毛绒边缘图像
- 在通道中应用滤镜制作撕纸效果
- 应用通道抠出半透明图像

本章为大家讲解 Photoshop 中最为核心的内容，其中包括“蒙版”和“通道”。作为 Photoshop 的学习者，掌握“蒙版”和“通道”的知识是自己在该软件中是否进阶的保证。本章通过实例的方式为大家讲解了关于“蒙版”和“通道”在实际应用的具体操作。

用渐变编辑蒙版合成海市蜃楼图像

01 实例目的

了解“渐变编辑蒙版”的应用。

02 实例要点

- “打开”命令的使用。
- “添加图层蒙版”的应用。
- “渐变工具”的应用。
- 创建调整图层。

03 操作步骤

步骤 1 ▶▶ 执行菜单栏中“文件 / 打开”命令或按快捷键 Ctrl+O，打开随书附带的“素材 / 第 9 章 / 风景 01 和城市”文件，如图 9-1 和图 9-2 所示。

图 9-1　素材（1）

图 9-2　素材（2）

步骤 2 ▶▶ 使用 ✥（移动工具）将“城市”素材中的图像拖动到“风景 01”素材中，如图 9-3 所示。

图 9-3　移动

步骤 3 ▶▶ 按快捷键 Ctrl+T 调出变换框，拖动控制点将其拉长，如图 9-4 所示。

步骤 4 ▶▶ 按回车键完成变换，单击“图层”面板上的 ◘（添加图层蒙版）按钮，为“图层 1”图层添加图层蒙版，如图 9-5 所示。

图 9-4　变换　　　图 9-5　添加图层蒙版

技巧

在蒙版状态下可以反复地修改蒙版，以产生不同的效果。渐变的范围决定了遮挡的范围，黑白的深浅决定了遮挡的程度。按住键盘上的 Shift 键，单击图层蒙版，可以临时关闭图层蒙版，再次单击图层蒙版则可重新打开图层蒙版。

步骤 5 ▶▶ 选择工具箱中的 ◧（渐变工具），设置前景色为“白色”，背景色为“黑色”，设置“渐变样式”为“线性渐变”，“渐变类型”为“从前景色到背景色”，在图层蒙版上按住鼠标左键由下到上拖动填充渐变，如图 9-6 所示。

技巧

在图层蒙版上应用了渐变效果，其实填充的并不是颜色，而是遮挡范围。

图 9-6　编辑蒙版

步骤 6 ▶▶ 渐变编辑蒙版效果如图 9-7 所示。

技巧

在蒙版中使用 （渐变工具）进行编辑时，渐变距离越远，过渡效果越平缓。

步骤 7 ▶▶ 在“图层”面板中单击单击 （创建新的填充或调整图层）按钮，在弹出的菜单中选择“色相 / 饱和度”命令，打开“属性”面板，其中的“色相 / 饱和度”参数设置如图 9-8 所示。

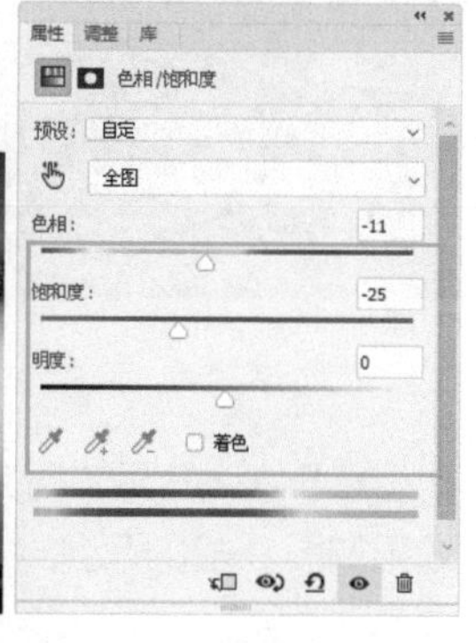

图 9-7　渐变编辑蒙版效果　　图 9-8　色相 / 饱和度

步骤 8 ▶▶ 设置完毕，效果如图 9-9 所示。

步骤 9 ▶▶ 在“图层”面板中单击单击 （创建新的填充或调整图层）按钮，在弹出的菜单中选择“亮度 / 对比度”命令，打开“属性”面板，其中的“亮度 / 对比度”参数设置如图 9-10 所示。

技巧

在“属性”面板中单击“此调整剪切到此图层（单击可影响下面的所有图层）”按钮 ，调整时会只针对调整层下面的基底图层，如图 9-11 所示。

图 9-9　调整后　　图 9-10　亮度 / 对比度

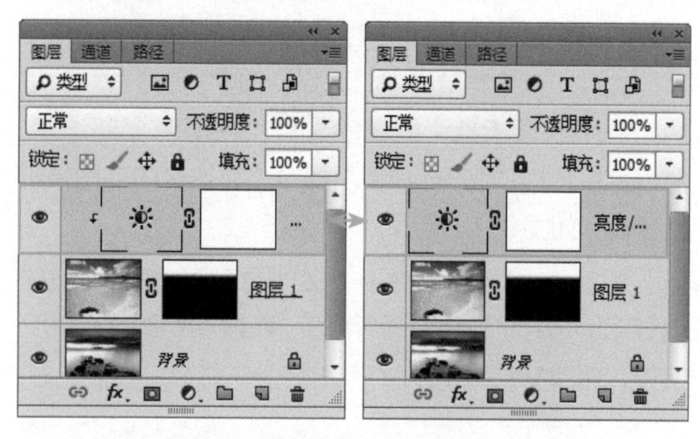

图 9-11　剪切蒙版

步骤 10 ▶▶ 至此本例制作完毕，效果如图 9-12 所示。

图 9-12　最终效果

通过外部粘贴命令插入蒙版替换背景

01 实例目的

了解“外部粘贴”命令的应用。

02 实例要点

- “打开”命令的使用。
- 调出图像选区。
- “拷贝”命令的应用。
- “外部粘贴”命令的应用。

03 操作步骤

步骤 1 执行菜单栏中“文件 / 打开”命令或按快捷键 Ctrl+O，打开随书附带的“素材 / 第 9 章 / 高架桥”文件，执行菜单栏中“选择 / 全部”命令或按快捷键 Ctrl+A，调出整个图像的选区，将图像全部选中，执行菜单栏中“编辑 / 拷贝”命令，将选区内的图像进行复制，如图 9-13 所示。

步骤 2 执行菜单栏中“文件 / 打开”命令或按快捷键 Ctrl+O，打开随书附带的“素材 / 第 9 章 / 飞机”文件，如图 9-14 所示。

图 9-13 素材（1）

图 9-14 素材（2）

步骤 3 使用（对象选择工具）在飞机上拖曳，为飞机创建选区，如图 9-15 所示。

步骤 4 执行菜单栏中“选择 / 修改 / 收缩”命令，设置“收缩量”为 1 像素，单击“确定”按钮，效果如图 9-16 所示。

图 9-15 创建选区

图 9-16 收缩选区

步骤 5 按快捷键 Ctrl+T 调出变换框，拖曳控制点将选区内的图像缩小，效果如图 9-17 所示。

步骤 6 按回车键完成变换，执行菜单栏中“编辑 / 选择性粘贴 / 外部粘贴”命令，效果如图 9-18 所示。

图 9-17 变换

图 9-18 外部粘贴

技巧

在文档中使用“外部粘贴”命令后的效果与在图像上绘制选区后按住 Alt 键单击（添加图层蒙版）按钮，添加图层蒙版的效果一致。

步骤 7 此时在“图层”面板中得到一个蒙版，选择图像缩览图，按快捷键 Ctrl+T 调出变换框，拖动控制点调整图像的大小，如图 9-19 所示。

图 9-19 调整蒙版中的图像大小

步骤 8 按回车键完成变换，至此本例制作完毕，效果如图 9-20 所示。

图 9-20 最终效果

技巧

在文档中创建选区后，使用“外部粘贴”命令得到的蒙版与使用“贴入”命令得到的蒙版正好相反。

实例82 通过快速蒙版为图像添加边框

01 实例目的

了解“快速蒙版”的应用。

02 实例要点

- 打开文档绘制选区。
- 在“以快速蒙版模式编辑”状态下应用滤镜。
- 绘制画笔。
- 在“以标准模式编辑”状态下填充图案。

03 操作步骤

步骤 1 执行菜单栏中“文件 / 打开”命令或按快捷键 Ctrl+O，打开随书附带的“素材 / 第 9 章 / 手表广告”文件，如图 9-21 所示。

图 9-21　素材

步骤 2 使用 （矩形选框工具）在图像上绘制一个矩形选区，单击 （以快速蒙版模式编辑）按钮，进入快速蒙版状态，如图 9-22 所示。

步骤 3 执行菜单栏中“滤镜 / 滤镜库”命令，在打开的“滤镜库”对话框中选择“画笔描边 / 喷溅”命令，打开“喷溅”对话框，其中的参数设置如图 9-23 所示。

图 9-22　创建选区、进入快速蒙版状态

图 9-23　“喷溅”对话框

步骤 4 设置完毕单击“确定”按钮，效果如图 9-24 所示。

图 9-24　应用喷溅

步骤 5 ▶▶ 选择 （画笔工具），选择其中的一个花朵笔触，如图 9-25 所示。

步骤 6 ▶▶ 按 F5 键打开“画笔设置”面板，其中的参数设置如图 9-26 所示。

步骤 7 ▶▶ 设置完毕后，在快速蒙版的边缘绘制画笔，如图 9-27 所示。

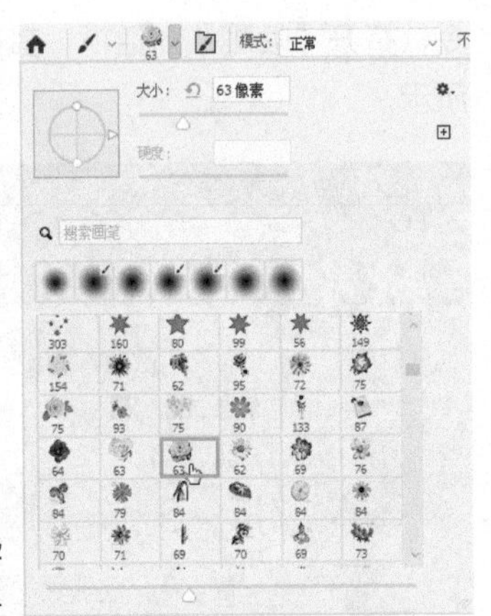

图 9-25 选择笔触

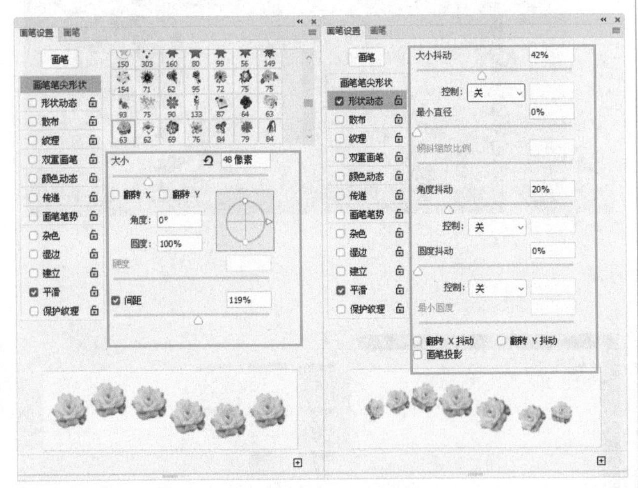

图 9-26 “画笔设置”面板

图 9-27 绘制画笔

步骤 8 ▶▶ 单击 （以标准模式编辑）按钮，调出蒙版的选区，如图 9-28 所示。

步骤 9 ▶▶ 按快捷键 Ctrl+Shift+I 将选区反选，新建一个图层 1，执行菜单栏中“编辑 / 填充”命令，打开“填充”对话框，其中的参数设置如图 9-29 所示。

图 9-28 调出选区

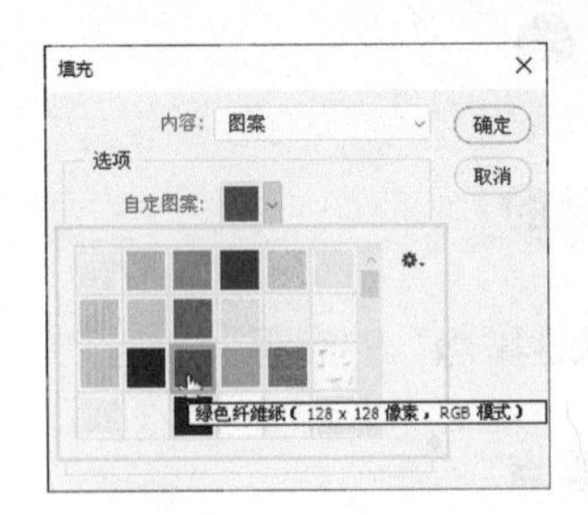

图 9-29 “填充”对话框

步骤 10 ▶▶ 设置完毕后，单击“确定”按钮，效果如图 9-30 所示。

图 9-30 填充后

步骤 11 ▶▶ 按快捷键 Ctrl+ D 去掉选区，设置“混合模式”为“滤色”、“不透明度”为 73%。至此本例制作完毕，效果如图 9-31 所示。

图 9-31 最终效果

实例83 用画笔工具编辑图层蒙版合成图像

01 实例目的

了解 (画笔工具) 编辑“图层蒙版”的应用。

02 实例要点

- 打开素材。
- 在图像中创建封闭选区并将其移动到另一个文件中。
- 为图层添加蒙版并使用“画笔工具”对蒙版进行编辑。
- 键入文字。
- “渐变工具”编辑蒙版。

03 操作步骤

步骤 1 执行菜单栏中“文件 / 打开”命令或按快捷键 Ctrl+O，打开随书附带的“素材 / 第 9 章 / 海面和地板”文件，如图 9-32 所示。

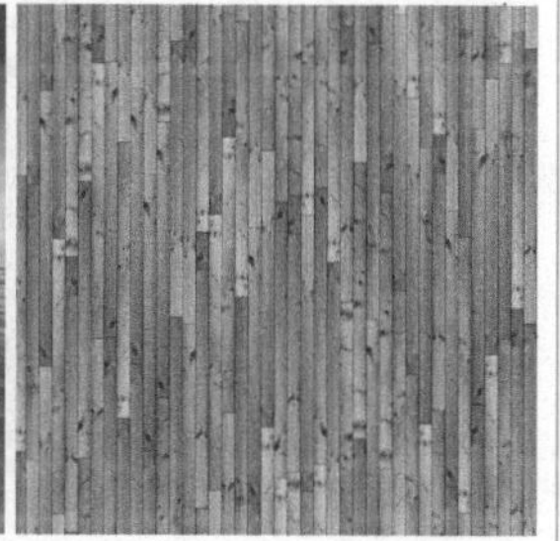

图 9-32　素材

步骤 2 使用 (移动工具) 拖动“地板”素材中的图像到“天空”文档中，在“图层”面板中会自动得到一个“图层 1”图层，按快捷键 Ctrl+T 调出变换框，拖动控制点将图像缩小，再按住 Ctrl 键拖动底部控制点，将其调整为透视效果，如图 9-33 所示。

步骤 3 按回车键确定，单击 (添加图层蒙版) 按钮，图层 1 会被添加一个空白蒙版，设置“混合模式”为“叠加”、“不透明度”为 47%，使用 (画笔工具)，设置前景色为“黑色”，在图层 1 地板周围进行涂抹为其添加蒙版效果，如图 9-34 所示。

图 9-33　变换

图 9-34　编辑添加蒙版

步骤 4 使用 (画笔工具) 在边缘处进行反复涂抹，效果如图 9-35 所示。

图 9-35　编辑蒙版

技巧

使用 (画笔工具) 编辑蒙版时，需要设置前景色；使用 (橡皮擦工具) 编辑蒙版时，需要设置背景色。

步骤 5 复制图层 1，得到“图层 1 拷贝”图层，设置“混合模式”为“正常”、“不透明度”为 71%，再使用 (画笔工具) 反复调整画笔大小，再次进行涂抹，效果如图 9-36 所示。

步骤 6 使用 (横排文字工具) 键入白色文字“空”，效果如图 9-37 所示。

步骤 7 单击 (添加图层蒙版) 按钮，为文字图层添加一个图层蒙版，使用 (渐变工具) 从上

图 9-36 复制图层编辑蒙版

图 9-37 键入文字

向下拖动鼠标填充从白色到黑色的线性渐变，效果如图9-38 所示。

图 9-38 渐变工具编辑蒙版

步骤 8 ▶▶ 再键入其他文字，使用同样的方法为其编辑渐变蒙版。至此本例制作完毕，效果如图9-39 所示。

图 9-39 最终效果

实例 84 选区编辑蒙版合成图像

01 实例目的

了解通过选区编辑蒙版进行“图像合成”的应用。

02 实例要点

- 打开素材。
- 复制背景应用“径向模糊”。
- 设置混合模式。
- 绘制白色圆形制作黄色发光。
- 移入素材、创建选区、添加图层蒙版。
- 通过“高斯模糊”制作发光。

03 操作步骤

步骤 1 ▶▶ 执行菜单栏中“文件 / 打开”命令或按快捷键 Ctrl+O，打开随书附带的“素材 / 第 9 章 / 路灯和月亮”文件，如图 9-40 所示。

图 9-40 素材

步骤 2 ▶▶ 选择“路灯”图像，复制背景得到一个“背景 拷贝”图层，执行菜单栏中“滤镜 / 模糊 / 径向模糊”命令，打开“径向模糊”对话框，其中的参数设置如图 9-41 所示。

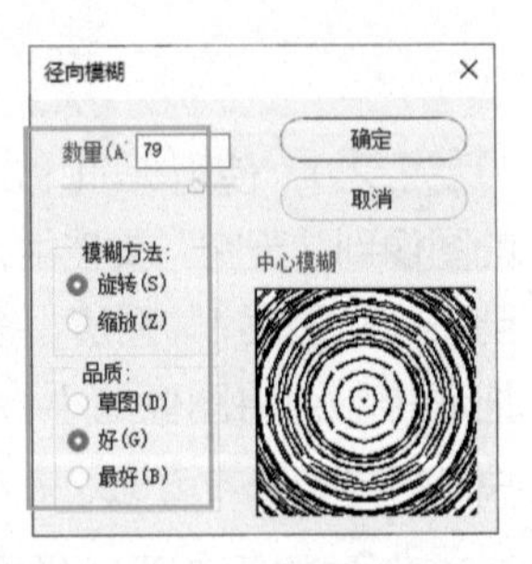

图 9-41 “径向模糊”对话框

步骤 3 ▶▶ 设置完毕后，单击“确定”按钮，设置“混合模式”为“颜色加深”、“不透明度”为 39%，如图9-42 所示。

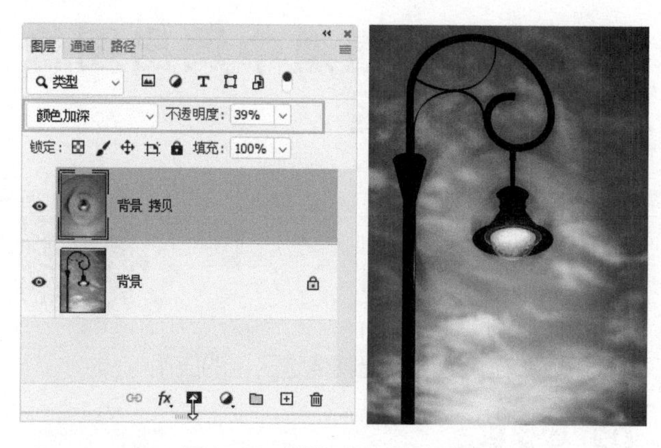

图 9-42　模糊后设置混合模式

步骤 4 ▶▶ 新建一个图层，使用 ○（椭圆工具）绘制一个白色像素椭圆，设置“混合模式”为“柔光”，效果如图 9-43 所示。

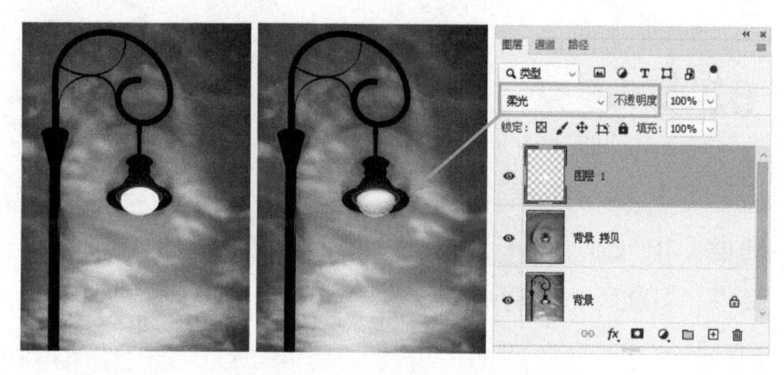

图 9-43　混合模式

步骤 5 ▶▶ 复制图层 1，得到一个“图层 1 拷贝”图层，效果如图 9-44 所示。

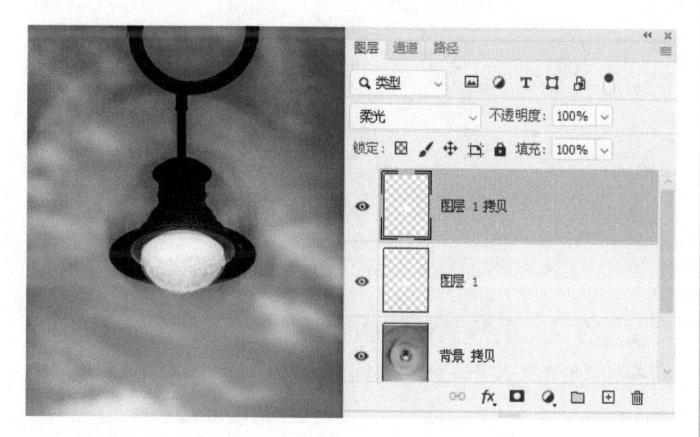

图 9-44　复制

步骤 6 ▶▶ 新建一个图层，绘制一个黄色椭圆，如图 9-45 所示。

步骤 7 ▶▶ 执行菜单栏中“滤镜 / 模糊 / 高斯模糊”命令，打开“高斯模糊”对话框，设置“半径”为 18 像素，如图 9-46 所示。

步骤 8 ▶▶ 设置完毕后，单击“确定”按钮，设置“不透明度”为 72%，效果如图 9-47 所示。

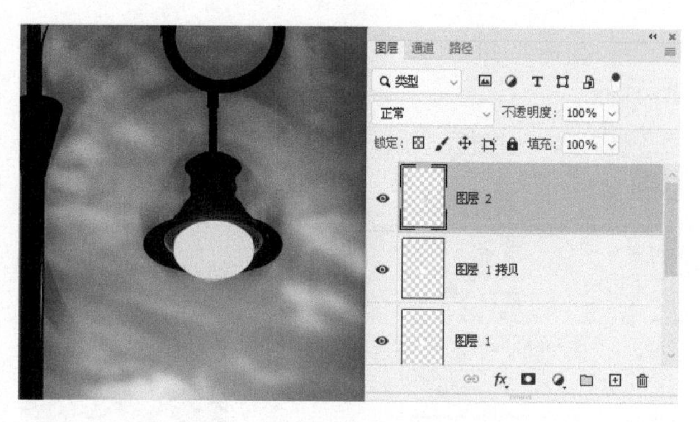

图 9-45　绘制黄色椭圆

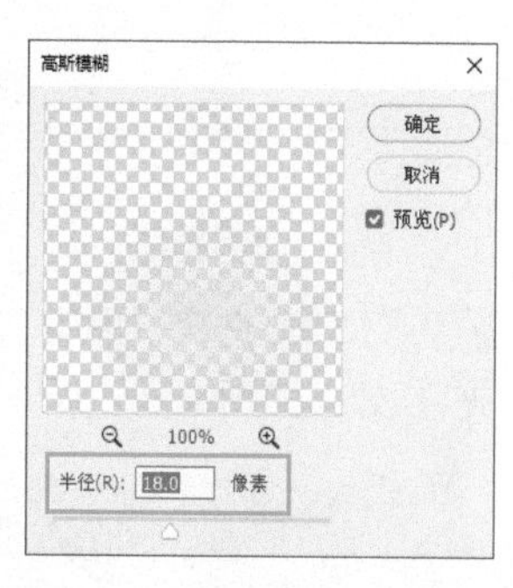

图 9-46　“高斯模糊”对话框

步骤 9 ▶▶ 使用 ✥（移动工具）将“月亮”素材中的图像拖动到“路灯”素材中，使用 ◌（椭圆选框工具）在月亮上创建一个选区，如图 9-48 所示。

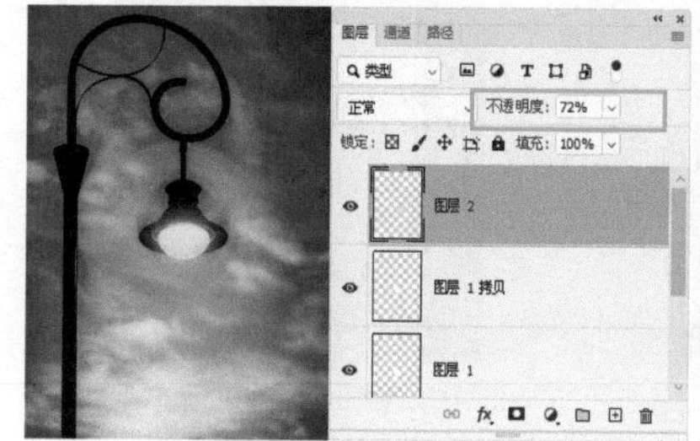

图 9-47　模糊后

图 9-48　移入素材并创建选区

步骤 10 ▶▶ 选区创建完毕后单击 ◘（添加图层蒙版）按钮，会为图层添加一个蒙版效果，设置“混合模式”为“叠加”、“不透明度”为 80%，如图 9-49 所示。

图 9-49　添加蒙版

步骤 11 ▶▶ 选择图像缩览图，执行菜单栏中“图层 / 调整 / 色相 / 饱和度”命令，打开“色相 / 饱和度”对话框，勾选“着色”，再设置其他参数，如图9-50所示。

步骤 12 ▶▶ 设置完毕后，单击“确定”按钮，效果如图9-51所示。

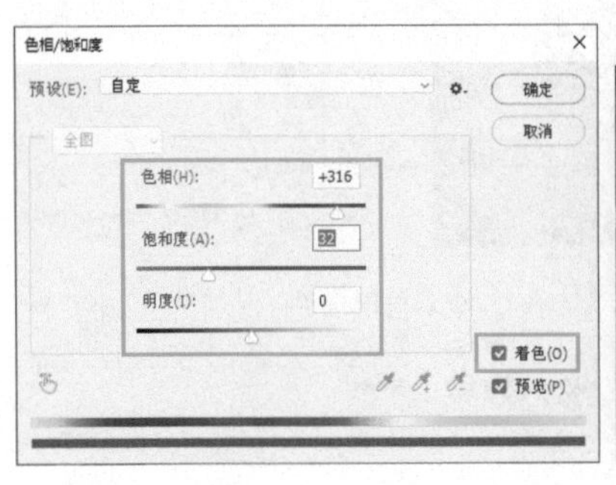

图9-50 “色相/饱和度”对话框　　图9-51 调整后

步骤 13 ▶▶ 选择“图层2”，设置“混合模式”为“点光”，效果如图9-52所示。

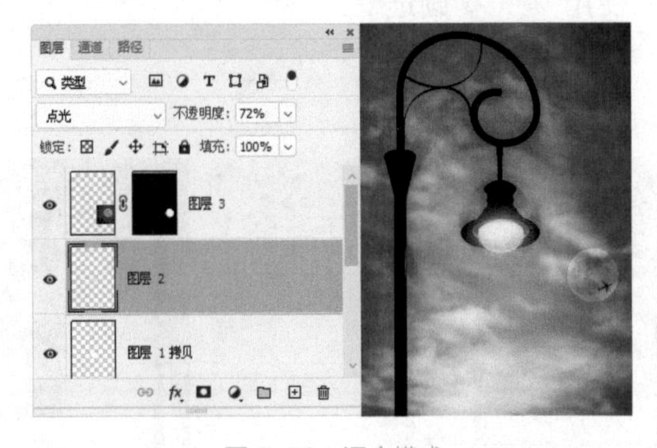

图9-52 混合模式

步骤 14 ▶▶ 新建一个图层，在月亮上绘制一个白色正圆，执行菜单栏中“滤镜/模糊/高斯模糊”命令，打开“高斯模糊”对话框，参数设置如图9-53所示。

步骤 15 ▶▶ 设置完毕后，单击“确定”按钮，设置“混合模式”为“柔光”。至此本例制作完毕，效果如图9-54所示。

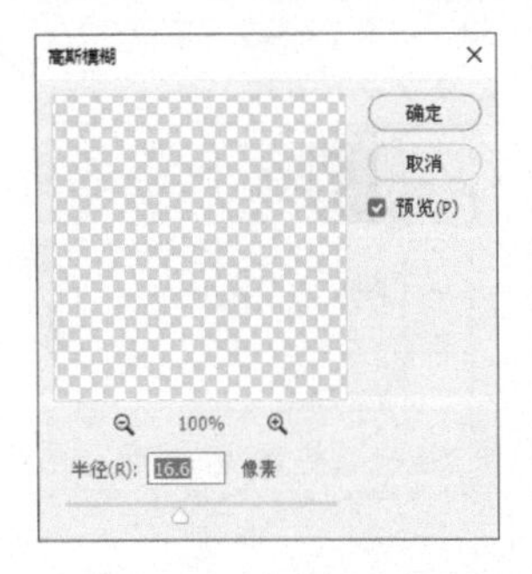

图9-53 “高斯模糊”对话框　　图9-54 最终效果

在通道中调出图像选区

01 实例目的

了解“在通道中调出图像选区”的应用

02 实例要点

- 打开素材。
- 在通道中复制通道。
- 调出通道中的选区。
- 返回图层填充选区。

03 操作步骤

步骤 1 ▶▶ 执行菜单栏中“文件/打开”命令或按快捷键Ctrl+O，打开随书附带的“素材/第9章/牧场”文件，如图9-55所示。

步骤 2 ▶▶ 在“通道”面板中复制“红”通道，得到“红 拷贝”通道，如图9-56所示。

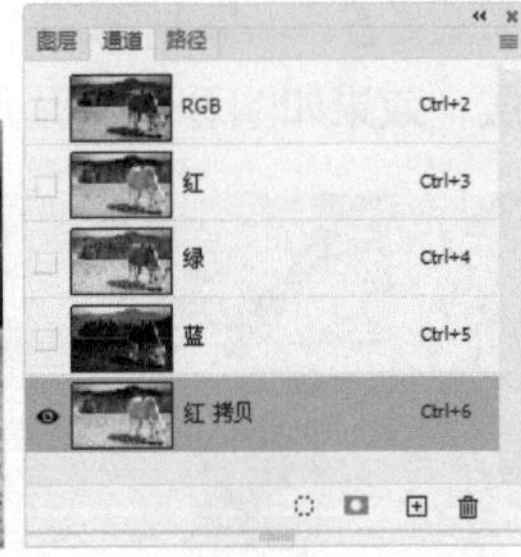

图9-55 素材　　图9-56 复制通道

步骤 3 ▶▶ 执行菜单栏中“图像/调整/色阶”命令，打开“色阶”对话框，其中的参数设置如图9-57所示。

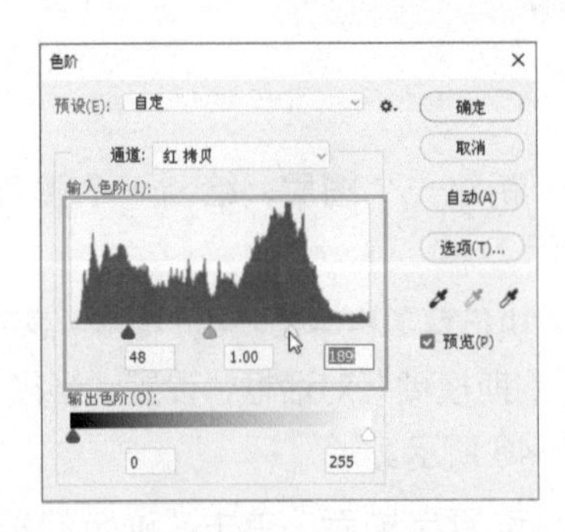

图9-57 “色阶”对话框

步骤 4 ▶▶ 设置完毕后，单击“确定”按钮，按 Ctrl 键并单击“红 拷贝”通道的缩览图，调出选区，如图9-58 所示。

图 9-58　调出选区

步骤 5 ▶▶ 转换到“图层”面板中，新建一个图层，将选区填充白色，效果如图9-59 所示。

图 9-59　填充选区

步骤 6 ▶▶ 按快捷键 Ctrl+D 去掉选区，为图层1添加一个蒙版，使用黑色画笔在天空处进行涂抹，如图9-60 所示。

步骤 7 ▶▶ 至此本例制作完毕，效果如图 9-61 所示。

图 9-60　编辑蒙版　　　　图 9-61　最终效果

实例 86 用分离与合并通道改变图像色调

01 实例目的

了解如何在通道中对图像进行调整。

02 实例要点

- 使用“打开”命令打开素材图像。
- 使用“分离通道”命令对通道进行分离。
- 使用“合并通道”命令对通道进行合并。

03 操作步骤

步骤 1 ▶▶ 执行菜单栏中“文件 / 打开”命令或按快捷键 Ctrl+O，打开随书附带的“素材 / 第 9 章 / 创意广告”文件，如图 9-62 所示。

步骤 2 ▶▶ 执行菜单栏中“窗口 / 通道”命令，打开“通道”面板，单击其右上角打开按钮，在打开的下拉菜单中选择“分离通道”选项，如图 9-63 所示。

图 9-62　素材　　　　图 9-63　通道打开菜单

步骤 3 ▶▶ 执行“分离通道”命令后，将图像分离成红、绿、蓝 3 个单独的通道，如图9-64 所示。

“红”通道　　“绿”通道　　

“蓝”通道

图 9-64　分离通道

步骤 4 ▶▶ 在“通道”面板中，单击其右上角打开按钮，在打开的下拉菜单中选择“合并通道”选项，如图9-65 所示。

步骤 5 ▶▶ 选择“合并通道”选项后，打开“合并通道”对话框，在“模式”下拉列表框中选择“RGB 颜色”选项，设置“通道”数为 3，如图9-66 所示。

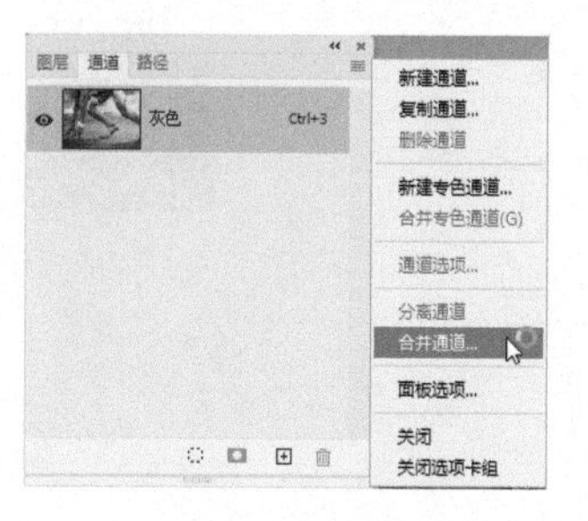

图 9-65　通道面板

图 9-66　“合并通道”对话框

步骤 6 ▶▶ 设置完毕后，单击“确定”按钮，打开“合并 RGB 通道”对话框，其中的各项参数设置如图9-67 所示。

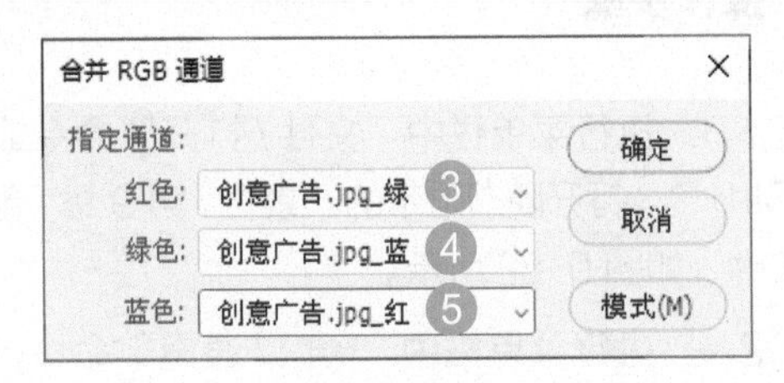

图 9-67 “合并 RGB 通道”对话框

步骤 7 ▶▶ 设置完毕后，单击“确定”按钮，完成通道的合并，效果如图 9-68 所示。在“合并 RGB 通道”对话框中的 3 个指定通道的顺序是可以任意设置的，顺序不同，图像颜色合并效果也不尽相同，如图9-69 所示。分别存储该文件。至此本例制作完毕。

图 9-68 最终效果

图 9-69 最终效果

技巧

使用“分离通道”与“合并通道”命令更改图像颜色信息的方法相对比较简单，并且变化也较少。若图像本身模式为 RGB，则能产生的效果数量为 3 的立方；如果图像模式为 CMYK，则产生的效果数量为 4 的 4 次方，以此类推。

用通道抠毛绒边缘图像

01 实例目的

了解通道在本例中的应用。

02 实例要点

- 打开素材。
- 复制通道。
- 应用“色阶”命令调整黑白对比度。
- 调出选区并转换到“图层”面板中复制选区内容。
- 通过 (套索工具)和“亮度 / 对比度”命令调亮图像局部。

03 操作步骤

步骤 1 ▶▶ 执行菜单栏中“文件 / 打开”命令或按快捷键 Ctrl+O，打开随书附带的“素材 / 第 9 章 / 猫咪”文件，如图 9-70 所示。

步骤 2 ▶▶ 执行菜单栏中“窗口 / 通道”命令，打开“通道”面板，拖动白色较明显的“红”通道到“创建新通道”按钮上，得到“红 拷贝”，如图9-71 所示。

图 9-70 素材

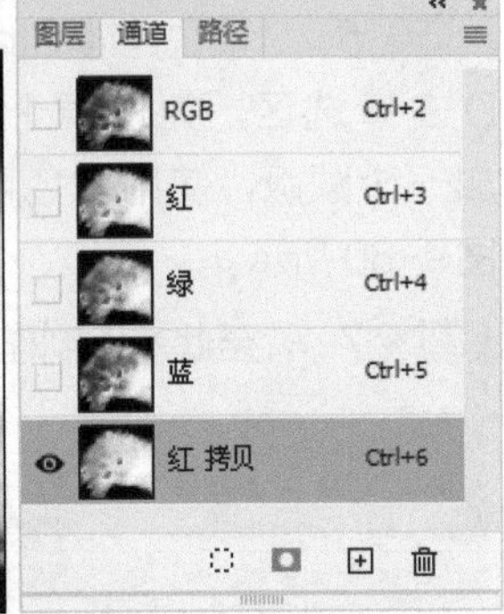

图 9-71 复制通道

步骤 3 ▶▶ 执行菜单栏中“图像 / 调整 / 色阶”命令，打开“色阶”对话框，其中的参数设置如图 9-72 所示。

步骤 4 ▶▶ 设置完毕后，单击“确定”按钮，效果如图9-73 所示。

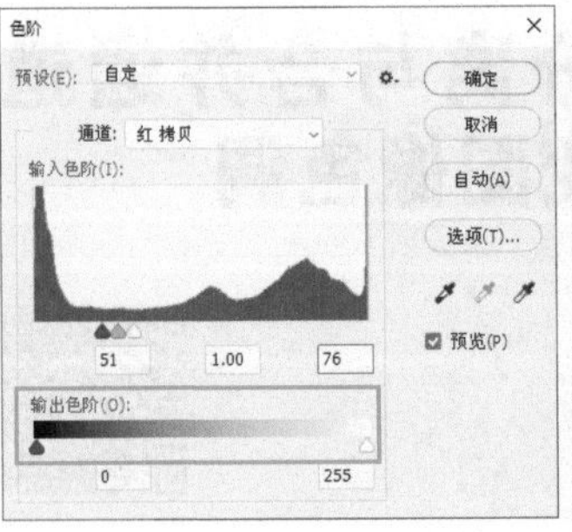

图 9-72 “色阶”对话框

图 9-73 色阶调整后

步骤 5 ▶▶ 使用 (套索工具)在猫咪的眼睛处和猫咪趴着的位置创建选区，并填充白色，效果如图 9-74 所示。

步骤 6 ▶▶ 按住 Ctrl 键的同时单击“红 拷贝”通道，调出选区，转换到“图层”面板中，按快捷键 Ctrl+J 得到一个“图层 1”，效果如图 9-75 所示。

图 9-74　填充白色

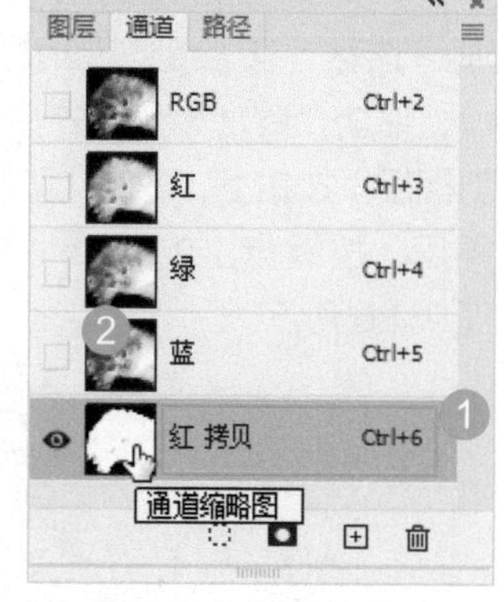

图 9-75　调出选区并复制

步骤 7 ▶▶ 在“图层 1”的下面新建“图层 2”，并将其填充为“淡蓝色”，效果如图 9-76 所示。

图 9-76　填充

步骤 8 ▶▶ 选择“图层 1”，使用（套索工具），设置“羽化”为 15 像素，在猫咪的边缘创建选区，如图9-77 所示。

图 9-77　创建选区

步骤 9 ▶▶ 执行菜单栏中“图像 / 调整 / 亮度 / 对比度”命令，打开“亮度 / 对比度”对话框，设置“亮度”为 150、“对比度”为 -41，如图 9-78 所示。

步骤 10 ▶▶ 设置完毕后，单击“确定”按钮，此时会发现边缘效果还是不理想，所以使用（套索工具）在猫咪的边缘创建选区，效果如图 9-79 所示。

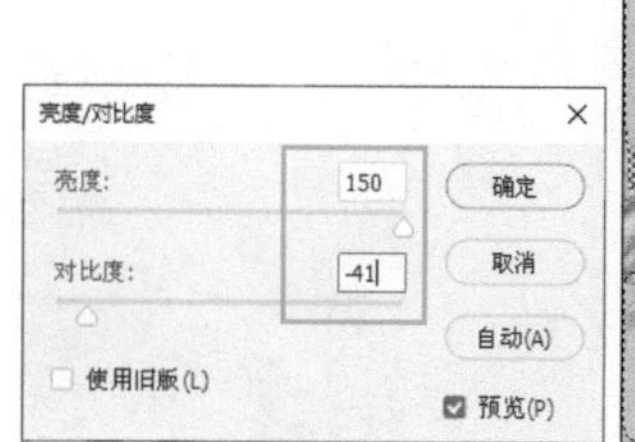

图 9-78　“亮度 / 对比度”对话框　　图 9-79　创建选区

步骤 11 ▶▶ 执行菜单栏中“图像 / 调整 / 亮度 / 对比度”命令，打开“亮度 / 对比度”对话框，设置“亮度”为 95、“对比度”为 20，如图 9-80 所示。

步骤 12 ▶▶ 设置完毕后，单击“确定”按钮，依次在边缘上创建选区并将其调亮，存储该文件。至此本例制作完毕，效果如图 9-81 所示。

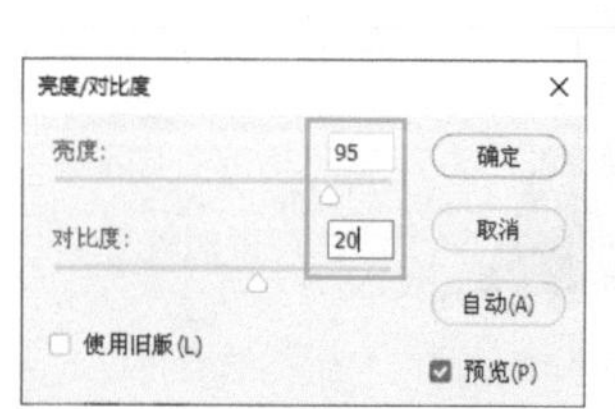

图 9-80　“亮度 / 对比度”对话框　　图 9-81　最终效果

在通道中应用滤镜制作撕纸效果

01 实例目的

了解如何在通道中运用滤镜。

02 实例要点

- 使用“打开”命令打开素材图像。
- 新建通道并创建选区。
- 使用“喷溅”滤镜制作撕边效果。

03 操作步骤

步骤 1 ▶▶ 执行菜单栏中“文件/打开”命令或按快捷键Ctrl+O，打开随书附带的“素材/第9章/骑车”文件，如图9-82所示。

图9-82 素材

步骤 2 ▶▶ 在工具箱中设置前景色为“白色”，执行菜单栏中“窗口/通道”命令，打开“通道”面板，单击“通道”面板上的 （创建新通道）按钮，新建“Alpha1”通道，选择工具箱中的（画笔工具），在Alpha1通道中进行涂抹，如图9-83所示。

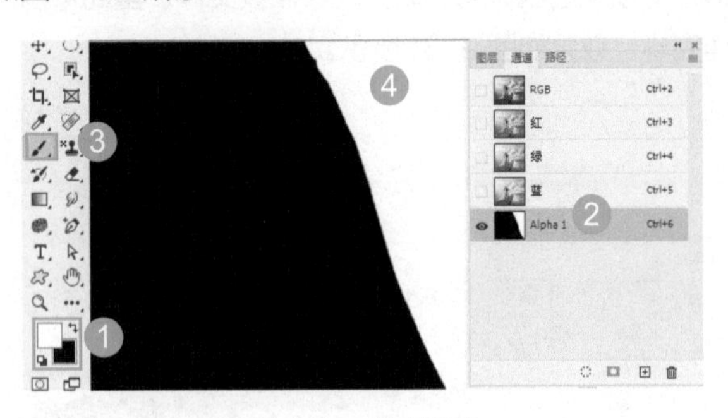

图9-83 编辑通道

步骤 3 ▶▶ 执行菜单栏中“滤镜/滤镜库”命令，在对话框中选择“画笔描边/喷溅”命令，在打开的“喷溅”对话框中，设置“喷色半径”为5、“平滑度”为4，如图9-84所示。

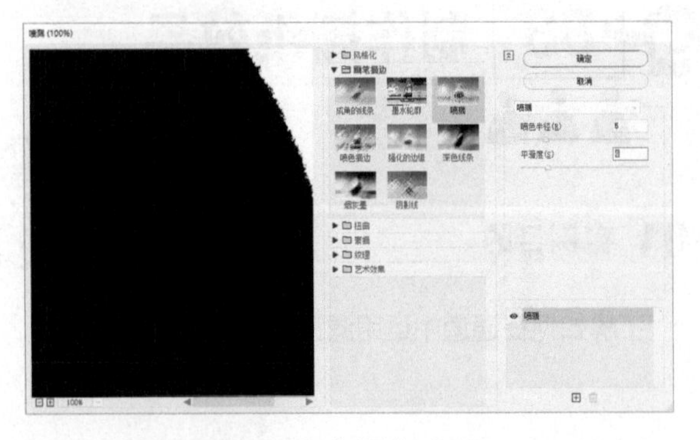

图9-84 “喷溅”对话框

步骤 4 ▶▶ 设置完毕后，单击“确定”按钮，效果如图9-85所示。

图9-85 喷溅后

步骤 5 ▶▶ 按住键盘上的Ctrl键，单击Alpha1通道缩览图，调出该通道选区，转换到“图层”面板中，拖动“背景”图层至（创建新图层）按钮上，复制“背景”图层得到“背景 拷贝”图层，按键盘上的Delete键清除选区中的图像，如图9-86所示。

图9-86 删除

技巧

在“通道”面板中，新建Alpha1通道后，将前景色设置为“白色”，使用“画笔工具”绘制白色区域，白色区域就是图层中的选区范围。

步骤 6 ▶▶ 按快捷键Ctrl+D，取消选区，选择“背景”图层，按快捷键Alt+Delete，将“背景”图层填充前景色，选择“背景 拷贝”图层，执行菜单栏中“图层/图层样式/投影”命令，在打开的“图层样式”对话框中，对“投影”图层样式进行相应的设置，如图9-87所示。

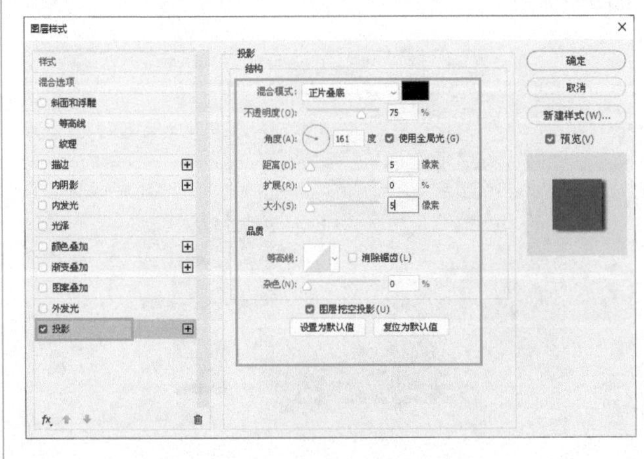

图9-87 “图层样式”对话框

步骤 7 设置完毕后，单击“确定”按钮。至此本例制作完毕，效果如图 9-88 所示。

图 9-88　最终效果

技巧

进入快速蒙版模式，先使用“画笔工具”绘制撕掉的部分，然后返回到标准模式再执行“图层蒙版”命令，同样可以出现上面的效果。

实例 89 应用通道抠出半透明图像

01 实例目的

了解如何在通道中抠取半透明图像的方法。

02 实例要点

- 打开文档。
- 在通道中使用画笔进行编辑。
- 在通道中调出选区。
- 移动选区内的图像到新文档中。
- 变换大小。

03 操作步骤

步骤 1 执行菜单栏中“文件 / 打开”命令或按快捷键 Ctrl+O，打开随书附带的“素材 / 第 9 章 / 婚纱”文件，如图 9-89 所示。

步骤 2 转换到“通道”面板，拖动“蓝”通道到（创建新通道）按钮上，得到“蓝 拷贝”通道，如图 9-90 所示。

图 9-89　素材

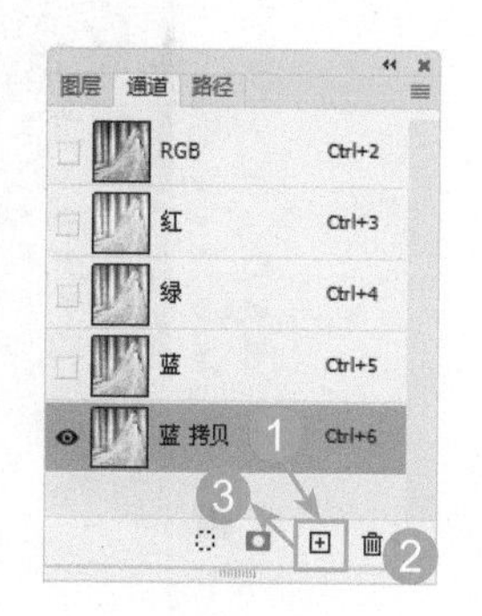

图 9-90　复制通道

步骤 3 在菜单栏中执行“图像 / 调整 / 色阶”命令，打开“色阶”对话框，其中的参数设置如图 9-91 所示。

步骤 4 设置完毕后，单击“确定”按钮，效果如图 9-92 所示。

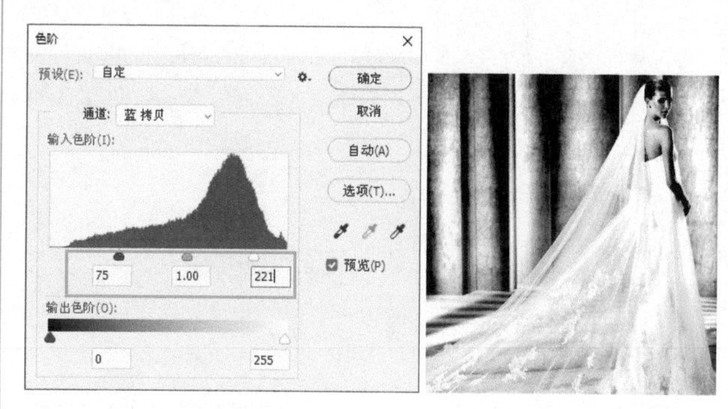

图 9-91　“色阶”对话框　　图 9-92　色阶调整后

步骤 5 将前景色设置为“黑色”，使用（画笔工具）在人物以外的位置拖动，将周围填充黑色，效果如图 9-93 所示。

图 9-93　编辑通道

步骤 6 再将前景色设置为“白色”，使用（画笔工具）在人物上拖动（切忌不要在透明的位置上涂抹），效果如图 9-94 所示。

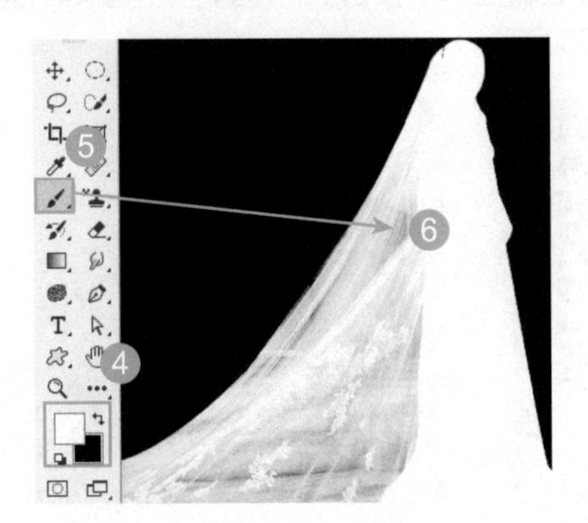

图 9-94　编辑通道

步骤 7 ▶▶ 选择复合通道，按住 Ctrl 键并单击“蓝 拷贝”通道，调出图像的选区，如图 9-95 所示。

图 9-95　调出选区

步骤 8 ▶▶ 按快捷键 Ctrl+ C 复制选区内的图像，再在菜单栏中执行“文件 / 打开”命令或按快捷键 Ctrl+O，打开随书附带的“素材 / 第 9 章 / 景 2”文件，如图9-96 所示。

图 9-96　素材

步骤 9 ▶▶ 素材打开后，按快捷键 Ctrl+V 粘贴复制的内容，按快捷键 Ctrl+T 调出变换框，拖动控制点将图像进行适合的缩放，效果如图 9-97 所示。

步骤 10 ▶▶ 按回车键完成变换后，再键入一些文字，最终效果如图 9-98 所示。

图 9-97　变换

图 9-98　最终效果

本章练习与习题

练习

使用 （橡皮擦工具）对图层蒙版进行编辑。

习题

1. Photoshop 中存在下面哪几种不同类型的通道？（　　）

　A. 颜色信息通道　　B. 专色通道
　C. Alpha 通道　　D. 蒙版通道

2. 向根据 Alpha 通道创建的蒙版中添加区域，用下面哪个颜色在绘制时更加明显？（　　）

　A. 黑色　　B. 白色
　C. 灰色　　D. 透明色

3. 图像中的默认颜色通道数量取决于图像的颜色模式，如一个 RGB 图像至少存在几个颜色通道?（　　）

　A. 1　　B. 2
　C. 3　　D. 4

4. 在图像中创建选区后，单击“通道”面板中的按钮 ，可以创建一个什么通道?（　　）

　A. 专色　　B. Alpha
　C. 选区　　D. 蒙版

滤镜的使用

本章内容

- 用镜头校正滤镜清除晕影
- 用 Camera Raw 滤镜还原白色背景
- 用滤镜库中多个滤镜制作特效纹理背景
- 用滤镜清除图片透视中的杂物
- 用图章滤镜为后视镜制作水珠
- 用马赛克滤镜制作拼贴壁画
- 用径向模糊命令制作聚焦视觉效果
- 用滤镜组合制作光晕特效
- 用滤镜组合制作纹理效果

实例90 用镜头校正滤镜清除晕影

01 实例目的

了解“镜头校正”滤镜的应用。

02 实例要点

- 打开素材文档。
- 使用“镜头校正”滤镜。
- 使用“亮度/对比度”调整对比度。

03 制作步骤

步骤 1 执行菜单栏中“文件/打开”命令或按快捷键Ctrl+O，打开随书附带的“素材/第10章/海豚”文件，如图10-1所示。

图10-1 素材

步骤 2 打开素材后，我们会发现照片的周围有一圈黑色的晕影，下面就对晕影进行清除。执行菜单栏中“滤镜/镜头校正”命令，打开“镜头校正”对话框，在对话框中设置“晕影”的参数值，如图10-2所示。

图10-2 “镜头校正”对话框

步骤 3 设置完毕后，单击“确定”按钮，效果如图10-3所示。

图10-3 镜头校正后

步骤 4 执行菜单栏中“图像/调整/亮度/对比度”命令，打开“亮度/对比度”对话框，其中的参数设置如图10-4所示。

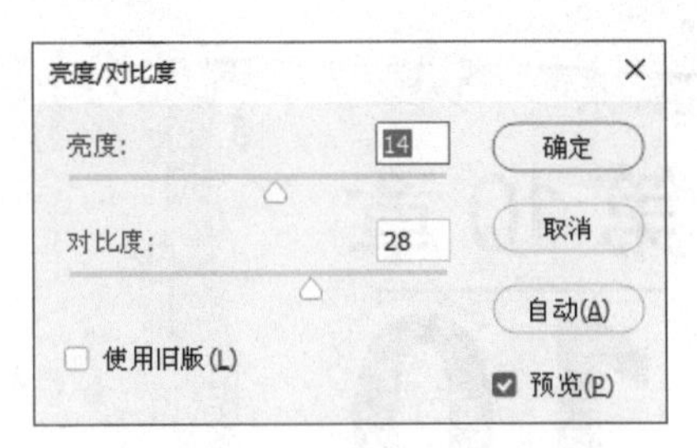

图10-4 “亮度/对比度”对话框

步骤 5 设置完毕后，单击“确定”按钮，至此本例制作完毕，效果如图10-5所示。

图10-5 最终效果

实例91 用Camera Raw滤镜还原白色背景

01 实例目的

了解“Camera Raw滤镜”命令的应用。

02 实例要点

- 打开素材。
- 使用“Camera Raw滤镜”命令/调整图像。

03 制作步骤

步骤 1 ▶▶ 执行菜单栏中“文件 / 打开”命令或按快捷键 Ctrl+O，打开随书附带的“素材 / 第 10 章 / 美女”文件，如图 10-6 所示。

图 10-6　素材

步骤 2 ▶▶ 执行菜单栏中“滤镜 /Camera Raw 滤镜”命令，打开“Camera Raw 滤镜”对话框，在“基本”标签中调整“高光”、“白色”和“清晰度”参数值，将背景恢复为白色，如图 10-7 所示。

图 10-7　基本调整

步骤 3 ▶▶ 设置完毕后，单击“确定”按钮，此时的照片背景已经变成白色，效果如图 10-8 所示。

图 10-8　最终效果

用滤镜库中多个滤镜制作特效纹理背景

01 实例目的

了解多个滤镜命令相结合的应用。

02 实例要点

- 新建文档。
- 使用“云彩”滤镜。
- 使用“调色刀”和“粗糙蜡笔”滤镜制作背景纹理。
- 使用“照亮边缘”、“扩散亮光”和“塑料包装”滤镜。

03 制作步骤

步骤 1 ▶▶ 新建一个“宽度”与“高度”都为 600 像素、“分辨率”为 72 像素 / 英寸的空白文档，按键盘上的 D 键，将工具箱中的前景色设置为“黑色”，背景色设置为“白色”，先执行菜单栏中“滤镜 / 转换为智能滤镜”命令，转换为智能对象后，再执行菜单栏中“滤镜 / 渲染 / 云彩”命令，效果如图 10-9 所示。

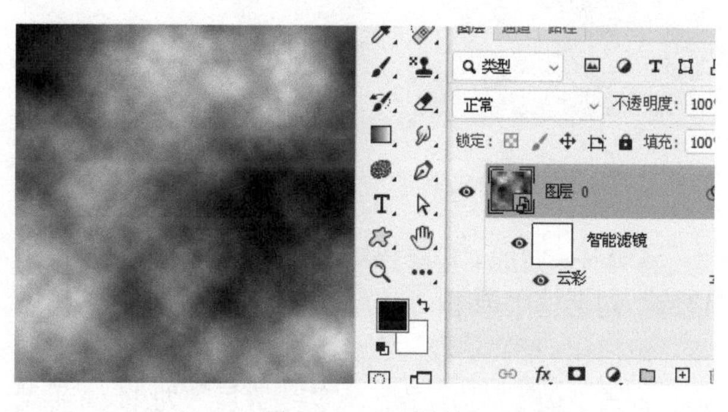

图 10-9　云彩滤镜

步骤 2 ▶▶ 执行菜单栏中“滤镜 / 滤镜库”命令，打开“滤镜库”对话框，在其中执行“艺术效果 / 调色刀”命令，打开“调色刀”对话框，设置“描边”大小为 41、“描边细节”为 3、“软化度”为 0，如图 10-10 所示。

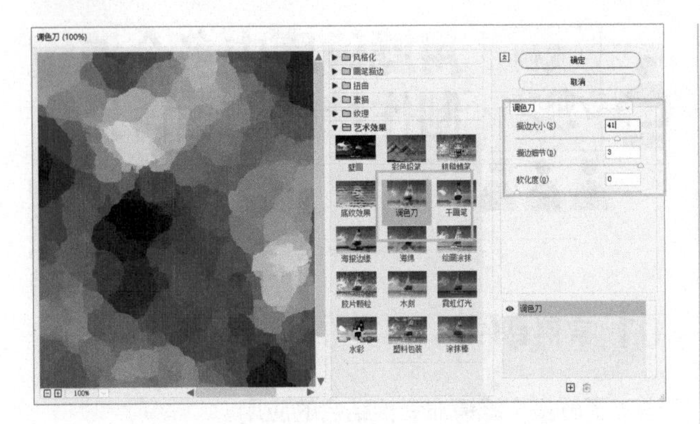

图 10-10 “调色刀”对话框

技巧

在“调色刀”对话框中，设置各项参数后，应用“调色刀”滤镜后的图像与前景色和背景色无关。

步骤 3 完成“调色刀”对话框的设置。在“滤镜库”对话框中单击 ⊞（新建效果图层）按钮，再执行“艺术效果/粗糙蜡笔”命令，打开“粗糙蜡笔”对话框，设置“描边长度”为 2、“描边细节”为 7、“纹理”为“画布”、“缩放”为 100%、“凸现”为 20、“光照”为“下”，如图 10-11 所示。

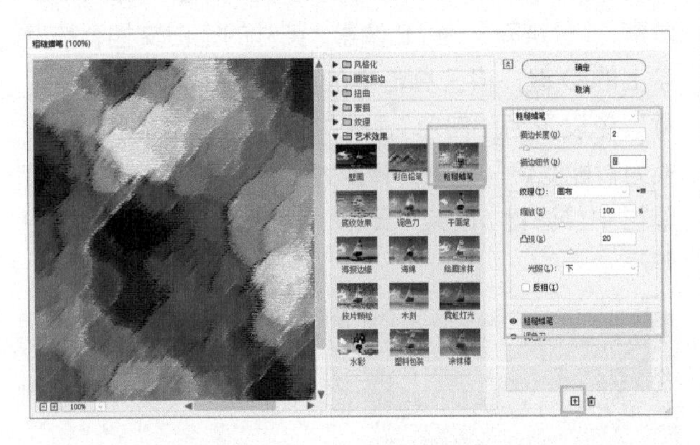

图 10-11 “粗糙蜡笔”对话框

步骤 4 完成“粗糙蜡笔”对话框的设置。在“滤镜库”对话框中单击 ⊞（新建效果图层）按钮，再执行“风格化/照亮边缘”命令，打开“照亮边缘”对话框，设置“边缘宽度”为 1、“边缘亮度”为 11、“平滑度”为 10，如图 10-12 所示。

步骤 5 完成“照亮边缘”对话框的设置。在“滤镜库”对话框中单击 ⊞（新建效果图层）按钮，再执行“扭曲/扩散亮光”命令，打开“扩散亮光”对话框，设置“粒度”为 0、“发光量”为 14、“清除数量”为 6，如图 10-13 所示。

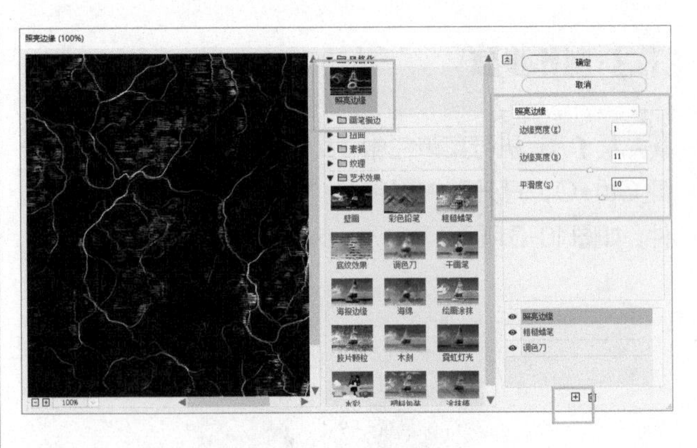

图 10-12 “照亮边缘”对话框

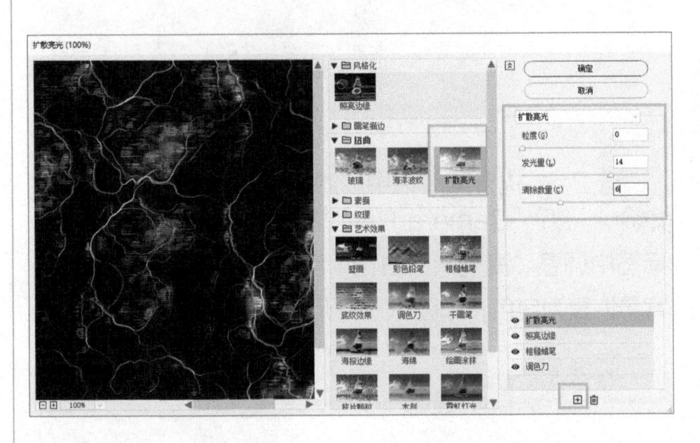

图 10-13 “扩散亮光”对话框

步骤 6 完成“扩散亮光”对话框的设置。在“滤镜库”对话框中单击 ⊞（新建效果图层）按钮，再执行“艺术效果/塑料包装”命令，打开“塑料包装”对话框，设置“高光强度”为 6、“细节”为 1、“平滑度”为 6，如图 10-14 所示。

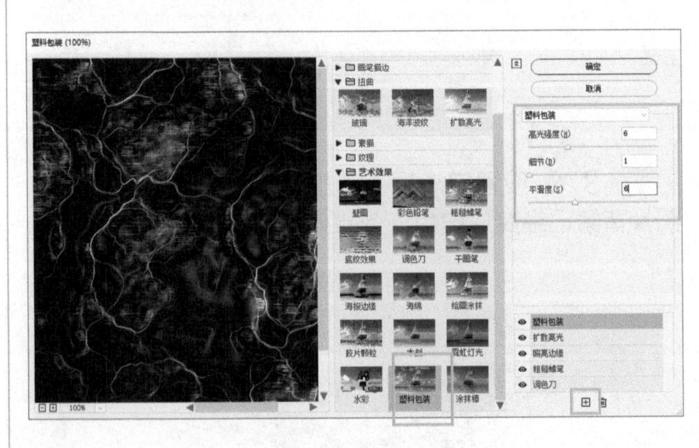

图 10-14 “塑料包装”对话框

步骤 7 单击“确定”按钮，完成“滤镜库”对话框的设置，效果如图 10-15 所示。

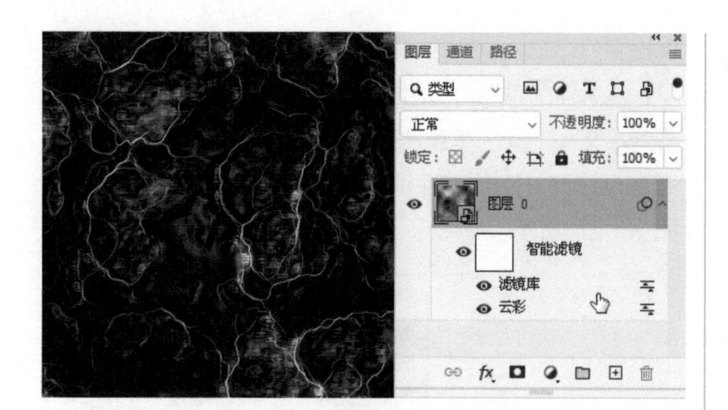

图 10-15　应用滤镜库

步骤 8 ▶▶ 单击“图层”面板上的 （创建新的填充或调整图层）按钮，在弹出的下拉菜单中选择“色相 / 饱和度”选项，打开“属性”面板，在其中调整“色相”与“饱和度”参数，如图 10-16 所示。

步骤 9 ▶▶ 调整完毕后，本例制作完成，效果如图 10-17 所示。

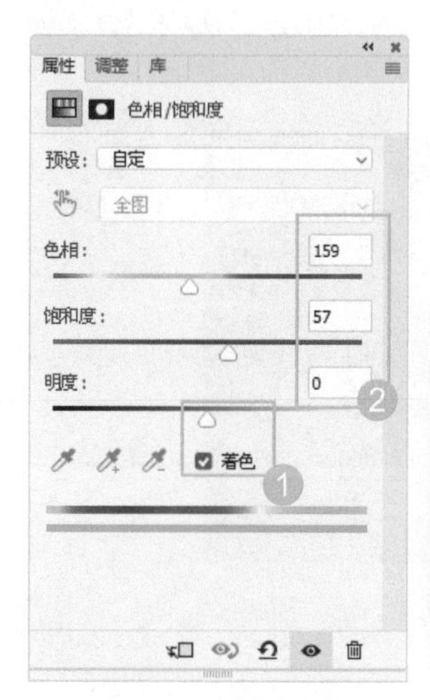

图 10-16　“属性”面板

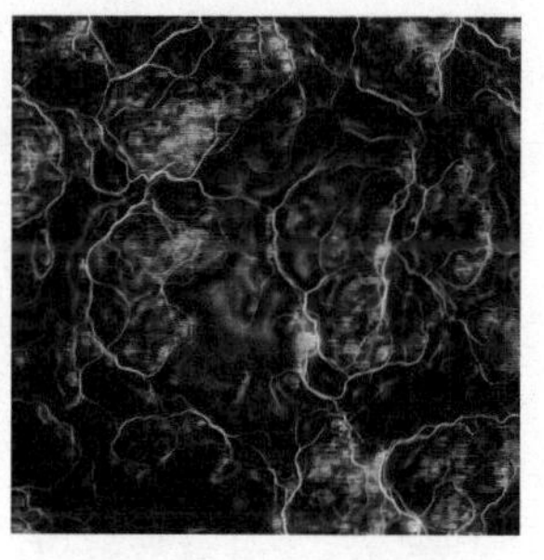

图 10-17　最终效果

实例 93 用滤镜清除图片透视中的杂物

01 实例目的

了解“消失点”滤镜的应用。

02 实例要点

- 打开素材。
- 在“消失点”滤镜中创建平面。
- 应用“消失点”滤镜中的 （图章工具）对图像进行透视仿制修复。

03 制作步骤

步骤 1 ▶▶ 执行菜单栏中“文件 / 打开”命令或按快捷键 Ctrl+O，打开随书附带的“素材 / 第 10 章 / 地板”文件，将其作为背景，如图 10-18 所示。

图 10-18　素材

步骤 2 ▶▶ 执行菜单栏中“滤镜 / 消失点”命令，打开“消失点”对话框，使用 （创建平面工具）在页面中沿楼体创建一个透视平面，如图 10-19 所示。

图 10-19　创建透视平面

步骤 3 ▶▶ 在“消失点”滤镜中选择 （图章工具），设置相应的属性参数值，按住 Alt 键在没有杂物的位置进行取样，如图 10-20 所示。

步骤 4 ▶▶ 松开 Alt 键后，移动鼠标到有杂物的地方，按下鼠标进行涂抹，图像会自动套用透视效果对图像进行仿制，如图 10-21 所示。

步骤 5 ▶▶ 反复在有杂物的位置上进行涂抹，将其进行仿制，再在地板中破坏较大的位置进行仿制，仿制完毕后单击“确定”按钮，存储该文件。至此本例制作完毕，效果如图 10-22 所示。

图 10-20　取样

图 10-21　仿制

图 10-22　最终效果

用图章滤镜为后视镜制作水珠

01 实例目的

了解“图章”滤镜的应用。

02 实例要点

- 打开素材图像。
- 使用“自然饱和度”命令。
- 使用“亮度 / 对比度”命令。

03 制作步骤

步骤 1 ▶▶ 新建一个“宽度”与“高度”都为 600 像素、“分辨率”为 72 像素 / 英寸的空白文档，按键盘上的 D 键，将工具箱中的前景色设置为“黑色”，背景色设置为“白色”。再执行菜单栏中“滤镜 / 渲染 / 云彩”命令，效果如图 10-23 所示。

步骤 2 ▶▶ 执行菜单栏中“滤镜 / 其他 / 高反差保留”命令，打开“高反差保留”对话框，其中的参数设置如图 10-24 所示。

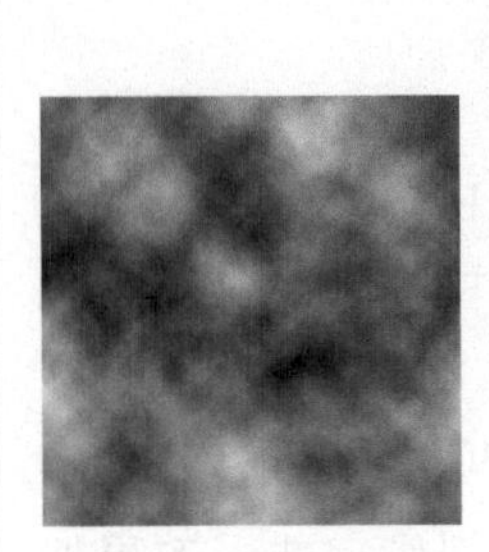

图 10-23　云彩滤镜

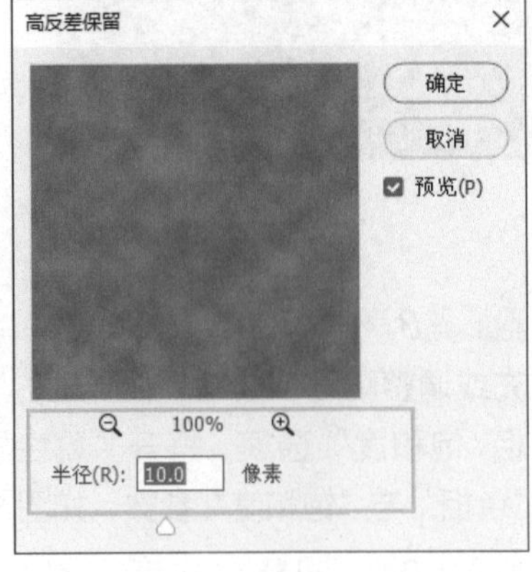

图 10-24　“高反差保留”对话框

步骤 3 ▶▶ 设置完毕后，单击“确定”按钮，效果如图 10-25 所示。

图 10-25　高反差保留后

步骤 4 ▶▶ 执行菜单栏中“滤镜 / 滤镜库”命令，打开“滤镜库”对话框，执行“素描 / 图章”命令，在“图章”对话框中设置参数，如图 10-26 所示。

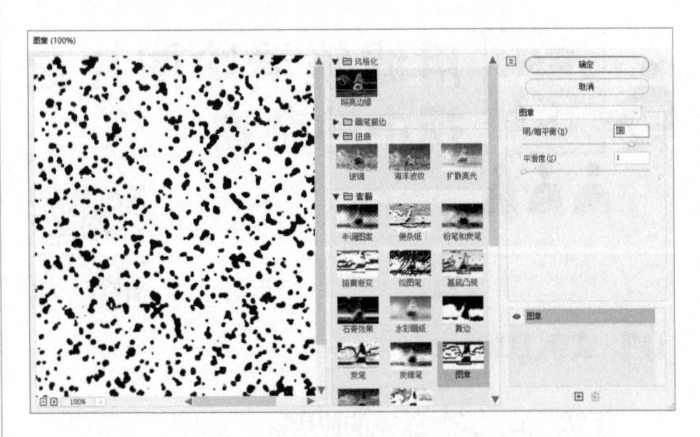

图 10-26　“图章”对话框

步骤 5 设置完毕后，单击“确定”按钮，再执行菜单栏中“图像/调整/反相”命令或按快捷键 Ctrl+I，效果如图 10-27 所示。

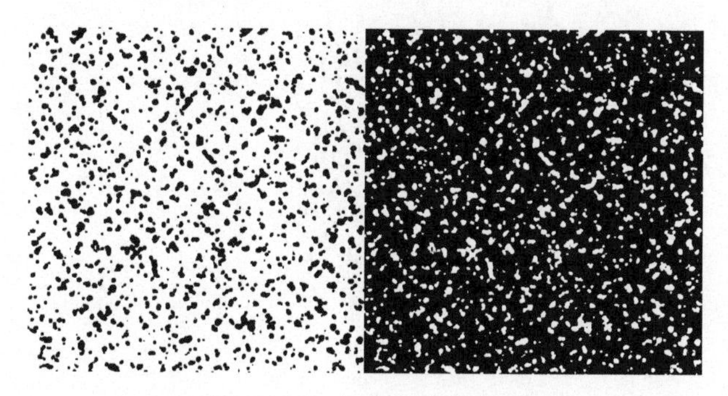

图 10-27 应用图章并反相后

步骤 6 执行菜单栏中“滤镜/滤镜库”命令，打开“滤镜库”对话框，执行“素描/石膏效果”命令，在“石膏效果”对话框中设置参数值，如图 10-28 所示。

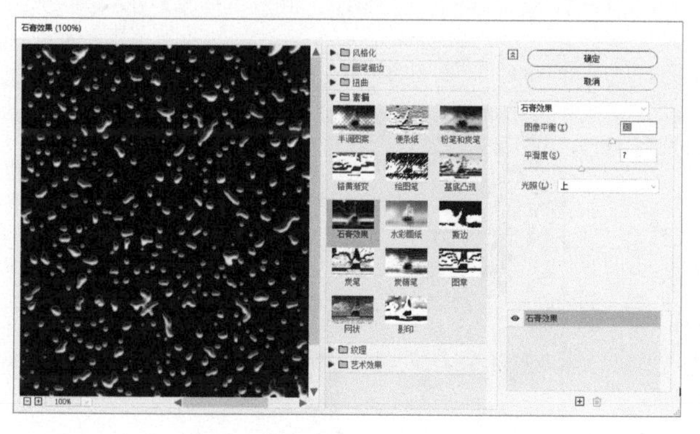

图 10-28 “石膏效果”对话框

步骤 7 设置完毕后，单击“确定”按钮，按快捷键 Ctrl+A 全选整个图像，按快捷键 Ctrl+C 复制选区内的图像，打开随书附带的“素材/第 10 章/汽车后视镜”文件，再按快捷键 Ctrl+V 粘贴复制图像，如图 10-29 所示。

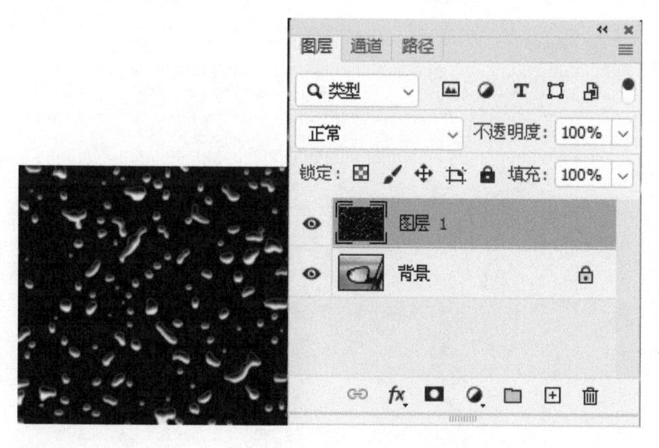

图 10-29 粘贴

步骤 8 按快捷键 Ctrl+T 调出变换框，拖动控制点调整图像大小，设置“混合模式”为“柔光”、“不透明度”为 34%，效果如图 10-30 所示。

图 10-30 变换图像设置混合模式

步骤 9 将图像缩小后，按回车键完成变换，单击 （添加图层蒙版）按钮，添加一个图层蒙版，使用 （画笔工具）在蒙版中涂抹黑色对其进行编辑，效果如图 10-31 所示。

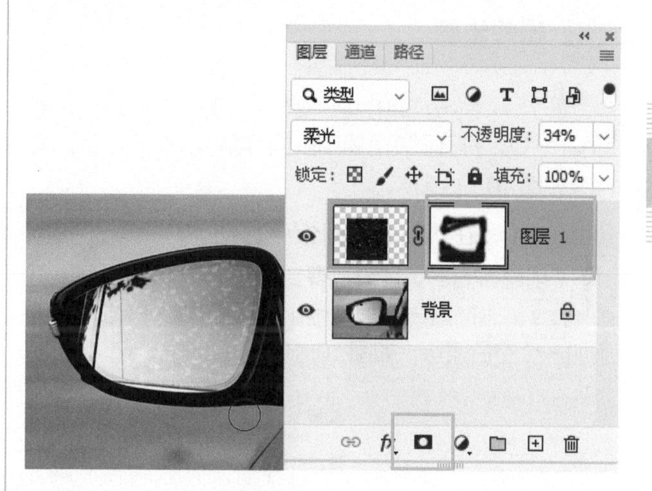

图 10-31 编辑蒙版

步骤 10 细心地对蒙版进行编辑，直到只留下玻璃上的水珠为止。至此本例制作完毕，效果如图 10-32 所示。

图 10-32 最终效果

实例 95 用马赛克滤镜制作拼贴壁画

01 实例目的

了解“马赛克”滤镜的应用。

02 实例要点

- 打开文档。
- 应用“纤维”滤镜。
- 应用“马赛克”滤镜与“晶格化”滤镜。
- 应用“进一步锐化”滤镜。
- 添加图层样式。

03 操作步骤

步骤 1 ▶▶ 执行菜单栏中“文件/打开”命令或按快捷键 Ctrl+O，打开随书附带的“素材/第 10 章/船”文件，如图 10-33 所示。

步骤 2 ▶▶ 在“图层”面板中拖动“背景”图层到 ⊞（创建新图层）按钮上得到“背景 拷贝”图层，再单击 ◘（添加图层蒙版）按钮，为“背景 拷贝”图层添加一个空白蒙版，如图 10-34 所示。

图 10-33 素材　图 10-34 复制图层并添加图层蒙版

步骤 3 ▶▶ 前景色设置为“黑色”、背景色设置为“白色”，选择蒙版缩览图，执行菜单栏中“滤镜/渲染/纤维”命令，打开“纤维”对话框，其中的参数设置如图 10-35 所示。

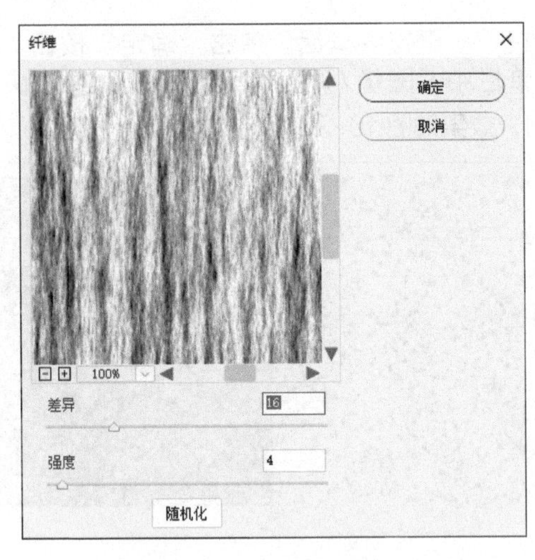

图 10-35 “纤维”对话框

步骤 4 ▶▶ 设置完毕后，单击“确定”按钮。执行菜单栏中“滤镜/像素化/马赛克”命令，打开“马赛克”对话框，设置“半径”为 40，如图 10-36 所示。

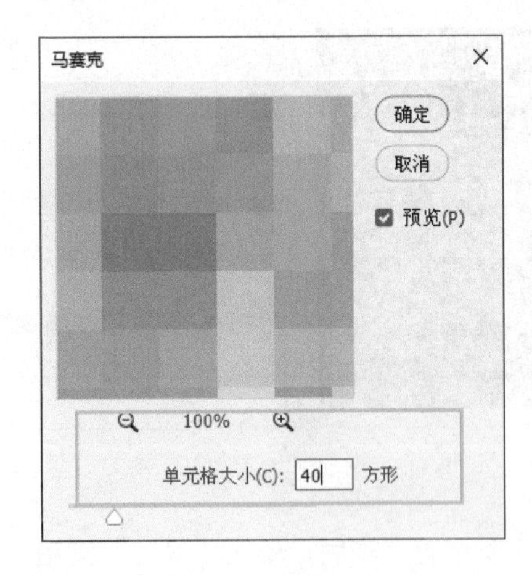

图 10-36 “马赛克”对话框

步骤 5 ▶▶ 单击“确定”按钮后，再执行菜单栏中“滤镜/像素化/晶格化”命令，打开“晶格化”对话框，设置“单元格大小”为 4，如图 10-37 所示。

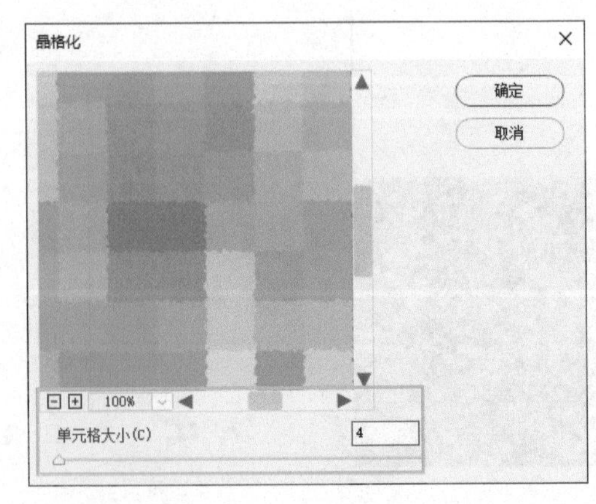

图 10-37 “晶格化”对话框

步骤 6 ▶▶ 单击“确定”按钮后，再执行菜单栏中“滤镜 / 锐化 / 进一步锐化”命令，效果如图 10-38 所示。

步骤 7 ▶▶ 执行菜单栏中“图层 / 图层样式 / 斜面和浮雕，渐变叠层”命令，分别打开“斜面和浮雕”与“渐变叠加”面板，参数设置如图 10-39 所示。

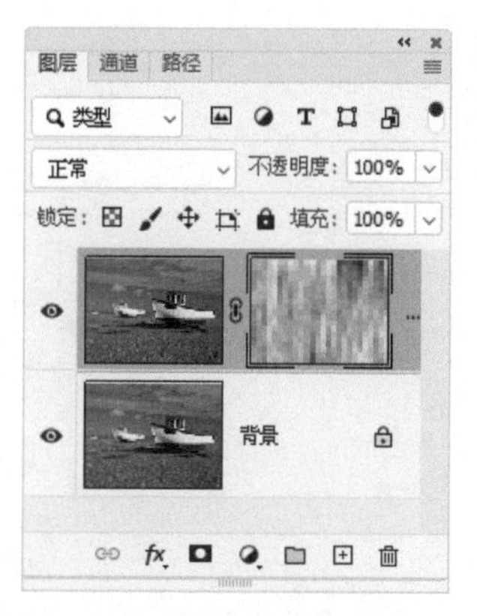

图 10-38　应用滤镜后

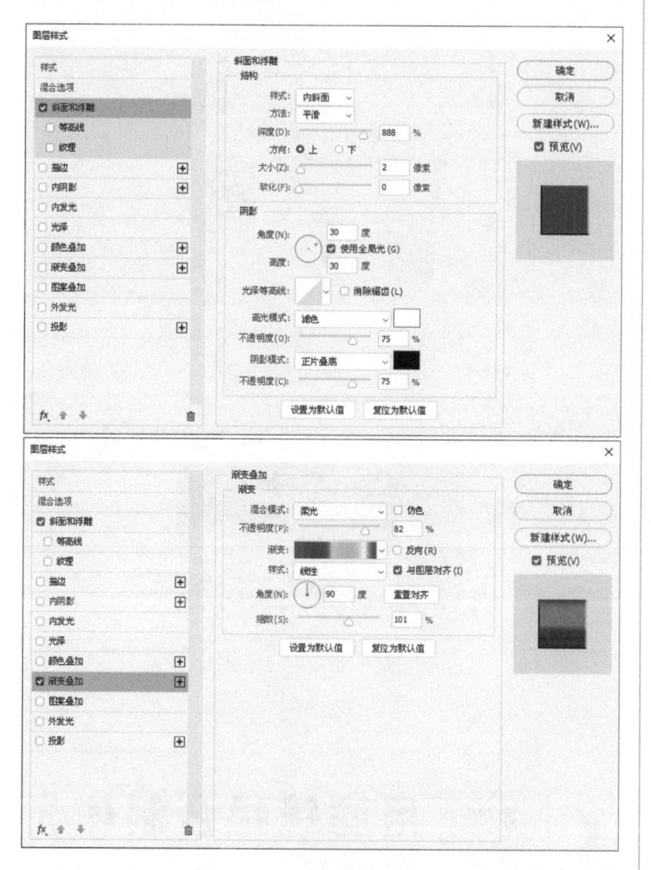

图 10-39　“斜面和浮雕”与“渐变叠加”面板

步骤 8 ▶▶ 设置完毕后，单击“确定”按钮，完成本例的制作，效果如图 10-40 所示。

图 10-40　最终效果

实例 96　用径向模糊命令制作聚焦视觉效果

01 实例目的

了解“径向模糊”命令的应用

02 实例要点

- 打开素材图像。
- 新建 alpha1 通道。
- 使用“铜版雕刻”滤镜。
- 使用“径向模糊”滤镜。

03 制作步骤

步骤 1 ▶▶ 执行菜单栏中“文件 / 打开”命令或按快捷键 Ctrl+O，打开随书附带的“素材 / 第 10 章 / 滑雪”文件，将其作为背景，如图 10-41 所示。

图 10-41　素材

步骤 2 ▶▶ 转换到“通道”面板中，新建一个 alpha1 通道，执行菜单栏中“滤镜 / 像素化 / 铜版雕刻”命令，打开“铜版雕刻”对话框，其中的参数设置如图 10-42 所示。

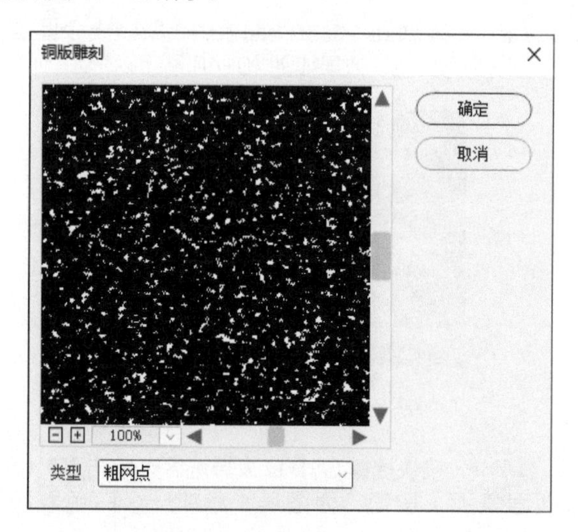

图 10-42　“铜版雕刻”对话框

步骤 3 设置完毕后，单击“确定”按钮，效果如图 10-43 所示。

步骤 4 执行菜单栏中“滤镜 / 模糊 / 径向模糊”命令，打开“径向模糊”对话框，其中的参数设置如图 10-44 所示。

图 10-43 应用铜版雕刻后

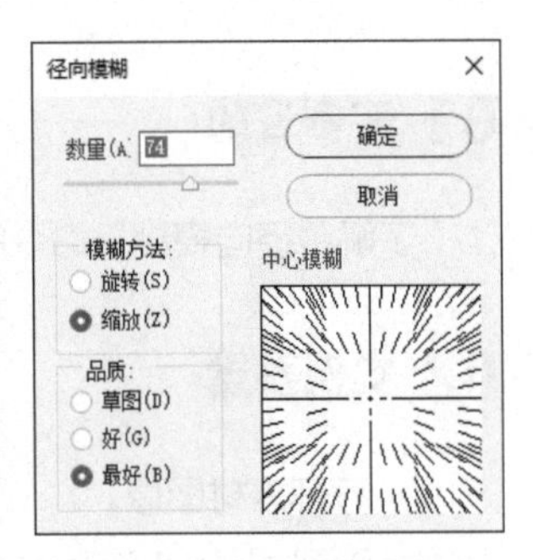

图 10-44 “径向模糊”对话框

步骤 5 设置完毕后，单击“确定”按钮，再单击“将通道作为选区载入”按钮 ，效果如图 10-45 所示。

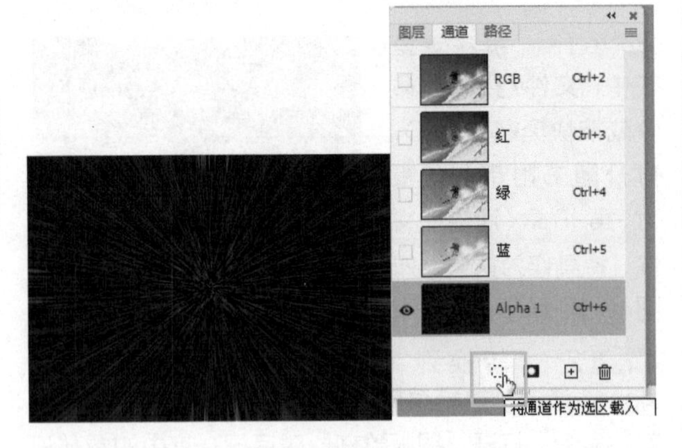

图 10-45 调出选区

步骤 6 转换到“图层”面板中，新建一个图层，将选区填充为白色，效果如图 10-46 所示。

图 10-46 填充

步骤 7 按快捷键 Ctrl+D 去掉选区，单击 （添加图层蒙版）按钮，为图层 1 添加一个白色蒙版，如图 10-47 所示。

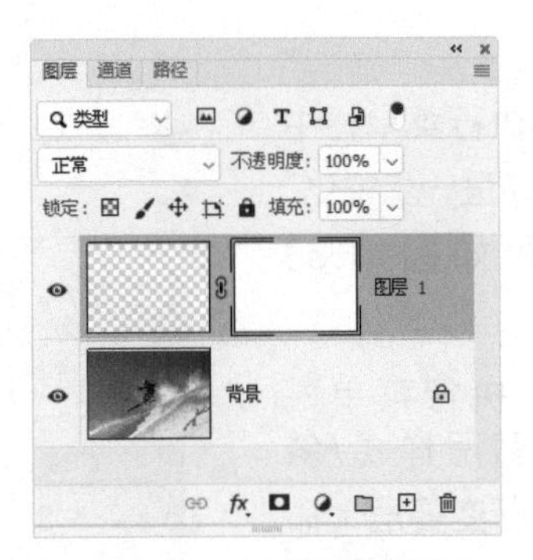

图 10-47 添加蒙版

步骤 8 使用 （渐变工具）在蒙版中绘制一个从黑色到白色的径向渐变，蒙版如图 10-48 所示。

图 10-48 编辑蒙版

步骤 9 至此本例制作完毕，效果如图 10-49 所示。

图 10-49 最终效果

实例 97 用滤镜组合制作光晕特效

01 实例目的

了解“径向模糊”滤镜的应用。

02 实例要点

- 使用“新建”命令新建图像文件。

➢ 使用“云彩”、“分层云彩”和“铜版雕刻”滤镜制作特殊的背景效果。

➢ 使用“径向模糊”和“高斯模糊”滤镜制作光晕特效。

03 制作步骤

步骤 1 ▸▸ 新建一个“宽度”为 600 像素、“高度”为 450 像素、“分辨率”为 72 像素 / 英寸的空白文档，按键盘上的 D 键，将工具箱中的前景色设置为“黑色”，背景色设置为“白色”，执行菜单栏中“滤镜 / 渲染 / 云彩”命令，图像效果如图 10-50 所示。

步骤 2 ▸▸ 执行菜单栏中“滤镜 / 渲染 / 分层云彩”命令，效果如图 10-51 所示。

图 10-50　云彩滤镜

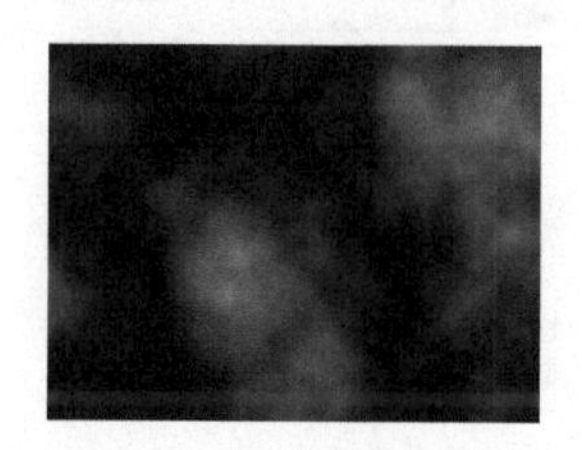

图 10-51　分层云彩

步骤 3 ▸▸ 执行菜单栏中“滤镜 / 像素化 / 铜版雕刻”命令，打开“铜版雕刻”对话框，在“类型”下拉菜单中选择“中等点”选项，如图 10-52 所示。

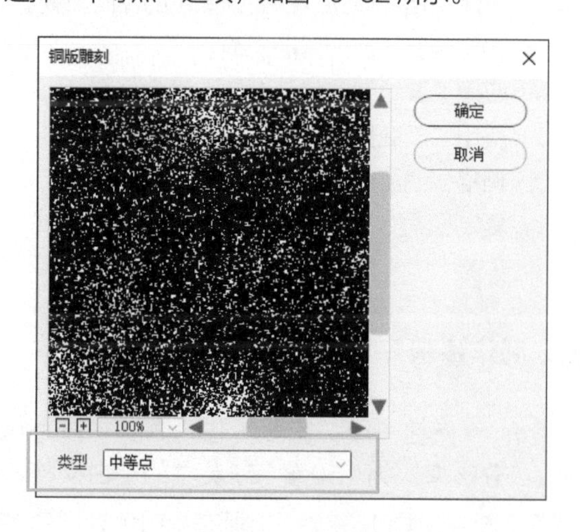

图 10-52　“铜版雕刻”对话框

步骤 4 ▸▸ 单击“确定”按钮，完成“铜版雕刻”对话框的设置，效果如图 10-53 所示。

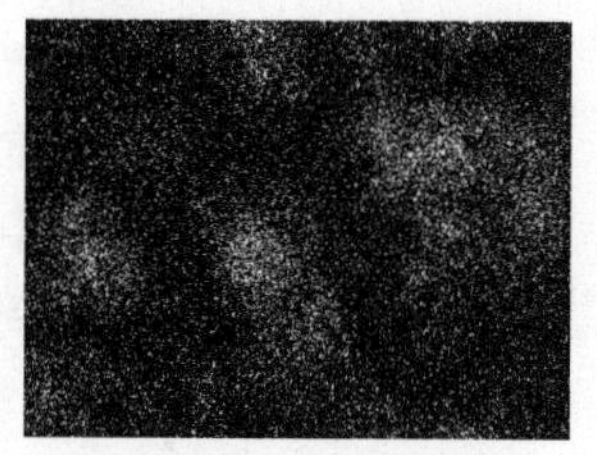

图 10-53　应用滤镜后

步骤 5 ▸▸ 按快捷键 Ctrl+J 复制背景图层得到一个图层 1，如图 10-54 所示。

步骤 6 ▸▸ 选中图层 1，执行菜单栏中“滤镜 / 模糊 / 径向模糊”命令，打开“径向模糊”对话框，参数设置如图 10-55 所示。

图 10-54　复制

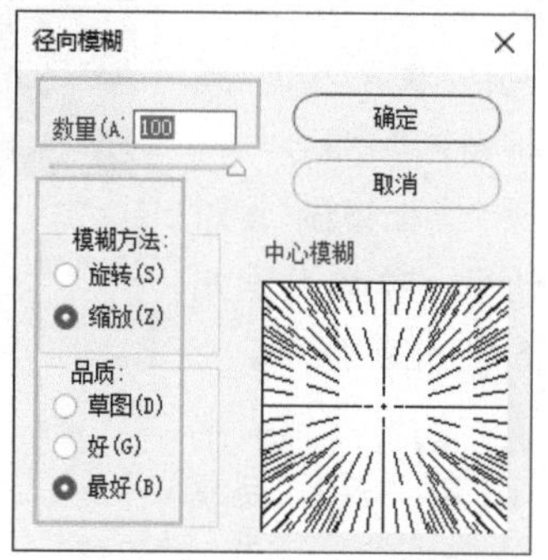

图 10-55　“径向模糊”对话框

步骤 7 ▸▸ 单击“确定”按钮，完成“径向模糊”对话框的设置，效果如图 10-56 所示。

步骤 8 ▸▸ 选中“背景”图层，执行菜单栏中“滤镜 / 模糊 / 径向模糊”命令，打开“径向模糊”对话框，参数设置如图 10-57 所示。

图 10-56　模糊后

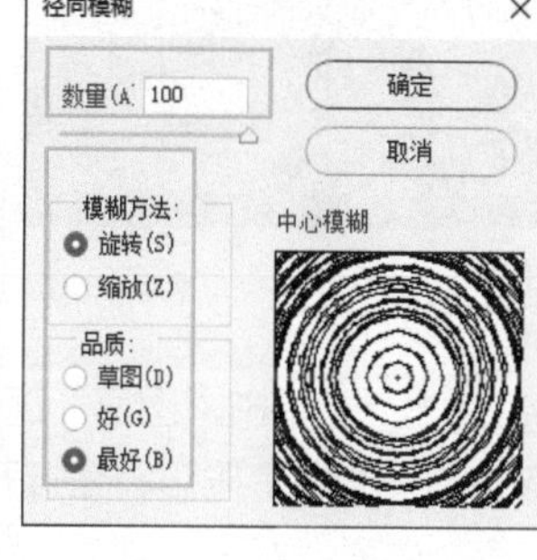

图 10-57　“径向模糊”对话框

步骤 9 ▸▸ 单击“确定”按钮，完成“径向模糊”对话框的设置。然后选中“图层 1”，设置该图层的“混合模式”为“变亮”，图像效果如图 10-58 所示。

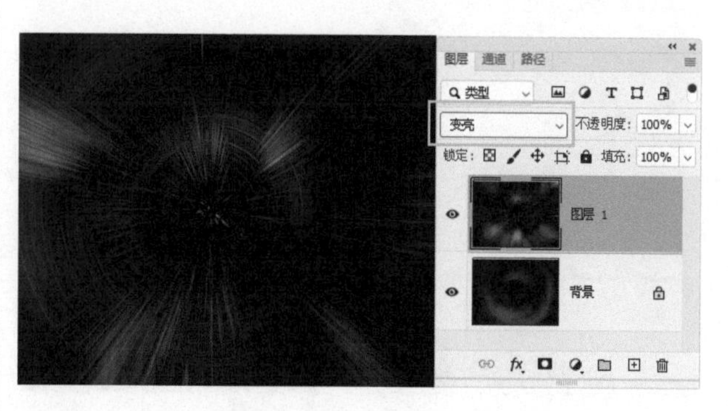

图 10-58　混合模式

步骤 10 按快捷键 Ctrl+E 合并图层，复制“背景”图层，得到一个“背景 拷贝”图层。执行菜单栏中“滤镜/模糊/高斯模糊”命令，打开“高斯模糊”，对话框，参数设置如图 10-59 所示。

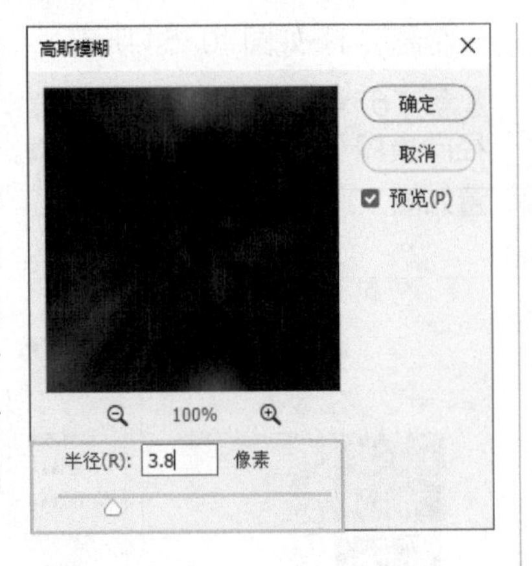

图 10-59 “高斯模糊”对话框

步骤 11 单击“确定”按钮，完成“高斯模糊”对话框的设置，设置该图层的“混合模式”为“滤色”，如图 10-60 所示。

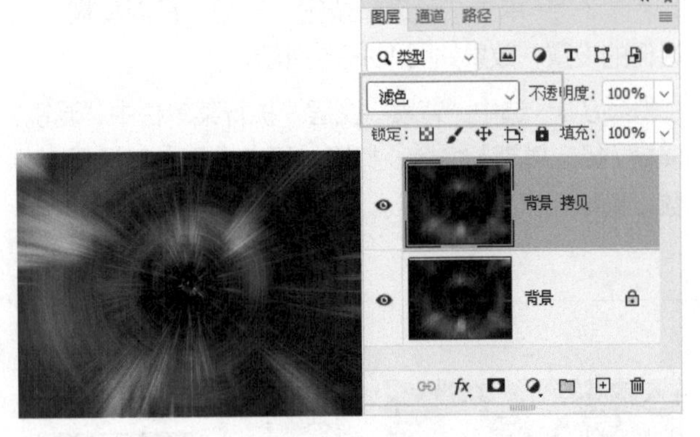

图 10-60 混合模式

步骤 12 单击“图层”面板上的 （创建新的填充或调整图层）按钮，在打开的菜单中选择“色相/饱和度”选项，打开“属性”面板，参数设置如图 10-61 所示。

步骤 13 调整完毕后，本例制作完成，如图 10-62 所示。

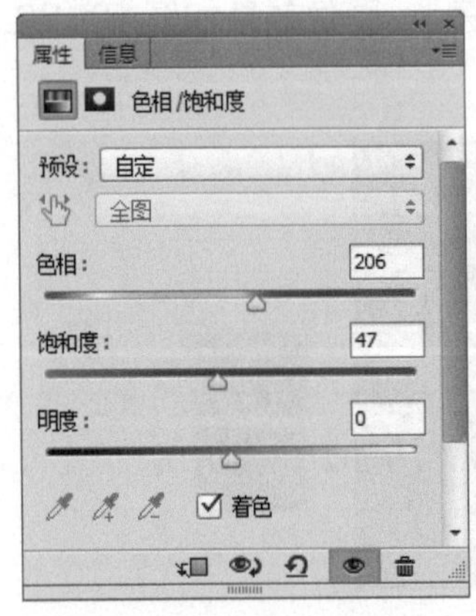

图 10-61 “属性”面板

图 10-62 最终效果

步骤 14 调整不同的色相，会得到相应的颜色效果，如图 10-63 和图 10-64 所示。

图 10-63 图像效果（1）

图 10-64 图像效果（2）

用滤镜组合制作纹理效果

01 实例目的

了解“波纹”与“波浪”命令在纹理特效中的应用。

02 实例要点

- 新建文档并填充从白色到黑色的径向渐变。
- 将背景层转换为智能滤镜。
- 应用“波纹”与“波浪”滤镜命令。
- 应用“渐变叠加”图层样式。
- 栅格化图层样式。
- 复制图层、旋转 90 度、设置“混合模式”为变亮。

03 制作步骤

步骤 1 新建一个“宽度”与“高度”都为 500 像素、“分辨率”为 150 像素/英寸的空白文档，使用 （渐变工具）在文档中填充从白色到黑色的径向渐变，效果如图 10-65 所示。

步骤 2 执行菜单栏中“滤镜/转换为智能滤镜”命令，将背景图层转换为智能对象，如图 10-66 所示。

步骤 3 执行菜单栏中“滤镜/扭曲/波纹”命令，打开“波纹”对话框，参数设置如图 10-67 所示。

步骤 4 设置完毕后，单击“确定”按钮，效果如图 10-68 所示。

图 10-65　新建文档填充渐变色

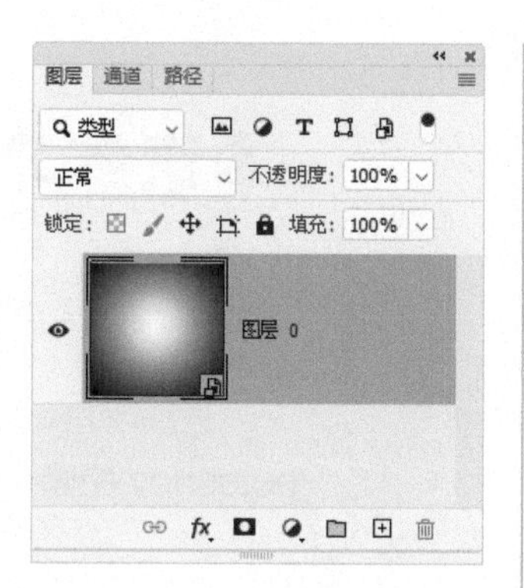

图 10-66　转换成智能滤镜

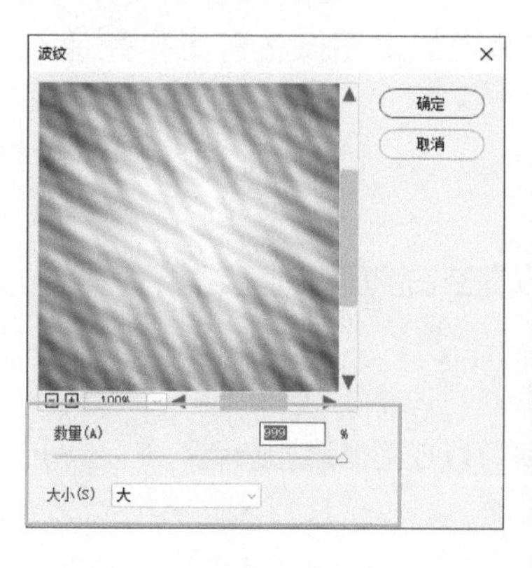

图 10-67　“波纹”对话框

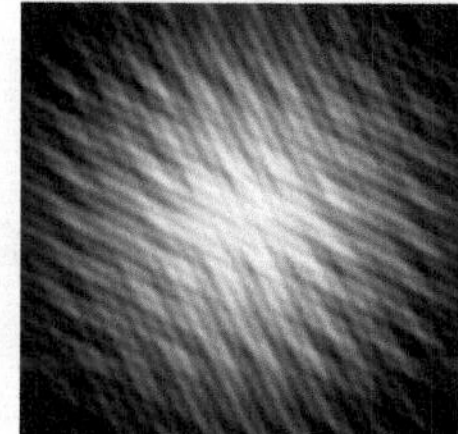

图 10-68　波纹后

步骤 5 ▶▶ 执行菜单栏中“滤镜 / 扭曲 / 波浪”命令，打开“波浪”对话框，参数设置如图 10-69 所示。

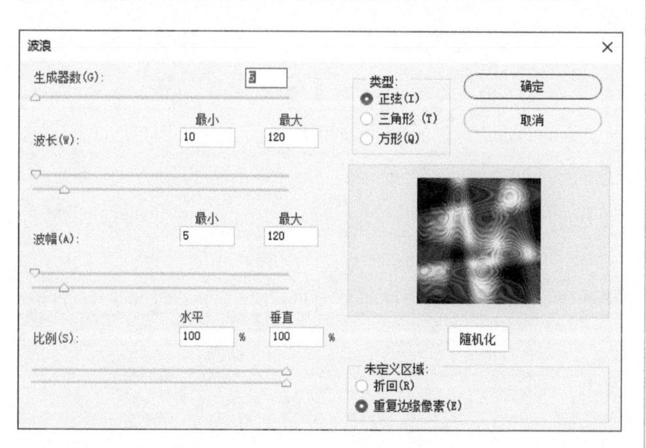

图 10-69　“波浪”对话框

步骤 6 ▶▶ 设置完毕后，单击“确定”按钮，效果如图 10-70 所示。

步骤 7 ▶▶ 执行菜单栏中“图层 / 图层样式 / 渐变叠加”命令，打开“渐变叠加”对话框，参数设置如图 10-71 所示。

步骤 8 ▶▶ 设置完毕后，单击“确定”按钮，效果如图 10-72 所示。

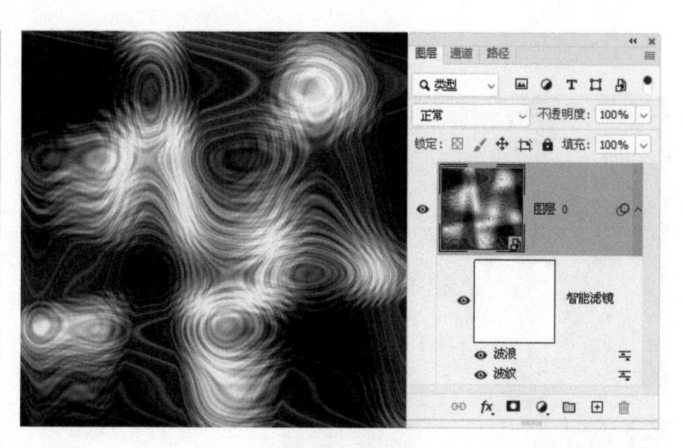

图 10-70　波浪后

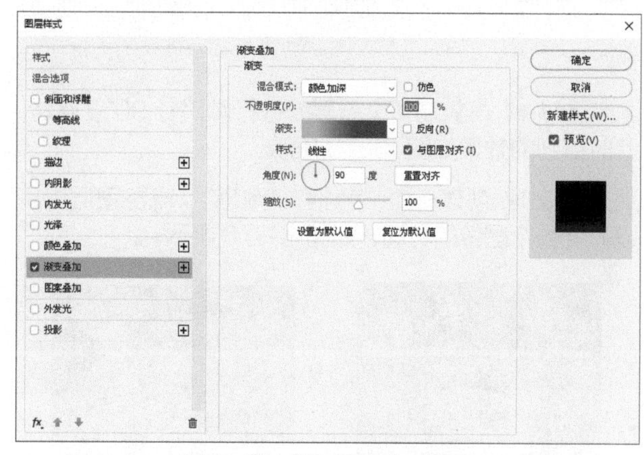

图 10-71　“渐变叠加”对话框

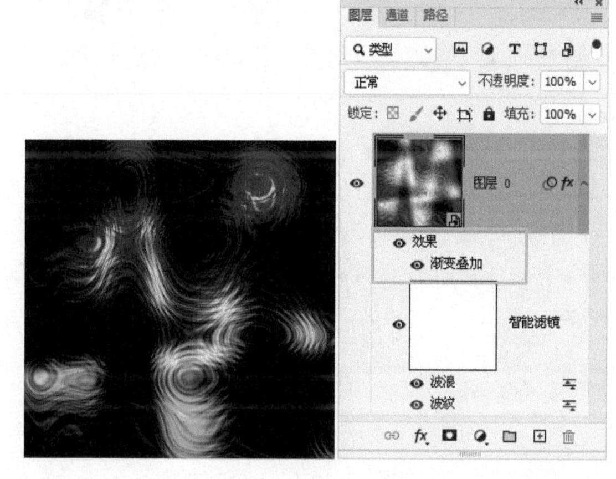

图 10-72　添加图层样式后

步骤 9 ▶▶ 执行菜单栏中“图层 / 栅格化 / 图层样式”命令，将智能对象图层转换普通图层，效果如图 10-73 所示。

步骤 10 ▶▶ 复制图层，执行菜单栏中“编辑 / 变换 / 顺时针旋转 90 度”命令，设置“混合模式”为“变亮”，如

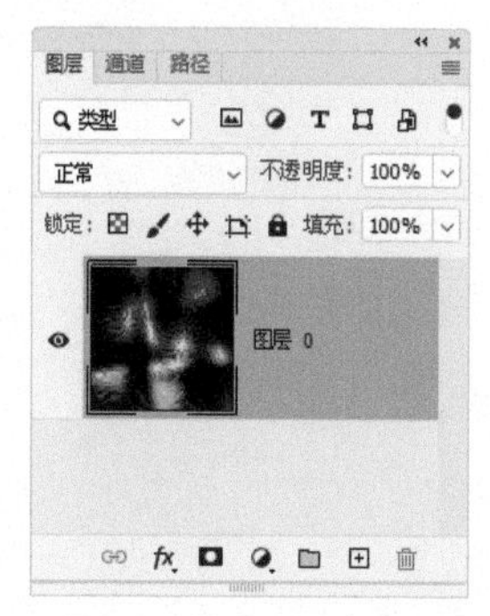

图 10-73　栅格化

图 10-74 所示。

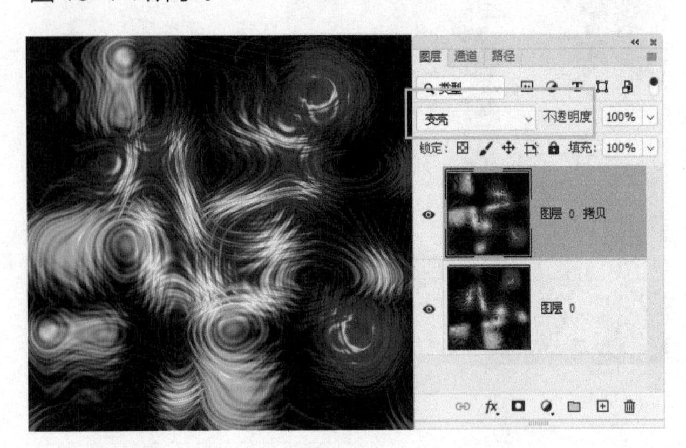

图 10-74　复制图层、旋转并设置混合模式

步骤 11 ▶▶ 再复制两个图层都进行顺时针 90 度旋转，此时得到的效果如图 10-75 所示。

步骤 12 ▶▶ 创建一个“色相 / 饱和度”调整图层，可以改变整个图像的色调，如图 10-76 所示。

图 10-75　复制并旋转

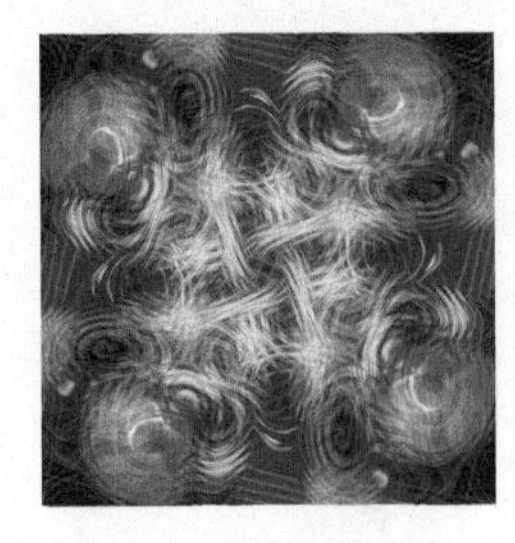

图 10-76　最终效果

技巧

创建的纹理不仅可以使用“色相 / 饱和度”调整色调，还可以通过“色阶”“照片滤镜”等色调调整命令改变整体的色调。

本章练习与习题

习题

1. Photoshop 中哪个滤镜能够将图像的局部进行放大？（　　）

A. 消失点　　B. 像素化
C. 液化　　D. 风格化

2. 以下哪个滤镜可以对图像进行柔化处理？（　　）

A. 素描　　B. 像素化
C. 模糊　　D. 渲染

3. 哪个滤镜可以在空白图层中创建效果？（　　）

A. 云彩　　B. 分层云彩
C. 添加杂色　　D. 扭曲

4. 下面哪个滤镜可以在图像添加杂点？（　　）

A. 模糊　　B. 添加杂色
C. 铜版雕刻　　D. 喷溅

5. 下面哪个滤镜可以模拟强光照射在摄像机上所产生的眩光效果？（　　）

A. 纹理　　B. 添加杂色
C. 光照效果　　D. 镜头光晕

照片修饰与调整

本章内容

- 为模特头发进行彩色焗油
- 合成全景照片
- 将照片处理成单色素描效果
- 将模糊照片调整清晰
- 美白人物的肌肤
- 为人物肌肤进行磨皮处理
- 塑身抚平肚腩
- 制作老照片效果
- 为黑白照片上色
- 为人物添加文身
- 将白天调整成夜晚效果

通过对前面章节的学习，大家已经对 Photoshop 软件绘制与编辑图像的强大功能有了初步了解，下面我们再带领大家使用 Photoshop 对照片进行修饰与调整。

为模特头发进行彩色焗油

01 实例目的

了解“画笔工具”及“混合模式”的应用。

02 实例要点

- 打开素材。
- 新建图层。
- 使用“画笔工具”绘制相应颜色的画笔图案。
- 为图层设置“混合模式”，使图像看起来更加逼真。

03 制作步骤

步骤 1 ▶▶ 执行菜单栏中“文件 / 打开”命令或按快捷键 Ctrl+O，打开随书附带的“素材 / 第 11 章 / 模特”文件，如图 11-1 所示。

图 11-1 素材

步骤 2 ▶▶ 单击 (创建新图层）按钮，新建图层 1，使用 (画笔工具)，设置相应的画笔“主直径”和“硬度”后，在页面中人物的头发上绘制红色、蓝色、粉色和绿色画笔图案，如图 11-2 所示。

步骤 3 ▶▶ 在“图层”面板中设置图层 1 的“混合模式”为“柔光”、“不透明度”为 60%，效果如图 11-3 所示。

图 11-2 绘制不同颜色画笔

图 11-3 混合模式

步骤 4 ▶▶ 在“图层”面板中单击 (添加图层蒙版）按钮，为图层 1 添加图层蒙版，使用 (画笔工具）在蒙版中涂抹黑色，将多出的颜色隐藏，效果如图 11-4 所示。

图 11-4 编辑蒙版

步骤 5 ▶▶ 新建图层 2，将前景色设置为“蓝色”，使用 (画笔工具）在人物的眼睛上绘制画笔，如图 11-5 所示。

图 11-5 绘制蓝色画笔

步骤 6 ▶▶ 在“图层”面板中设置图层 2 的“混合模式”为“柔光”、“不透明度”为 36%，效果如图 11-6 所示。

步骤 7 ▶▶ 单击 （添加图层蒙版）按钮，图层 2 会被添加一个空白蒙版，使用 （画笔工具）在人物的眼球上涂抹黑色，使眼球显示原有的颜色，效果如图 11-7 所示。

图 11-6　混合模式

图 11-7　编辑蒙版

步骤 8 ▶▶ 存储该文件。至此本例制作完毕，效果如图 11-8 所示。

图 11-8　最终效果

实例 100 合成全景照片

01 实例目的

了解“自动对齐图层”命令的应用。

02 实例要点

- 打开素材并移到同一文档中。
- 全选图层并应用“自动对齐图层”命令。
- 转换颜色模式。
- 应用“USM 锐化”滤镜。
- 创建“色相 / 饱和度”调整图层。

03 制作步骤

步骤 1 ▶▶ 执行菜单栏中“文件 / 打开”命令或按快捷键 Ctrl+O，打开随书附带的“素材 / 第 11 章 /1、2、3、4”文件，如图 11-9 所示。

图 11-9　素材

步骤 2 ▶▶ 选择其中一个素材，使用 （移动工具）将另外的三张图片拖动到选择的文档中，如图 11-10 所示。

图 11-10　移动素材

步骤 3 ▶▶ 按住 Ctrl 键在每个图层上单击，将所有图层一同选取，如图 11-11 所示。

步骤 4 ▶▶ 执行菜单栏中“编辑 / 自动对齐图层”命令，打开“自动对齐图层”对话框，参数设置如图 11-12 所示。

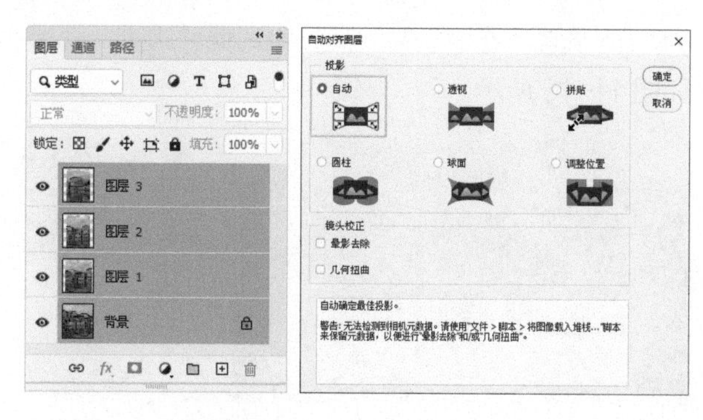

图 11-11　选择图层　　图 11-12　“自动对齐图层”对话框

步骤 5 ▶▶ 设置完毕后，单击“确定”按钮，此时会将图像拼合成一个整体图像，如图 11-13 所示。

图 11-13　拼合后

步骤 6 ▶▶ 使用（裁剪工具）在图像中创建裁剪框，按回车键完成裁剪，效果如图 11-14 所示。

图 11-14　裁剪

步骤 7 ▶▶ 执行菜单栏中“图像 / 模式 /Lab 颜色”模式，系统会弹出如图 11-15 所示的警告对话框。

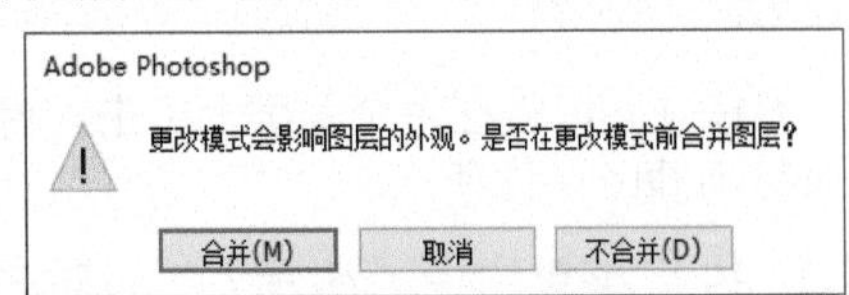

图 11-15　警示对话框

步骤 8 ▶▶ 单击“合并”按钮，将 RGB 颜色转换为 Lab 颜色，在“通道”面板中选择“明度”通道，如图 11-16 所示。

图 11-16　选择通道

技巧

在“Lab 颜色”模式中的“明度”通道中编辑图像会最大限度地保留原有图像的像素。

步骤 9 ▶▶ 执行菜单栏中“滤镜 / 锐化 /USM 锐化”命令，打开“USM 锐化”对话框，参数设置如图 11-17 所示。

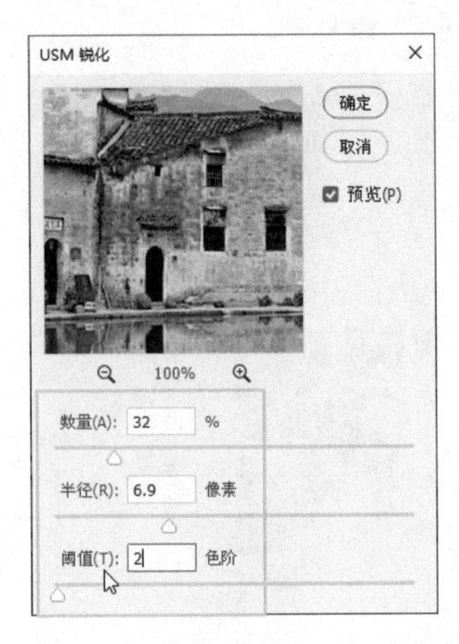

图 11-17　“USM 锐化”对话框

技巧

使用“USM 锐化”滤镜对模糊图像进行清晰处理时，可根据照片中的图像进行参数设置，近景半身像参数可以比本例的参数设置得小一些，可以设定为，数量：75%、半径：2 像素、阈值：6 色阶；若图像为主体柔和的花卉、水果、昆虫、动物，建议设置为，数量：150%、半径：1 像素，阈值：根据图像中的杂色分布情况，数值大一些也可以；若图像为线条分明的石头、建筑、机械，建议设置半径为 3 或 4 像素，但是同时要将数量值稍微减小一些，这样才不会导致像素边缘出现光晕或杂色，阈值则不宜设置太高。

步骤 10 ▶▶ 设置完毕后，单击“确定”按钮，效果如图 11-18 所示。

图 11-18　锐化后

步骤 11 执行菜单栏中“图像 / 模式 /RGB 颜色”命令，将 Lab 颜色转换为 RGB 颜色，效果如图 11-19 所示。

图 11-19　转换模式

步骤 12 单击 （创建新的填充和调整图层）按钮，在弹出的菜单中执行“色相 / 饱和度”命令，在弹出“属性”面板中设置“色相”“饱和度”的参数，如图 11-20 所示。

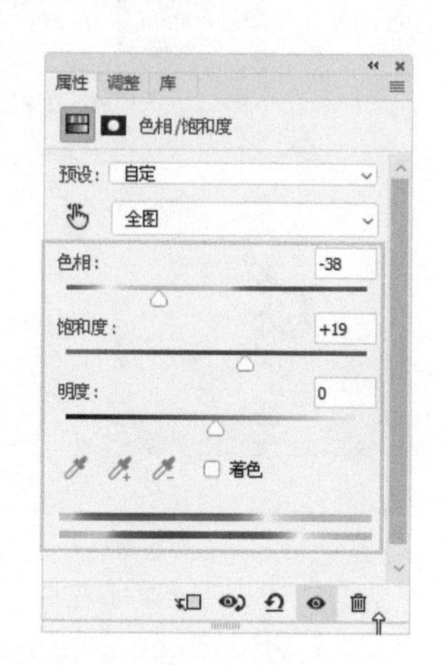

图 11-20　创建文字选区

步骤 13 至此本例制作完毕，效果如图 11-21 所示。

图 11-21　最终效果

实例 101 将照片处理成单色素描效果

01 实例目的

了解“照片滤镜”及“高斯模糊”命令的应用。

02 实例要点

- 打开素材、复制背景。
- 应用“高斯模糊”命令模糊图像。
- 设置“混合模式”为“划分”。
- 应用“照片滤镜”调整图层。

03 制作步骤

步骤 1 执行菜单栏中“文件 / 打开”命令或按快捷键 Ctrl+O，打开随书附带的“素材 / 第 11 章 / 跳跃”文件，如图 11-22 所示。

步骤 2 按快捷键 Ctrl+J 复制图层得到一个图层 1，执行菜单栏中“滤镜 / 模糊 / 高斯模糊”命令，打开“高斯模糊”对话框，参数设置如图 11-23 所示。

图 11-22　素材

图 11-23　“高斯模糊”对话框

步骤 3 设置完毕后，单击“确定”按钮，设置“混合模式”为“划分”，如图 11-24 所示。

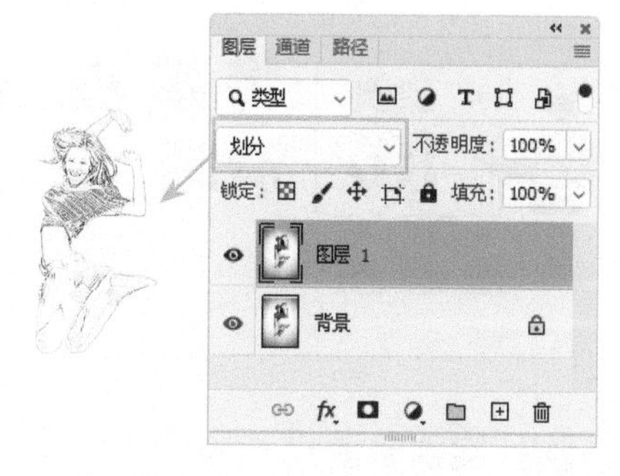

图 11-24　模糊后

步骤 4 单击 （创建新的填充或调整图层）按钮，在弹出的菜单中选择“照片滤镜”选项，在弹出的“属性”面板中设置“照片滤镜”的参数，如图 11-25 所示。

步骤 5 再复制“照片滤镜 1”调整图层得到一个拷贝层，此时的“图层”面板如图 11-26 所示。

步骤 6 至此本例制作完毕，效果如图 11-27 所示。

图 11-25 “属性”面板

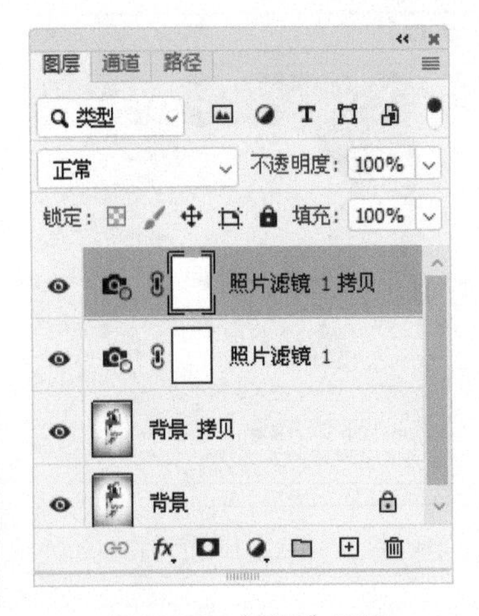

图 11-26 “图层”面板

图 11-27 最终效果

实例 102 将模糊照片调整清晰

01 实例目的

在 Photoshop 中，即使不用“锐化”滤镜同样会让模糊照片变得清晰一些。

02 实例要点

- “打开”命令的使用。
- “高反差保留”滤镜。
- “线性光”混合模式。

03 操作步骤

步骤 1 执行菜单栏中“文件 / 打开”命令或按快捷键 Ctrl+O，打开随书附带的“素材 / 第 11 章 / 奔跑”文件，如图 11-28 所示。

步骤 2 按快捷键 Ctrl+J，复制背景图层得到一个图层 1，如图 11-29 所示。

图 11-28 素材

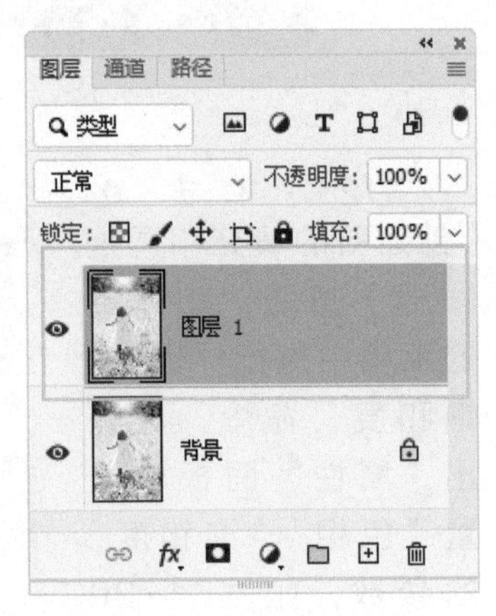

图 11-29 复制

步骤 3 执行菜单栏中“滤镜 / 其它 / 高反差保留”命令，打开“高反差保留”对话框，设置“半径”为 2 像素，如图 11-30 所示。

步骤 4 设置完毕后，单击“确定”按钮，效果如图 11-31 所示。

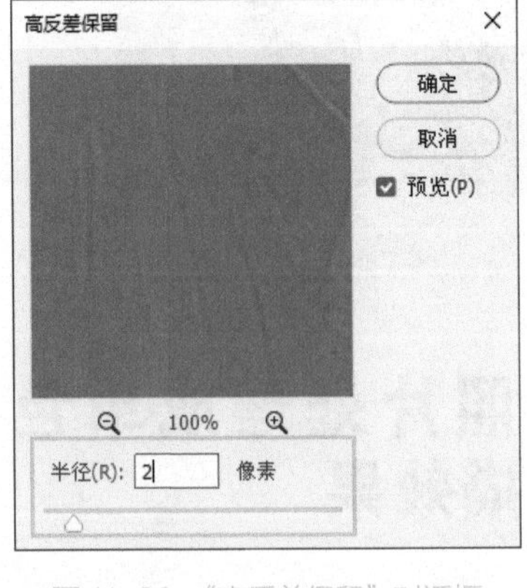

图 11-30 “高反差保留”对话框

图 11-31 高反差保留后

步骤 5 设置“混合模式”为“线性光”，如图 11-32 所示。

步骤 6 调整后的效果如图 11-33 所示。

步骤 7 在“图层”面板中单击 （创建新的填充或调整图层）按钮，在弹出的菜单中选择“色阶”选项，打开“属性”面板，在面板中向右拖动“阴影”控制点，向左拖动“高光”控制点，效果如图 11-34 所示。

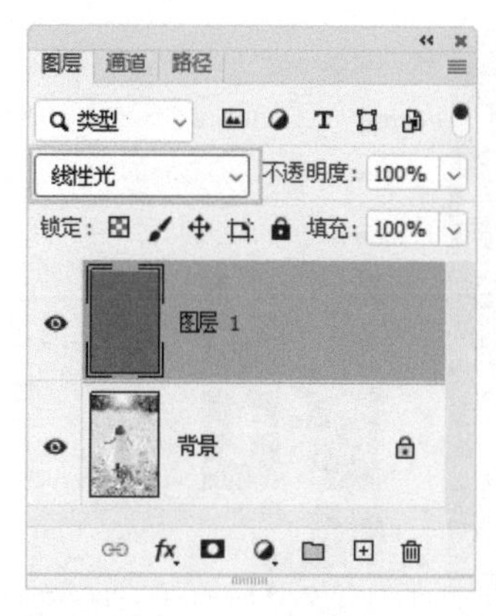

图 11-32　混合模式

图 11-33　混合模式后

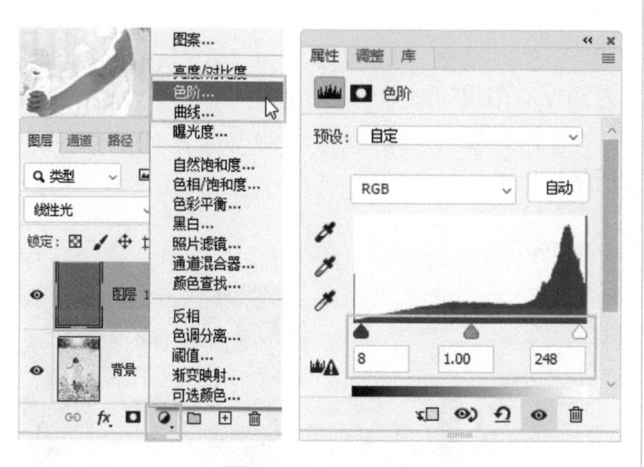

图 11-34　调整色阶

步骤 8 至此本例制作完毕，效果如图 11-35 所示。

图 11-35

温馨提示

对于整体照片都需要锐化的图片，我们可以使用相应的锐化命令，但是如果只想将照片局部变得清晰一点的话，就不能再使用此命令。此时，工具箱中的锐化工具将是非常便利的工具，只要使用锐化工具轻轻一涂就会将涂过的地方变得更清晰。

美白人物的肌肤

01 实例目的

在现实生活中，如果你对嫩化肌肤的手术信不过，而你又想知道美容后的效果，这时只要使用 Photoshop 就能满足你的心愿。

02 实例要点

- “打开”命令的使用。
- “去色”命令。
- “滤色”混合模式。
- 图层蒙版。
- 色调分离“属性”面板。
- “柔光”混合模式。

03 操作步骤

步骤 1 执行菜单栏中“文件 / 打开”命令或按快捷键 Ctrl+O，打开随书附带的“素材 / 第 11 章 / 模特 01”文件，如图 11-36 所示。

图 11-36　素材

步骤 2 下面我们将照片中的模特进行美白肌肤的处理。复制“背景”图层，得到“背景 拷贝”图层。执行菜单栏中“图像 / 调整 / 去色”命令或按快捷键 Shift+Ctrl+U，将该图层中的图像颜色去掉，如图 11-37 所示。

步骤 3 设置“混合模式”为“滤色”、“不透明度”为 60%，单击（添加图层蒙版）按钮，为“背景 拷贝”图层添加图层蒙版，使用（画笔工具）在图像中涂抹除人物以外的区域，效果如图 11-38 所示。

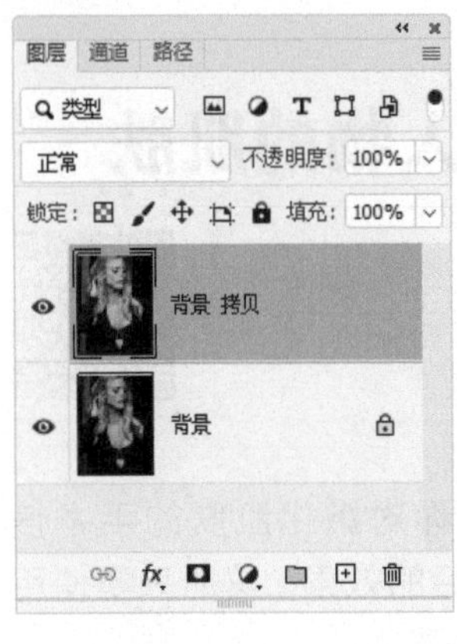

图 11-37　去色

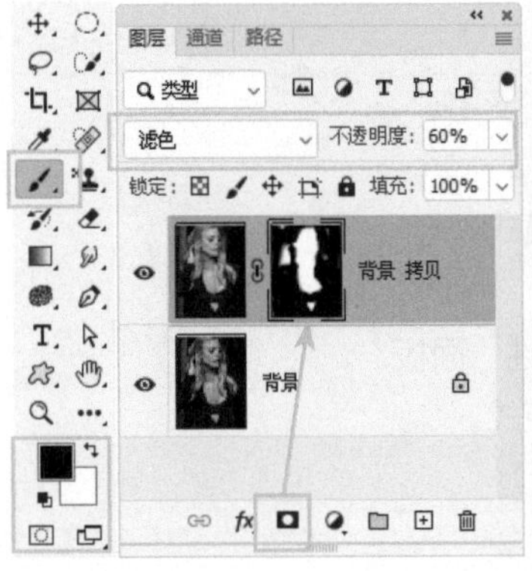

图 11-38　编辑蒙版

步骤 4 ▶▶ 按住 Ctrl 键单击蒙版缩览图，调出蒙版的选区，在“图层”面板中单击 ◐（创建新的填充或调整图层）按钮，在弹出的菜单中选择“色调分离”选项，打开色调分离“属性”面板，设置“色阶”为 15，如图 11-39 所示。

图 11-39　设置色调分离

步骤 5 ▶▶ 设置完毕，效果如图 11-40 所示。

图 11-40　调整后

步骤 6 ▶▶ 设置“混合模式”为“柔光”、“不透明度”为 40%，效果如图 11-41 所示。

步骤 7 ▶▶ 至此本例制作完毕，效果如图 11-42 所示。

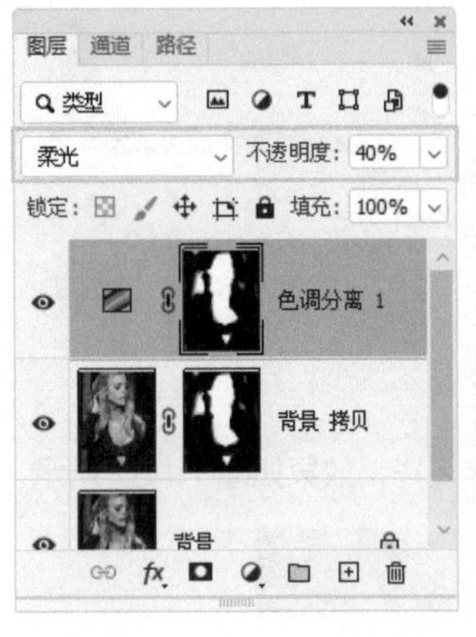

图 11-41　设置混合模式

图 11-42　最终效果

实例 104 为人物肌肤进行磨皮处理

01 实例目的

了解“历史记录画笔工具”的应用。

02 实例要点

➢ 打开文档。

- "污点修复画笔工具"修复大雀斑。
- "高斯模糊"滤镜。
- 历史记录画笔工具。

03 制作步骤

步骤 1 执行菜单栏中"文件 / 打开"命令或按快捷键 Ctrl+O，打开随书附带的"素材 / 第 11 章 / 雀斑照片"文件，如图 11-43 所示。

图 11-43　素材

步骤 2 选择（污点修复画笔工具），在属性栏中设置"模式"为"正常"，"类型"为"内容识别"，在脸上雀斑较大的位置单击，对其进行初步修复，如图 11-44 所示。

图 11-44　使用污点修复画笔工具

步骤 3 执行菜单栏中"滤镜 / 模糊 / 高斯模糊"命令，打开"高斯模糊"对话框，设置"半径"为 6.1，如图 11-45 所示。

步骤 4 设置完毕后，单击"确定"按钮，效果如图 11-46 所示。

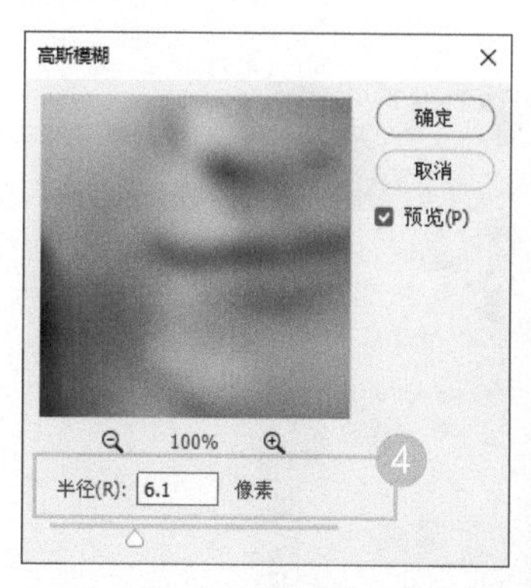

图 11-45　"高斯模糊"对话框

图 11-46　模糊后

步骤 5 选择（历史记录画笔工具），在属性栏中设置"不透明度"为 38%、"流量"为 38%。执行菜单栏中"窗口 / 历史记录"命令，打开"历史记录"面板，在面板中"高斯模糊"步骤前单击调出恢复源，再选择最后一个"污点修复画笔"选项，使用（历史记录画笔工具）画笔在人物的面部涂抹，效果如图 11-47 所示。

图 11-47　恢复

温馨提示

在使用（历史记录画笔工具）恢复某个步骤时，将"不透明度"与"流量"设置得小一些可以避免恢复过程中出现较生硬的效果。将数值设置小一点，可以在同一点进行多次的涂抹修复，而不会对图像造成太大的破坏。

步骤 6 使用（历史记录画笔工具）在人物的面部需要美容的位置进行涂抹，可以在同一位置进行多次涂抹，修复过程如图 11-48 所示。

图 11-48　修复过程

步骤 7 在人物的皮肤上精心涂抹，直到自己满意为止，效果如图 11-49 所示。

图 11-49　最终效果

实例 105 塑身抚平肚腩

01 实例目的

了解“液化”命令的应用。

02 实例要点

- 打开素材、创建路径。
- 将路径转换为选区。
- 应用“液化”滤镜。

03 制作步骤

步骤 1 ▶ 执行菜单栏中“文件/打开”命令或按快捷键 Ctrl+O，打开随书附带的“素材/第 11 章/塑身模特”文件，如图 11-50 所示。

图 11-50 素材

步骤 2 ▶ 下面我们要对模特腹部的赘肉进行修整。使用 （钢笔工具），腹部按照轮廓创建路径，如图 11-51 所示。

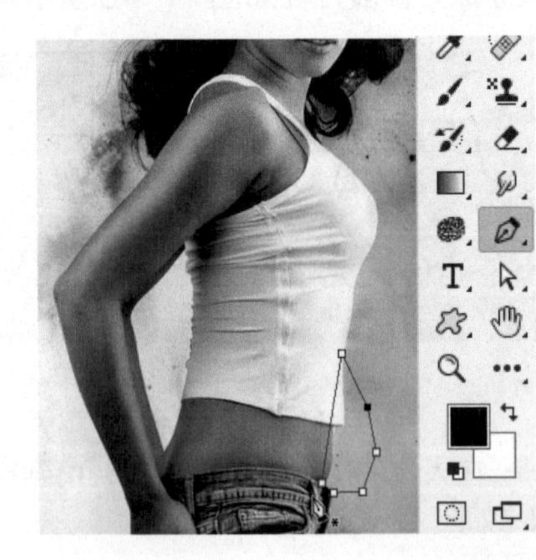

图 11-51 创建路径

步骤 3 ▶ 按快捷键 Ctrl+Enter 将路径转换成选区，如图 11-52 所示。

图 11-52 将路径转换成选区

步骤 4 ▶ 执行菜单栏中“滤镜/液化”命令，打开“液化”对话框，选择 （冻结蒙版工具），在“画笔工具选项”部分设置参数，在图像中绘制冻结区，如图 11-53 所示。

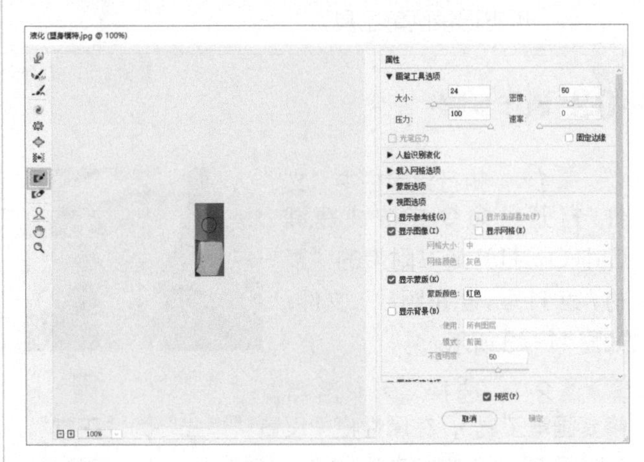

图 11-53 “液化”对话框

步骤 5 ▶ 再使用 （向前变形工具）在图像中拖动将赘肉消除，效果如图 11-54 所示。

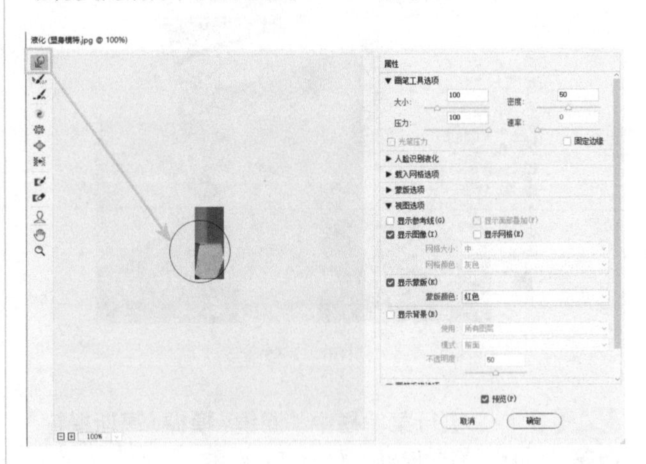

图 11-54 向前变形

步骤 6 ▶ 设置完毕后，单击“确定”按钮，按快捷键 Ctrl+D 去掉选区。至此本例制作完毕，效果如图 11-55 所示。

图 11-55 最终效果

制作老照片效果

01 实例目的

了解“颗粒”的应用。

02 实例要点

- 打开素材。
- 应用“色阶”调整对比度。
- 应用“渐变映射”调整色调。
- 设置“混合模式”为“正片叠底”。
- 应用“颗粒”滤镜。
- 应用“画笔工具”编辑蒙版。
- 在图层蒙版中应用“纤维”滤镜。
- 应用“添加杂色”滤镜。
- 创建“黑白”调整图层。

03 制作步骤

步骤 1 ▶▶ 执行菜单栏中“文件 / 打开”命令或按快捷键 Ctrl+O，打开随书附带的“素材 / 第 11 章 / 模特 02”文件，如图 11-56 所示。

步骤 2 ▶▶ 执行菜单栏中“图像 / 调整 / 色阶”命令，打开“色阶”对话框，参数设置如图 11-57 所示。

图 11-56　素材

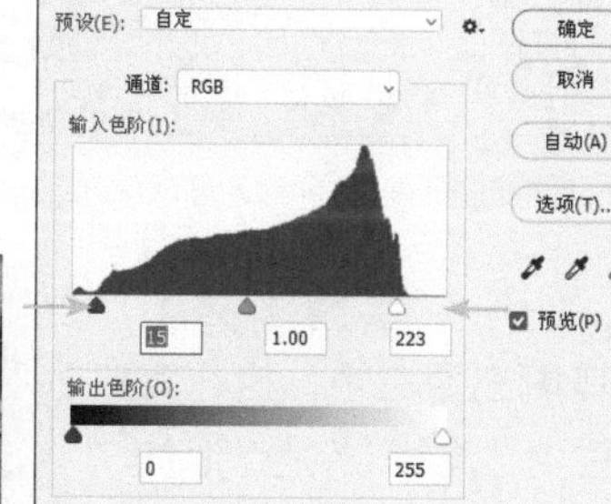

图 11-57　“色阶”对话框

技巧

使用“色阶”命令调整图像的目的是为了增加图片的对比度，加强整体的层次感。

步骤 3 ▶▶ 设置完毕后，单击“确定”按钮，效果如图 11-58 所示。

图 11-58　色阶调整后

步骤 4 ▶▶ 执行菜单栏中“图像 / 调整 / 渐变映射”命令，单击渐变条，打开“渐变编辑器”对话框，参数设置如图 11-59 所示。

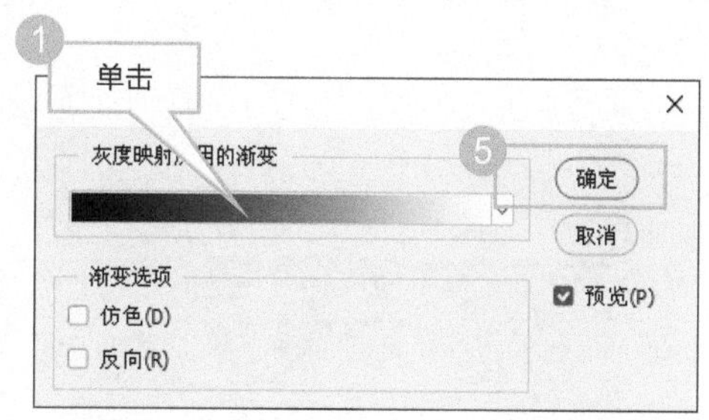

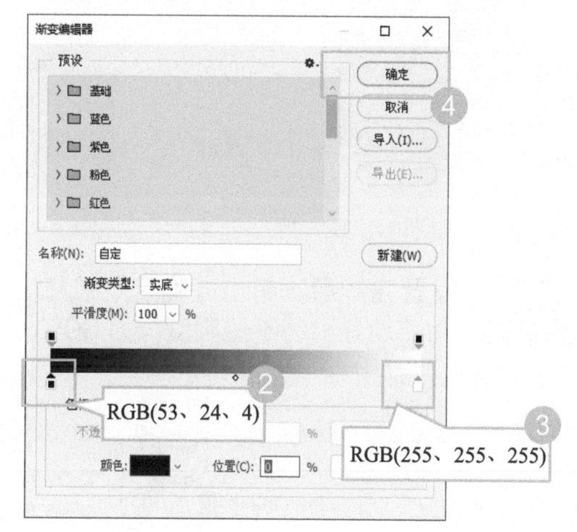

图 11-59　渐变映射

步骤 5 ▶▶ 调整完毕后单击“确定”按钮，效果如图 11-60 所示。

图 11-60　渐变映射后

步骤 6 ▶▶ 复制“背景”图层，得到“背景 拷贝”图层，设置“混合模式”为“正片叠底”，效果如图 11-61 所示。

步骤 7 ▶▶ 新建图层 1，将其填充为白色，执行菜单栏中“滤镜 / 滤镜库”命令，打开“滤镜库”对话框，执行“纹理 / 颗粒”命令，参数设置如图 11-62 所示。

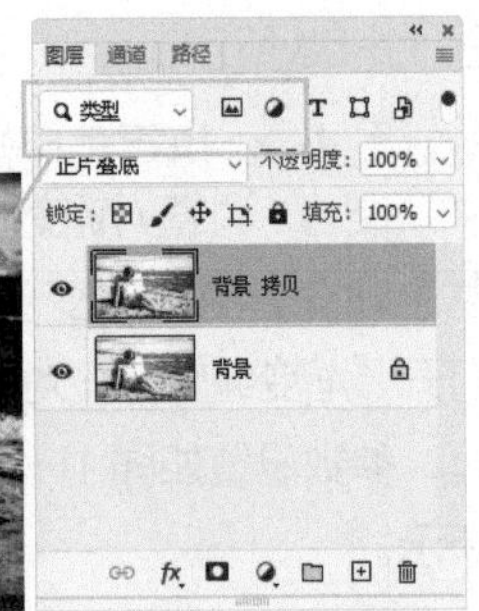

图 11-61　混合模式

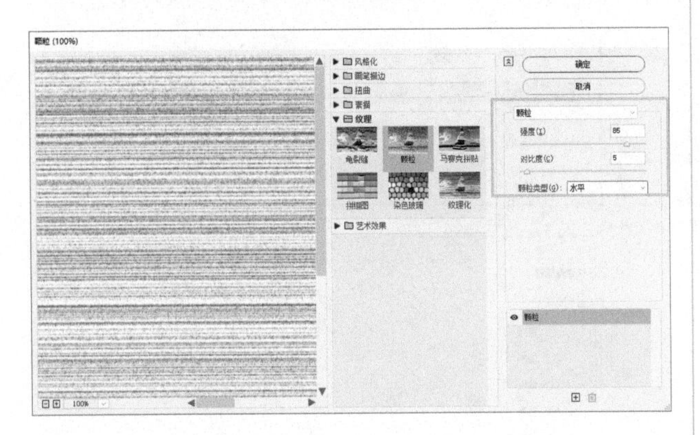

图 11-62　“滤镜库”对话框

步骤 8 ▶▶ 设置完毕后，单击“确定”按钮，设置“混合模式”为“划分”、“不透明度”为 30%，效果如图 11-63 所示。

图 11-63　颗粒后

步骤 9 ▶▶ 单击（添加图层蒙版）按钮，图层 1 会被添加一个空白蒙版，使用（画笔工具），设置前景色为“黑色”，在图层 1 中的人物上进行涂抹，效果如图 11-64 所示。

步骤 10 ▶▶ 新建图层 2，将其填充为白色，单击（添加图层蒙版）按钮，为图层 2 添加一个空白蒙版，执行菜单栏中“滤镜 / 渲染 / 纤维”命令，打开“纤维”对话框，参数设置如图 11-65 所示。

步骤 11 ▶▶ 设置完毕后，单击“确定”按钮，效果如图 11-66 所示。

图 11-64　绘制云彩

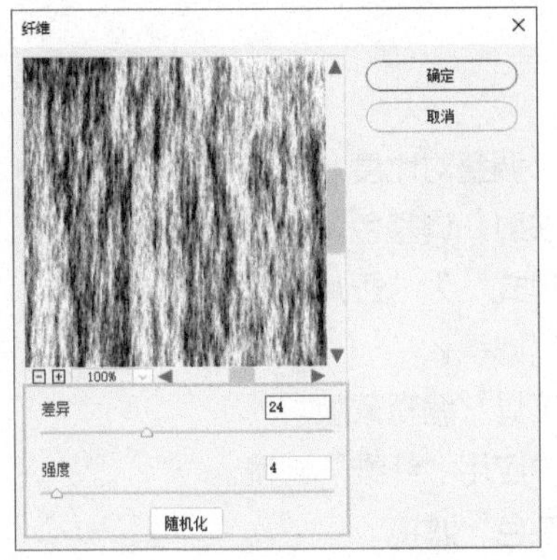

图 11-65　“纤维”对话框

图 11-66　纤维后

步骤 12 ▶▶ 设置“混合模式”为“柔光”、“不透明度”为 42%，效果如图 11-67 所示。

图 11-67　混合模式

步骤 13 ▶▶ 新建图层 3，将其填充为白色，执行菜单栏中“滤镜 / 杂色 / 添加杂色”命令，打开“添加杂色”对话框，参数设置如图 11-68 所示。

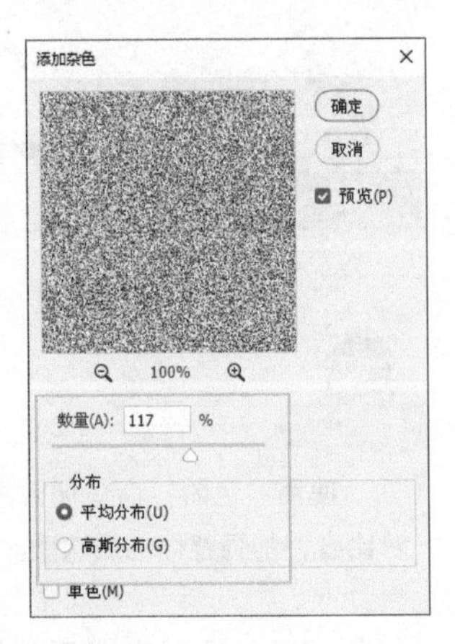

图 11-68　“添加杂色”对话框

步骤 14 ▶▶ 设置完毕后，单击“确定”按钮，设置“混合模式”为“划分”、“不透明度”为 20%，效果如图 11-69 所示。

图 11-69　添加杂色后

步骤 15 ▶▶ 单击（创建新的填充或调整图层）按钮，在弹出的菜单中选择“黑白”选项，打开黑白调整“属性”面板，参数设置如图 11-70 所示。

步骤 16 ▶▶ 至此本例制作完毕，效果如图 11-71 所示。

图 11-70　黑白调整

图 11-71　最终效果

实例 107 为黑白照片上色

01 实例目的

了解“为黑白照片上色 ”的应用。

02 实例要点

- 打开素材。
- 使用“快速选择工具”创建选区。
- 创建“色相 / 饱和度”调整图层。
- 用“钢笔工具”创建路径。
- 将路径转换成选区。

03 制作步骤

步骤 1 ▶▶ 执行菜单栏中“文件 / 打开”命令或按快捷键 Ctrl+O，打开随书附带的“素材 / 第 11 章 / 黑白照片”文件，如图 11-72 所示。

步骤 2 ▶▶ 下面我们就使用 Photoshop 来为当前的素材上色。首先选择（快速选择工具），在属性栏中单击（添加到选区）按钮，在人物的肌肤上拖动鼠标，鼠标经过的位置系统会自动生成选区，如图 11-73 所示。

图 11-72　素材

图 11-73　创建选区

步骤 3 ▶▶ 在“图层”面板中，单击（创建新的填充或调整图层）按钮，在弹出的菜单中选择“色相 / 饱和度”选项，打开“属性”面板，勾选“着色”复选框，设置“色相”为 25、“饱和度”为 30、“明度”为 0，如图 11-74 所示。

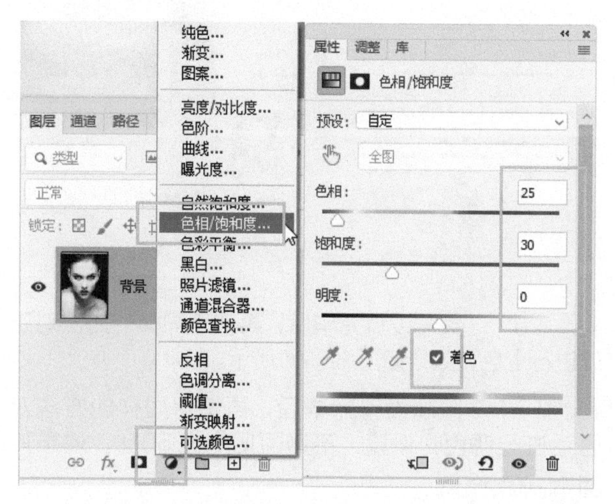

图 11-74　调整

步骤 4 ▶▶ 调整完毕后效果如图 11-75 所示。

图 11-75　渐变映射

步骤 5 ▶▶ 肌肤设置完毕后，再使用同样的方法对头发进行上色，效果如图 11-76 所示。

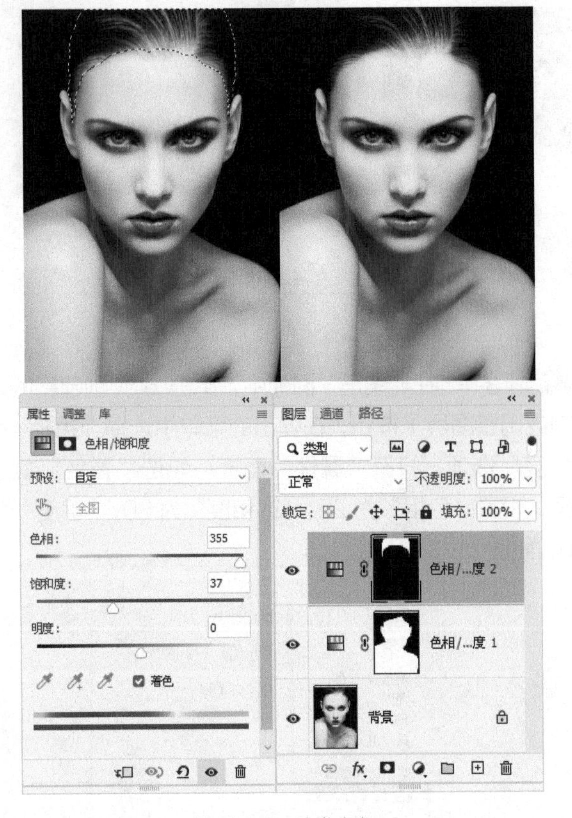

图 11-76　头发上色

步骤 6 ▶▶ 头发设置完毕后，再使用同样的方法对眼球进行上色，效果如图 11-77 所示。

步骤 7 ▶▶ 眼睛设置完毕后，再使用同样的方法对眉毛进行调色，设置“不透明度”为 53%，效果如图 11-78 所示。

步骤 8 ▶▶ 使用 （钢笔工具）沿嘴唇绘制封闭路径，按快捷键 Ctrl+Enter 将路径转换成选区，效果如图 11-79 所示。

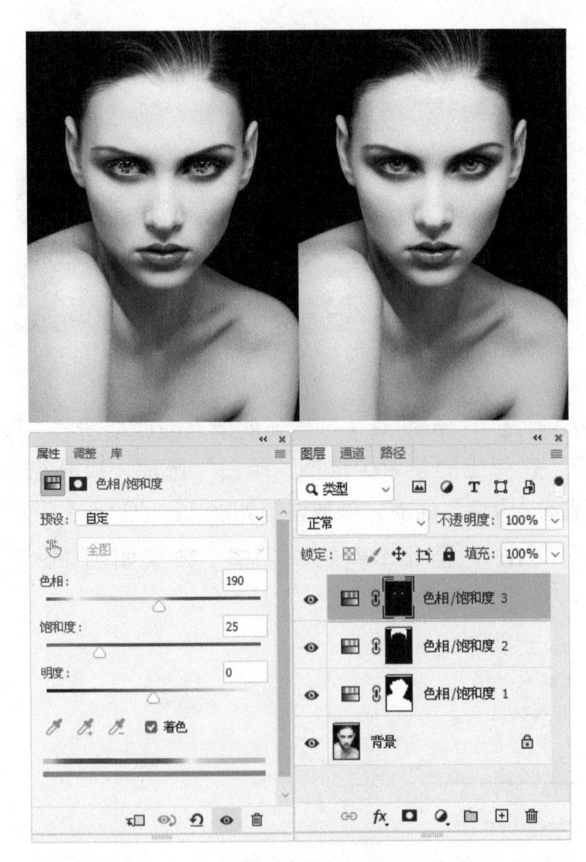

图 11-77　眼球上色

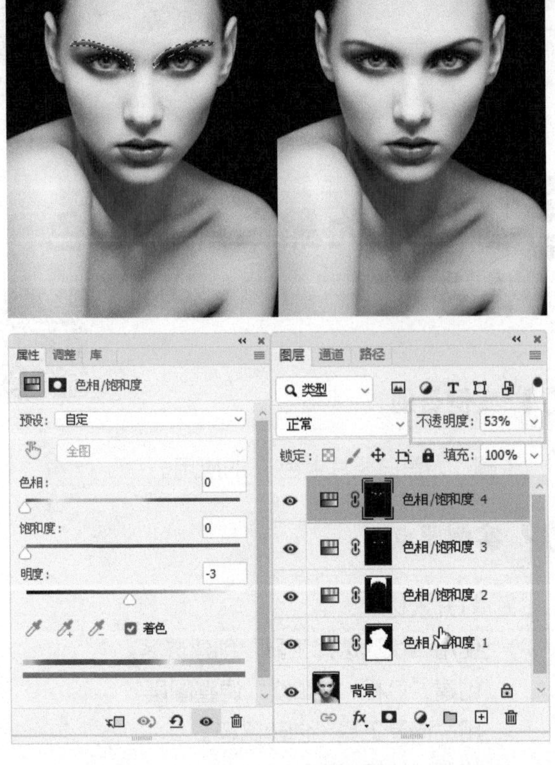

图 11-78　眉毛调色

图 11-79　创建路径转换成选区

步骤 9 ▶▶ 在“图层”面板中，单击 （创建新的填充或调整图层）按钮，在弹出的菜单中选择“色相 / 饱和度”选项，打开“属性”面板，勾选“着色”复选框，设置“色相”为 339、“饱和度”为 48、“明度”为 0，如图 11-80 所示。

步骤 10 ▶▶ 调整完毕后，上色完成。至此本例制作完毕，效果如图 11-81 所示。

图 11-80　色相 / 饱和度调整

图 11-81　最终效果

实例 108 为人物添加文身

01 实例目的

了解“为人物添加文身”的应用。

02 实例要点

- 打开素材。
- “色阶”调整图像。
- 应用“置换”滤镜。
- 设置“混合模式”为“正片叠底”。

03 制作步骤

步骤 1 ▶▶ 执行菜单栏中“文件 / 打开”命令或按快捷键 Ctrl+O，打开随书附带的“素材 / 第 11 章 / 文身背景”文件，如图 11-82 所示。

图 11-82　素材

步骤 2 ▶▶ 执行菜单栏中“图像 / 调整 / 色阶”命令，打开“色阶”对话框，向右拖动“阴影”控制杆，向左拖动“高光”的控制杆，如图 11-83 所示。

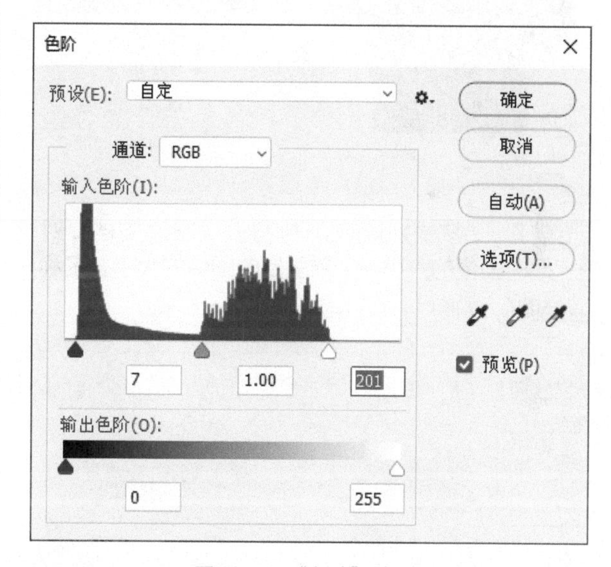

图 11-83　“色阶”对话框

步骤 3 ▶▶ 设置完毕后，单击“确定”按钮，效果如图 11-84 所示。

步骤 4 ▶▶ 执行菜单栏中“文件 / 打开”命令或按快捷键 Ctrl+O，打开随书附带的“素材 / 第 11 章 / 文身图案”文件，如图 11-85 所示。

步骤 5 ▶▶ 使用 （移动工具）将“文身图案”素材中的图像拖动到“文身背景”图像中，按快捷键 Ctrl+T 调出变换框，拖动控制点将图像缩小并旋转，效果如图 11-86 所示。

图 11-84　调整色阶后　图 11-85　素材　图 11-86　移动

步骤 6 ▶▶ 按回车键完成变换，按住 Ctrl 键并用鼠标单击图层 1 的缩览图，调出图层 1 的选区，选择背景图层，按快捷键 Ctrl+C 复制选区内的图像，如图 11-87 所示。

图 11-87　调出选区

步骤 7 ▶▶ 按快捷键 Ctrl+N 打开“新建文档”对话框，此时图像的大小为之前复制的图像的大小，名称为“置换图”，如图 11-88 所示。

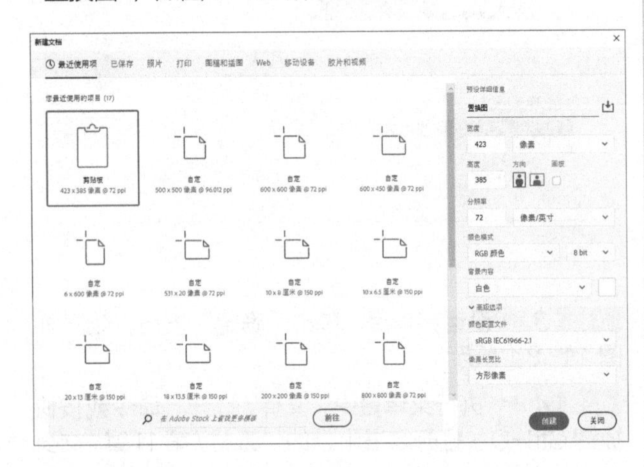

图 11-88　新建文件

步骤 8 ▶▶ 单击“创建”按钮，新建一个空白文件，按快捷键 Ctrl+V 粘贴到新文件中，如图 11-89 所示。

步骤 9 ▶▶ 按快捷键 Shift+Ctrl+U 将彩色图像变为黑白效果，如图 11-90 所示。

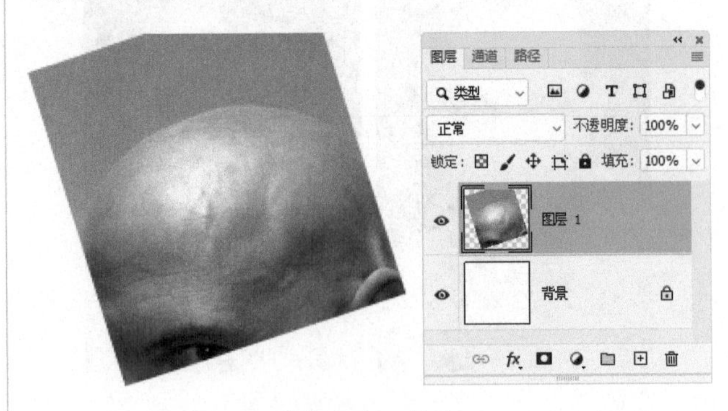

图 11-89　粘贴

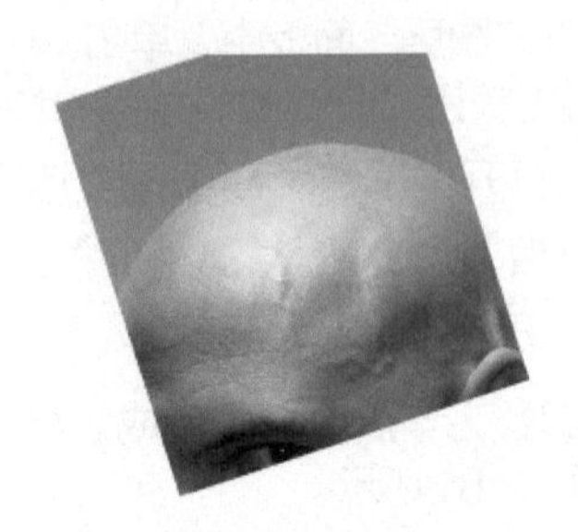

图 11-90　去色

步骤 10 ▶▶ 按快捷键 Ctrl+S 将去色后的图像进行存储，将格式设置为 psd，如图 11-91 所示。

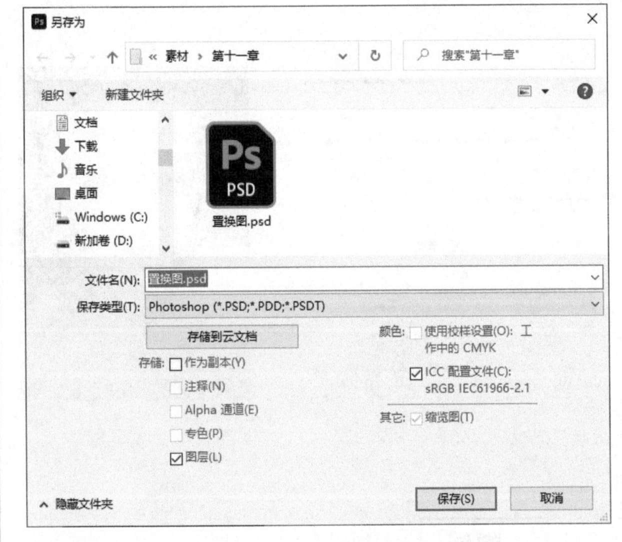

图 11-91　存储

技巧

文件存储后，再存储时要执行“存储为”命令。

步骤 11 ▶▶ 存储完毕后，将“置换图”文件关闭。选择“文身背景”文件的图层 1，执行菜单栏中“滤镜 / 扭曲 / 置换”命令，打开“置换”对话框，参数设置如图 11-92 所示。

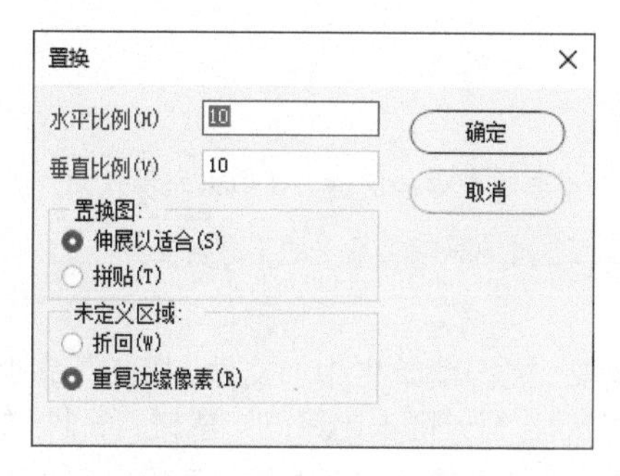

图 11-92 “置换”对话框

步骤 12 ▶▶ 设置完毕后，单击“确定”按钮，打开“选取一个置换图”对话框，参数设置如图 11-93 所示。

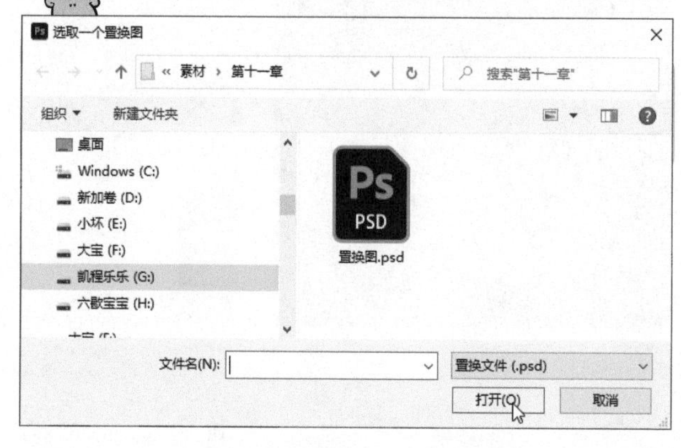

图 11-93 “选取一个置换图”对话框

步骤 13 ▶▶ 设置完毕后，单击“确定”按钮，效果如图 11-94 所示。

步骤 14 ▶▶ 设置“混合模式”为“正片叠底”、“不透明度”为 51%，使用 （橡皮擦工具）擦除边缘多余部分，效果如图 11-95 所示。

图 11-94 置换后

图 11-95 混合模式

步骤 15 ▶▶ 认真擦除多余区域，至此本例制作完毕，效果如图 11-96 所示。

图 11-96 最终效果

将白天调整成夜晚效果

01 实例目的

了解“将白天调整成夜晚”的应用。

02 实例要点

- 打开文件。
- 新建图层填充黑色。
- 设置“不透明度”。
- 使用“画笔工具”涂抹颜色。
- 设置“混合模式”。
- 盖印图层。
- 应用“色相 / 饱和度”调整图层。
- 应用“色阶”调整图层。
- 新建图层、填充白色、设置“混合模式”为“叠加”。

03 操作步骤

步骤 1 ▶▶ 执行菜单栏中“文件 / 打开”命令或按快捷键 Ctrl+O，打开随书附带的“素材 / 第 11 章 / 广场”文件，从打开的素材中我们可以看到照片处于白天状态，如图 11-97 所示。

图 11-97 素材

步骤 2 下面我们就将此照片调整成黑天效果。新建一个图层 1，将图层填充“黑色”，设置“不透明度”为 65%，如图 11-98 所示。

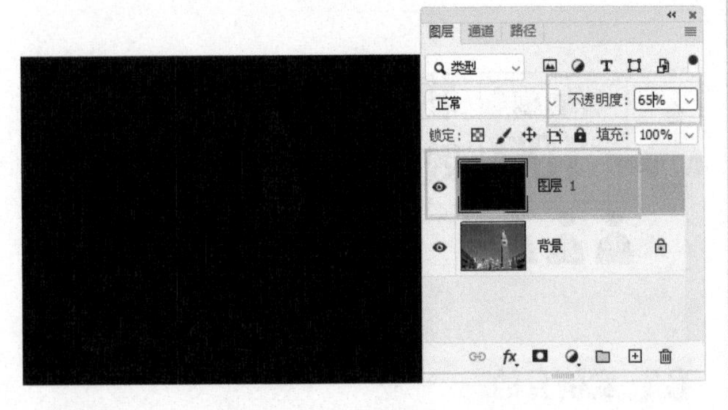

图 11-98 调整不透明度

技巧

此处还可通过执行菜单栏中“图像 / 调整 / 色相 / 饱和度”命令，在打开的“色相 / 饱和度”对话框中降低“明度”值，也可达到此效果。

步骤 3 新建一个图层，将前景色设置为“R:209G:190B:165”，使用（画笔工具），在属性栏中设置“不透明度”为 70%，调整合适的画笔大小后，在页面中涂抹画笔，设置“混合模式”为“颜色减淡”，效果如图 11-99 所示。

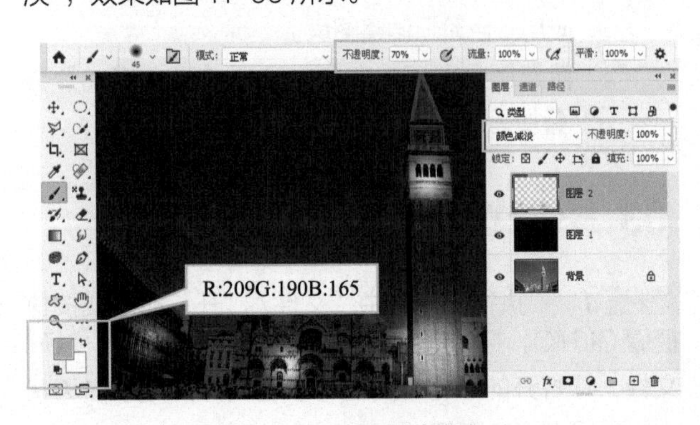

图 11-99 设置混合模式

技巧

对于想要亮一点的区域，可以多涂抹几次，应为之前我们设置了（画笔工具）的不透明度。

步骤 4 执行菜单栏中“文件 / 打开”命令或按快捷键 Ctrl+O，打开随书附带的“素材 / 第 11 章 / 星空”文件，使用（移动工具）将“星空”素材中的图像拖曳到“广场”文档中，如图 11-100 所示。

图 11-100 移入图像

步骤 5 隐藏图层 1、图层 2 和图层 3，使用（快速选择工具）为建筑以外的区域创建一个选区，如图 11-101 所示。

图 11-101 创建选区

步骤 6 显示图层 1、图层 2 和图层 3，单击（添加图层蒙版）按钮，为图层 3 添加图层蒙版，效果如图 11-102 所示。

步骤 7 设置“混合模式”为“颜色减淡”，“不透明度”为 42%，效果如图 11-103 所示。

步骤 8 按快捷键 Ctrl+J 复制一个“图层 3 拷贝”图层，设置“混合模式”为“柔光”，“不透明度”为 26%，效果如图 11-104 所示。

步骤 9 ▶▶ 新建一个图层 4，使用 （画笔工具）在建筑顶部绘制一个白色正圆，设置“不透明度”为 80%，效果如图 11-105 所示。

图 11-102　创建蒙版

图 11-103　设置混合模式

图 11-104　复制图层并设置混合模式

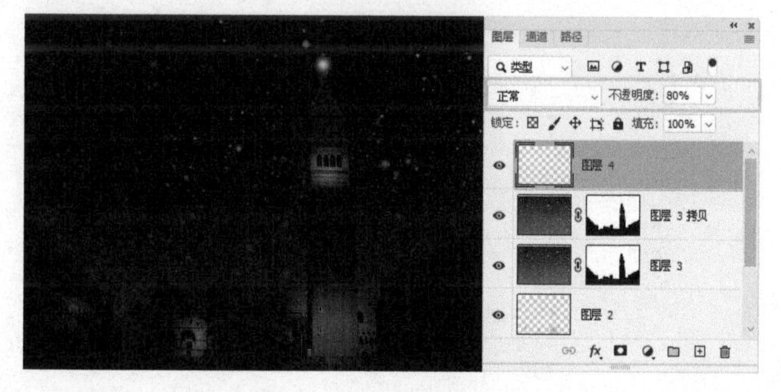

图 11-105　绘制画笔

步骤 10 ▶▶ 按快捷键 Ctrl+Shift+Alt+E 盖印一个图层，效果如图 11-106 所示。

步骤 11 ▶▶ 单击 （创建新的填充或调整图层）按钮，在弹出的菜单中选择“色相 / 饱和度”选项，在打开的“属性”面板中设置“饱和度”为 20，效果如图 11-107 所示。

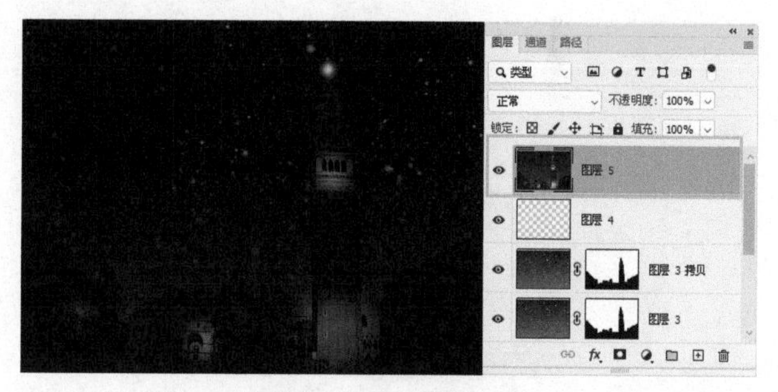

图 11-106　盖印图层

图 11-107　调整色相及饱和度

步骤 12 ▶▶ 单击 （创建新的填充或调整图层）按钮，在弹出的菜单中选择“色阶”选项，在打开的“属性”面板中设置参数，如图 11-108 所示。

图 11-108　调整色阶

步骤 13 ▶▶ 新建一个图层，将其填充为白色后，设置“混合模式”为“叠加”、“不透明度”为 32%，如图 11-109 所示。

步骤 14 ▶▶ 至此本例制作完毕，效果如图 11-110 所示。

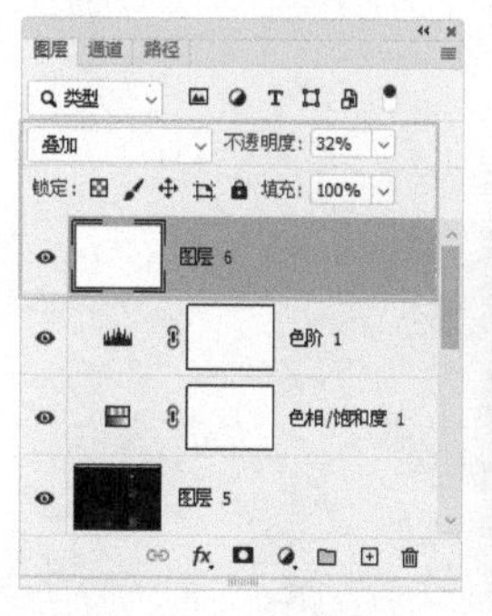

图 11-109　新建图层

图 11-110　最终效果

平面设计综合应用

本章内容

- 蛇皮特效字
- logo
- 名片
- 纸杯展开图
- 纸杯正面图
- UI 能量回收图标
- 插画
- 图像合成
- 电影海报
- 详情广告区

前面对 Photoshop 的基本功能进行了学习与运用，本章以 10 个实例来为大家讲解 Photoshop 在平面设计中的综合运用。

蛇皮特效字

01 实例目的

了解通过综合运用来制作特效蛇皮字。

02 实例要点

- 新建文档并键入文字。
- 转换成智能对象。
- 应用“颗粒”“干画笔”“波浪”“水彩”和“染色玻璃”滤镜。
- 应用“斜面和浮雕”“描边”“内阴影”和“内发光”图层样式。
- 应用“色相 / 饱和度”和“色阶”调整图层。
- 设置“混合模式”。
- 应用“垂直翻转”变换。
- 应用“高斯模糊”滤镜。

03 制作步骤

步骤 1 ▶▶ 执行菜单栏中“文件 / 新建”命令或按快捷键 Ctrl+N，新建一个“宽度”为 18 厘米、“高度”为 10 厘米、“分辨率”为 150 像素 / 英寸的空白文档，使用 T（横排文字工具）在页面中键入灰色文字 snake，如图 12-1 所示。

步骤 2 ▶▶ 按住 Ctrl 键的同时单击文字图层的缩览图，调出文字选区，新建一个图层 1，将选区填充为“橘黄色”，如图 12-2 所示。

步骤 3 ▶▶ 按快捷键 Ctrl+D 去掉选区，执行菜单栏中“滤镜 / 转换为智能滤镜”命令，将图层 1 转换成智能对象，如图 12-3 所示。

步骤 4 ▶▶ 执行菜单栏中“滤镜 / 滤镜库”命令，打开“滤镜库”对话框，执行“纹理 / 颗粒”命令，设置“强度”为 27、“对比度”为 47、“颗粒类型”为“柔和”，如图 12-4 所示。

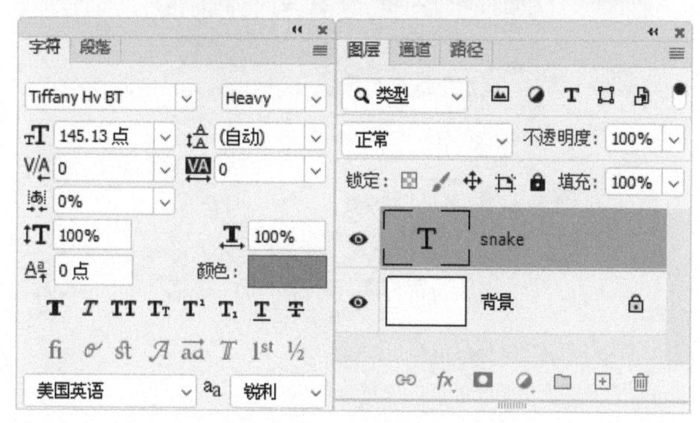

图 12-1　键入文字

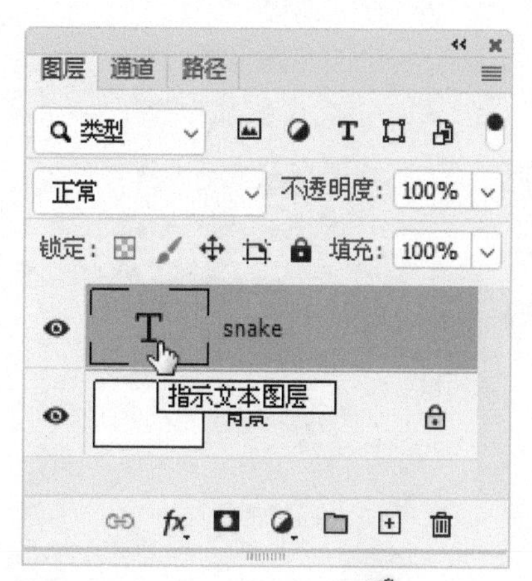

图 12-2　填充选区

步骤 5 ▶▶ 设置完毕后，单击“确定”按钮，效果如图 12-5 所示。

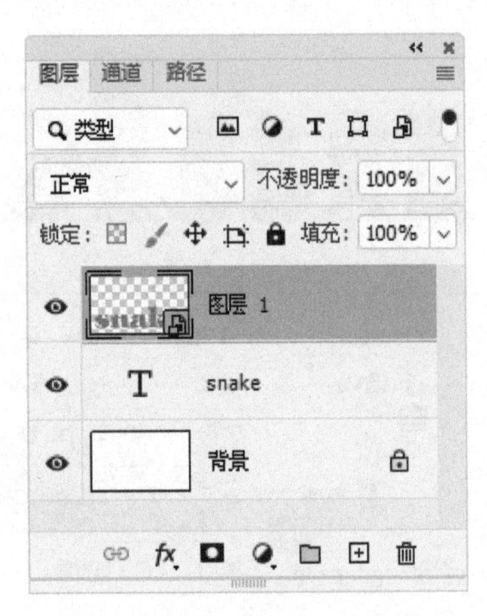

图 12-3　转换成智能对象

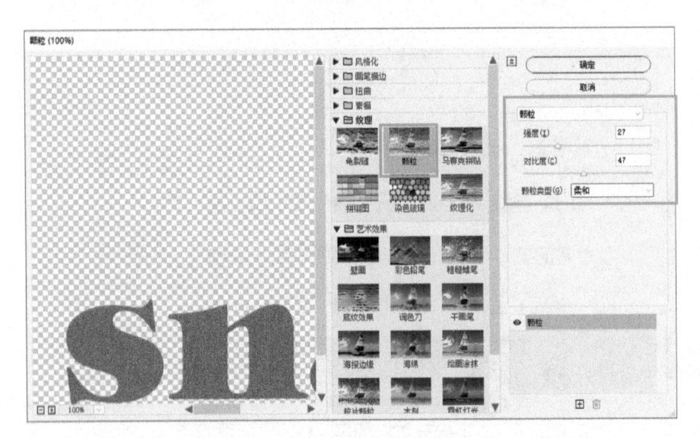

图 12-4　颗粒

图 12-5　应用颗粒后

步骤 6 ▶▶ 执行菜单栏中“滤镜 / 滤镜库”命令，打开“滤镜库”对话框，执行“艺术效果 / 干画笔”命令，设置“画笔大小”为 2、“画笔细节”为 9、“纹理”为“3”，如图 12-6 所示。

步骤 7 ▶▶ 设置完毕后，单击“确定”按钮，效果如图 12-7 所示。

步骤 8 ▶▶ 执行菜单栏中“滤镜 / 扭曲 / 波浪”命令，打开“波浪”对话框，参数设置如图 12-8 所示。

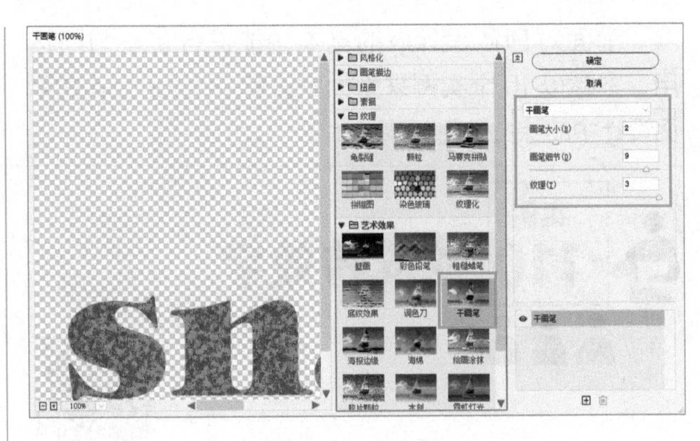

图 12-6　干画笔

图 12-7　应用干画笔后

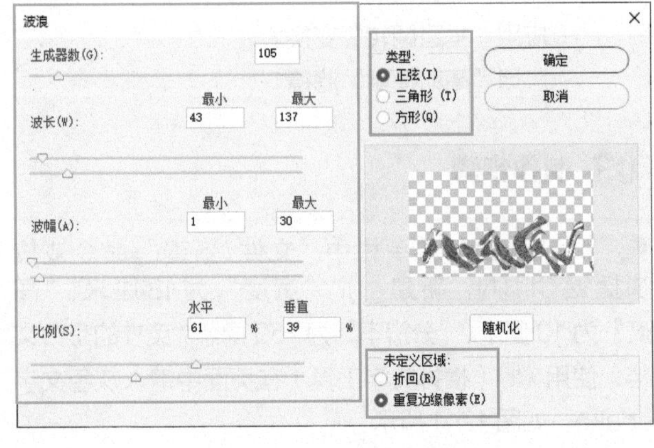

图 12-8　“波浪”对话框

步骤 9 ▶▶ 设置完毕后，单击“确定”按钮，效果如图 12-9 所示。

步骤 10 ▶▶ 执行菜单栏中“滤镜 / 滤镜库”命令，打开“滤镜库”对话框，选择其中的“艺术效果 / 水彩”命令，设置“画笔细节”为 12、“阴影强度”为 1、“纹理”为“1”，如图 12-10 所示。

步骤 11 ▶▶ 设置完毕后，单击“确定”按钮，效果如图 12-11 所示。

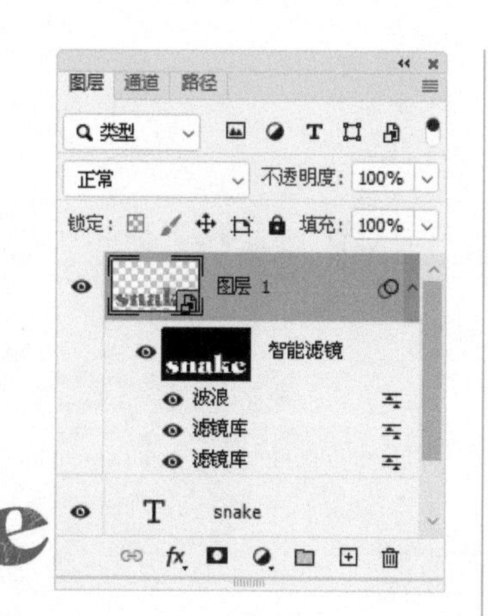

图 12-9　应用波浪后

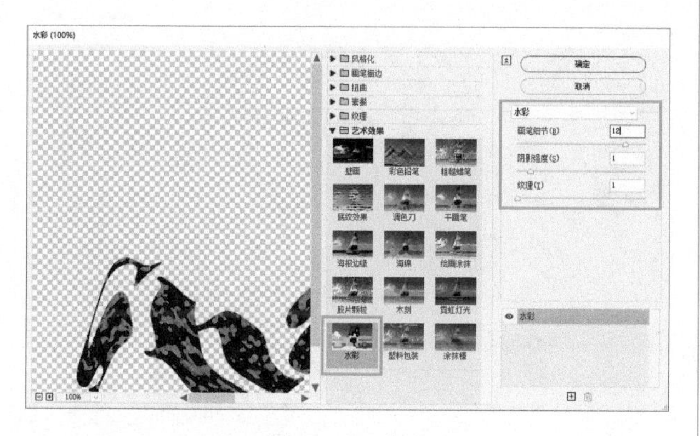

图 12-10　水彩

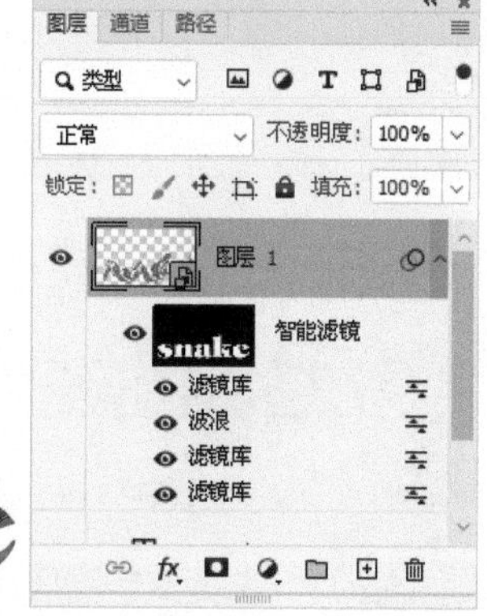

图 12-11　应用水彩后

步骤 12 ▶▶ 执行菜单栏中“图层 / 图层样式 / 斜面和浮雕、描边”命令，分别打开“斜面和浮雕”与“描边”面板，参数设置如图 12-12 所示。

步骤 13 ▶▶ 设置完毕后，单击“确定”按钮，再在“图层”面板中设置“混合模式”为“滤色”、“填充”为 81%，效果如图 12-13 所示。

步骤 14 ▶▶ 单击 （创建新的填充或调整图层）按钮，在弹出的菜单中选择“色相 / 饱和度”选项，打开“属性”面板，参数设置如图 12-14 所示。

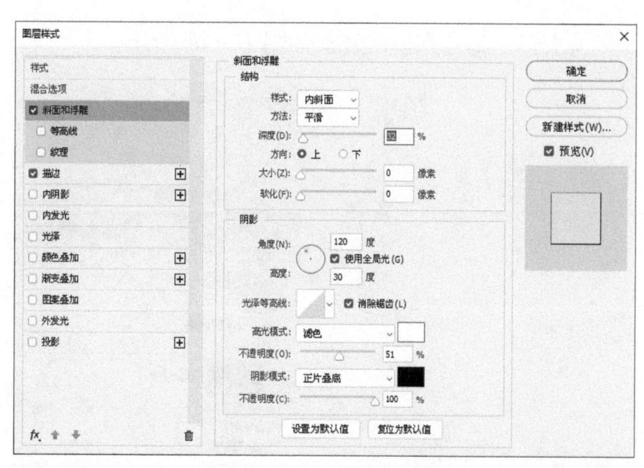

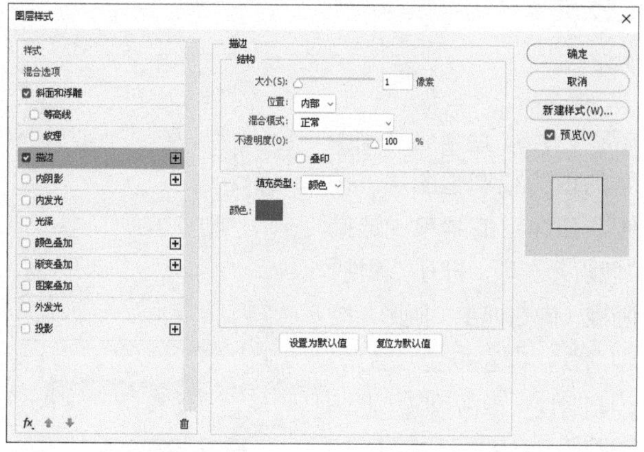

图 12-12　“斜面和浮雕”与“描边”面板

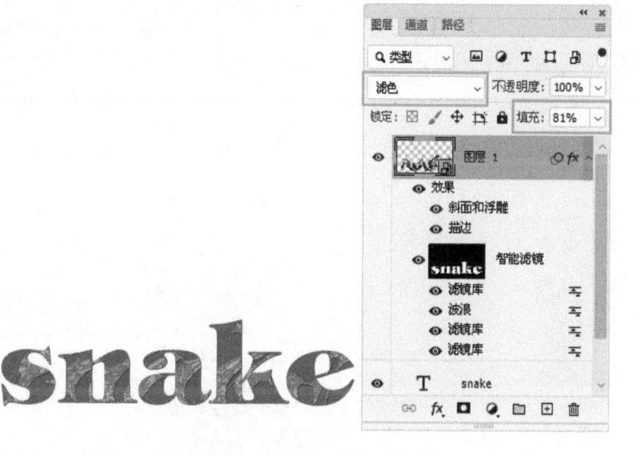

图 12-13　添加图层样式

图 12-14　“属性”面板

步骤 15 ▶▶ 调整完毕，效果如图 12-15 所示。

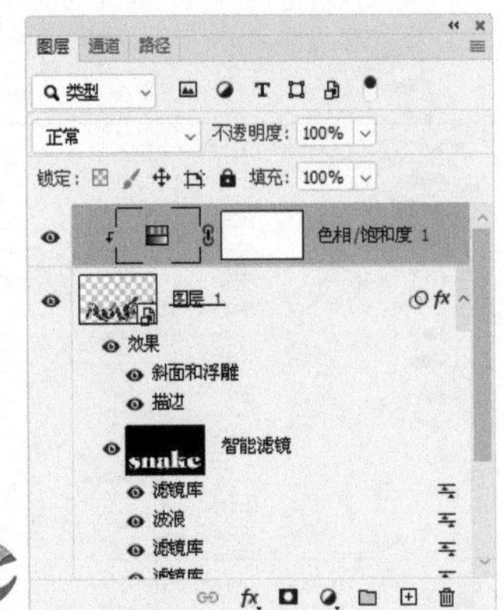

图 12-15　调整后

步骤 16 ▶▶ 单击 （创建新的填充或调整图层）按钮，在弹出的菜单中选择“色阶”选项，打开“属性”面板，向右拖曳“阴影”控制滑块，向左拖曳“高光”控制滑块，单击 （此调整剪切到此图层）按钮，如图 12-16 所示。

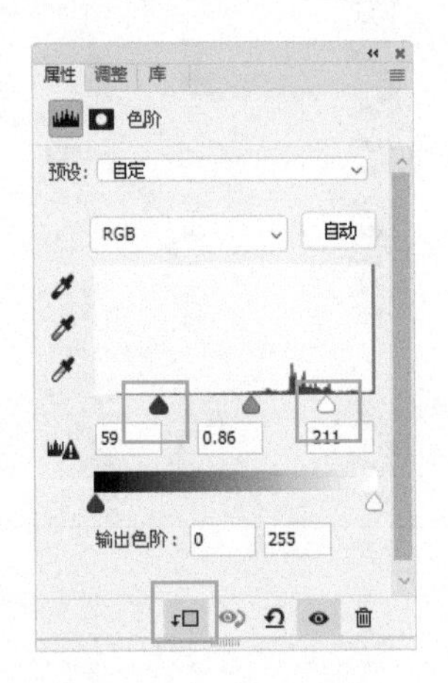

图 12-16　“属性”面板

步骤 17 ▶▶ 调整完毕，效果如图 12-17 所示。

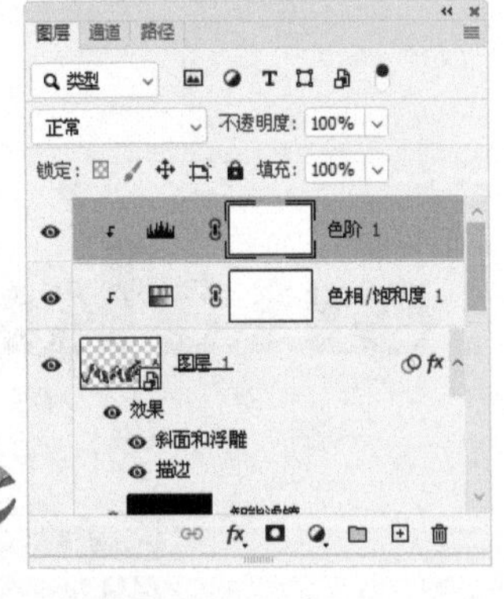

图 12-17　调整后

步骤 18 ▶▶ 拖动文字图层到 （创建新图层）按钮上，得到一个文字图层的拷贝层。选择此图层后，执行菜单栏中“图层 / 图层样式 / 内阴影、内发光”命令，分别打开“内阴影”和“内发光”面板，参数设置如图 12-18 所示。

步骤 19 ▶▶ 设置完毕后，单击“确定”按钮，设置“混合模式”为“柔光”，效果如图 12-19 所示。

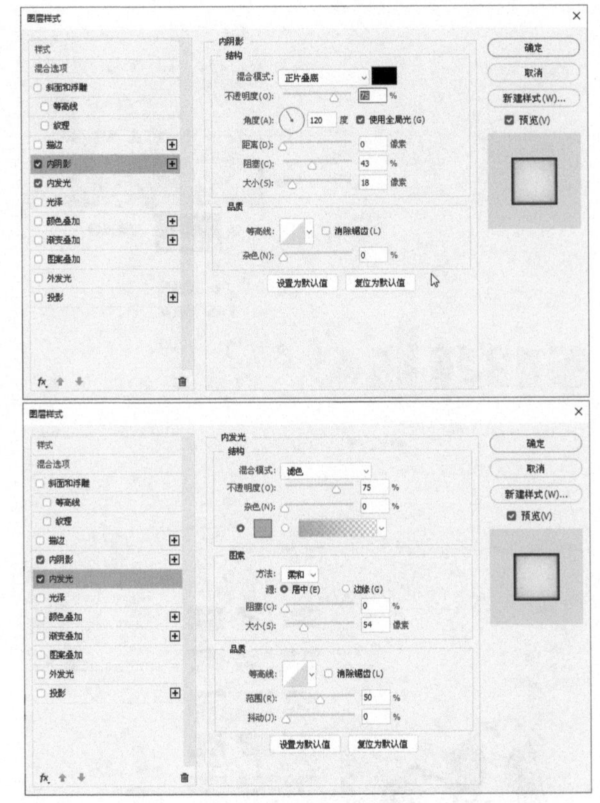

图 12-18　“内阴影”和“内发光”面板

图 12-19　添加图层样式

步骤 20 ▶▶ 选择文字图层，将文字填充为“黑色”，效果如图 12-20 所示。

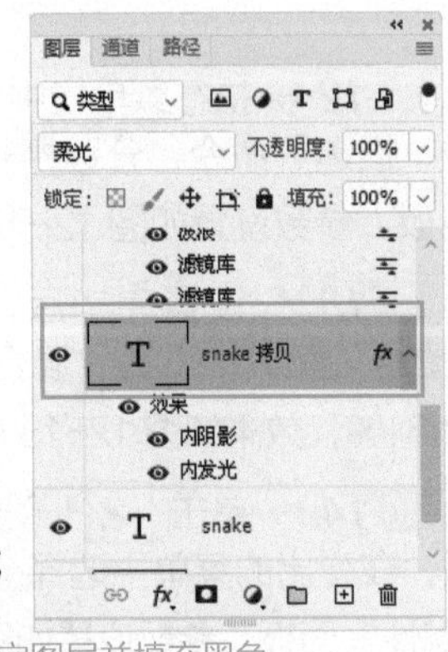

图 12-20　选择文字图层并填充黑色

步骤 21 ▶▶ 在工具箱中设置前景色为“橘黄色”、背景色为“黑色”，执行菜单栏中“滤镜 / 转换为智能滤镜”命令，将文字图层转换成智能对象；再执行菜单栏中“滤镜 / 滤镜库”命令，打开“滤镜库”对话框，选择其中的“纹理 / 染色玻璃”命令，设置“单元格大小”为 4、“边框粗细”为 2、“光照强度”为 2，如图 12-21 所示。

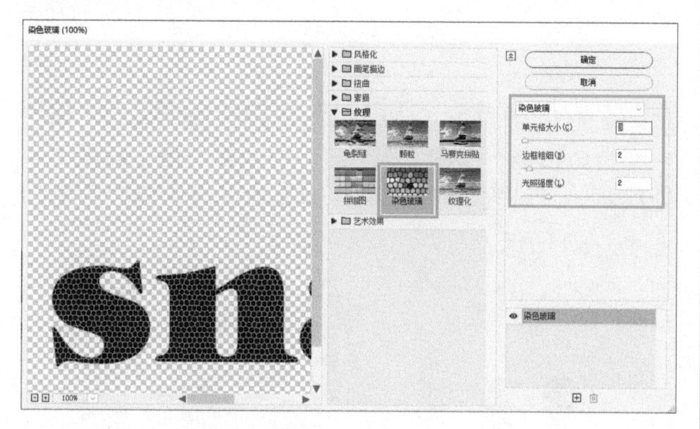

图 12-21　染色玻璃

步骤 22 ▶▶ 设置完毕后，单击“确定”按钮，效果如图 12-22 所示。

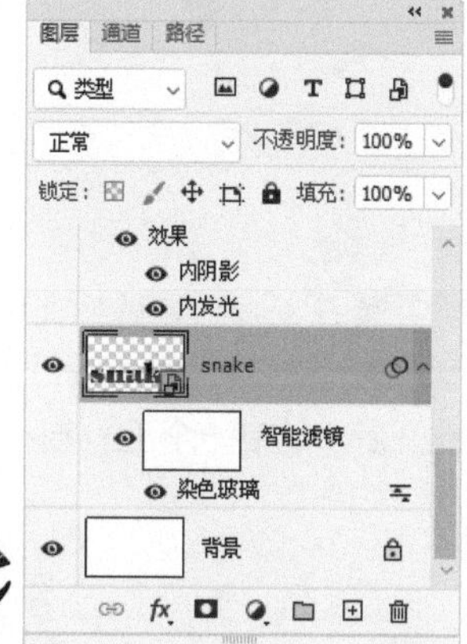

图 12-22　应用染色玻璃

步骤 23 ▶▶ 执行菜单栏中“文件/打开”命令或按快捷键 Ctrl+O，打开随书附带的“素材/第 12 章/竹子”文件，如图 12-23 所示。

图 12-23　素材

步骤 24 ▶▶ 使用 （移动工具）将“竹子”素材中的图像拖曳到新建文档中，将其放置到最底层，如图 12-24 所示。

步骤 25 ▶▶ 新建图层 3，按住 Ctrl 键的同时单击文字图层的缩览图，调出文字的选区，将选区填充“黑色”，如图 12-25 所示。

图 12-24　移动

图 12-25　新建图层填充选区

步骤 26 ▶▶ 按快捷键 Ctrl+D 去掉选区，执行菜单栏中“编辑 / 变换 / 垂直翻转”命令，再将翻转后的图像向下移动，如图 12-26 所示。

步骤 27 ▶▶ 使用 （矩形选框工具）在黑色文字上创建一个矩形选区，按 Delete 键清除选区内容，如图 12-27 所示。

图 12-26　翻转　　图 12-27　清除选区内容

步骤 28 ▶▶ 按快捷键 Ctrl+D 去掉选区，执行菜单栏中“滤镜 / 模糊 / 高斯模糊”命令，打开“高斯模糊”对话框，参数设置如图 12-28 所示。

步骤 29 ▶▶ 设置完毕后，单击“确定”按钮，降低一点透明度。至此本例制作完毕，效果如图 12-29 所示。

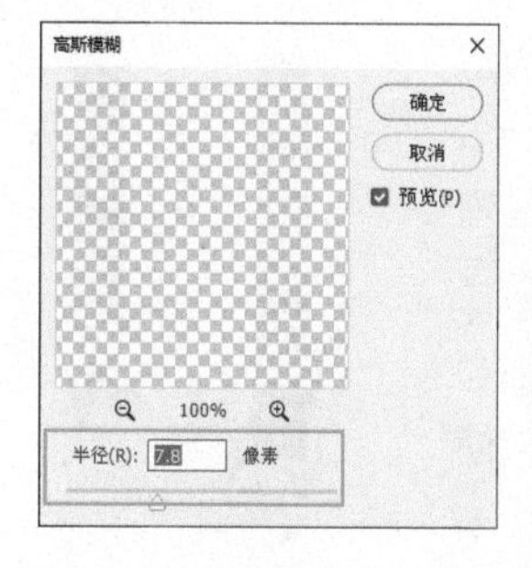

图 12-28　“高斯模糊”对话框

图 12-29　最终效果

实例111 logo

01 实例要点

了解综合运用在实例中的应用。

02 实例要点

- 新建文档并绘制矩形。
- 通过多边形套索工具删除多余。
- 绘制箭头。
- 应用“旋转扭曲”滤镜。
- 键入文字。

03 制作步骤

步骤 1 ▶▶ 执行菜单栏中“文件 / 新建”命令，新建一个“宽度”为 500 像素、“高度”为 500 像素、分辨率为 150 像素 / 英寸的空白文档，新建一个图层，使用 (矩形工具) 绘制一个蓝色矩形，效果如图 12-30 所示。

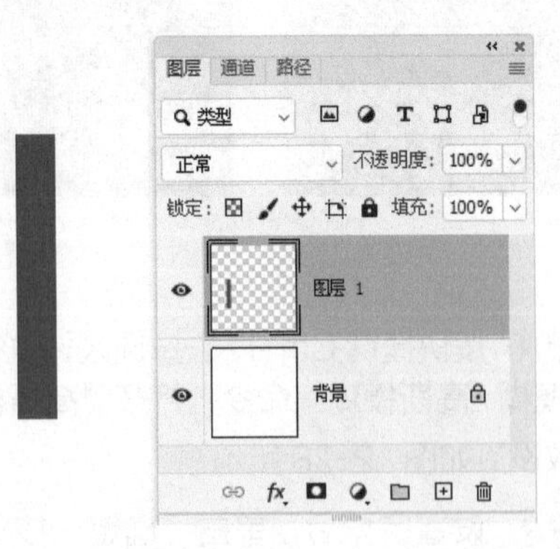

图 12-30 新建文档并绘制矩形

步骤 2 ▶▶ 使用 (多边形套索工具) 在左下角处绘制一个选区，按 Delete 键删除选区内容，效果如图 12-31 所示。

步骤 3 ▶▶ 按快捷键 Ctrl+D 去掉选区，新建一个图层，使用 (矩形工具) 绘制一个蓝色矩形，使用 (自定义形状工具) 绘制一个蓝色的箭头，效果如图 12-32 所示。

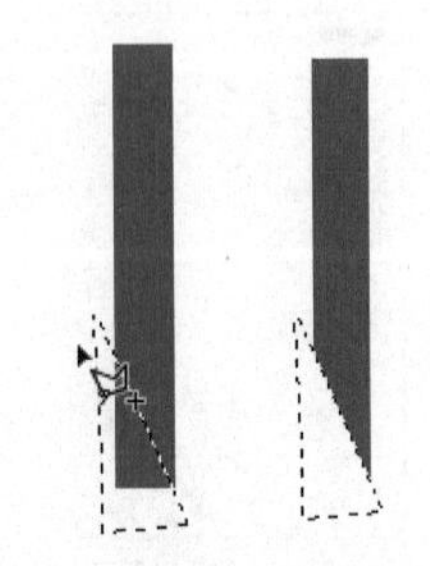

图 12-31 删除选区内容

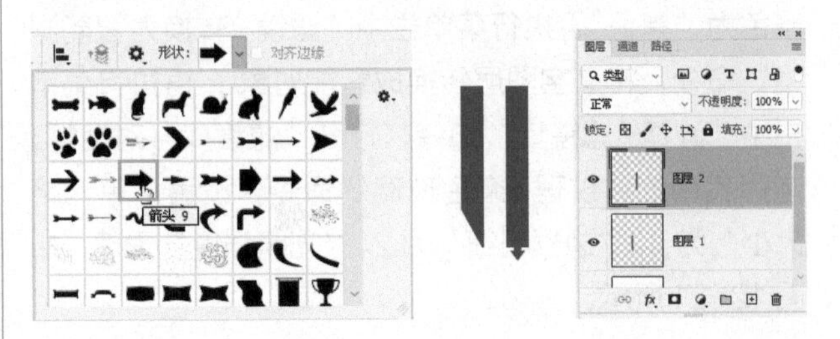

图 12-32 绘制箭头

步骤 4 ▶▶ 新建一个图层，使用 (矩形工具) 绘制一个青色矩形，使用 (多边形套索工具) 在右下角处绘制一个选区，按 Delete 键删除选区内容，效果如图 12-33 所示。

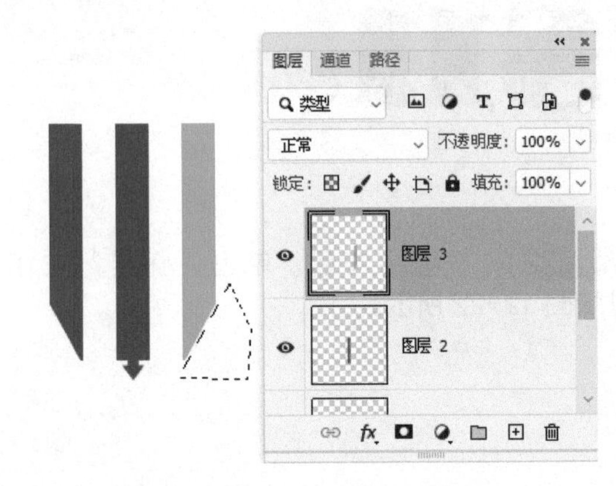

图 12-33 绘制矩形删除右下角

步骤 5 ▶▶ 按快捷键 Ctrl+ D 去掉选区，按快捷键 Ctrl+ E 2 次，将 3 个图层合并为一个图层，使用 (椭圆选框工具) 绘制一个正圆选区，效果如图 12-34 所示。

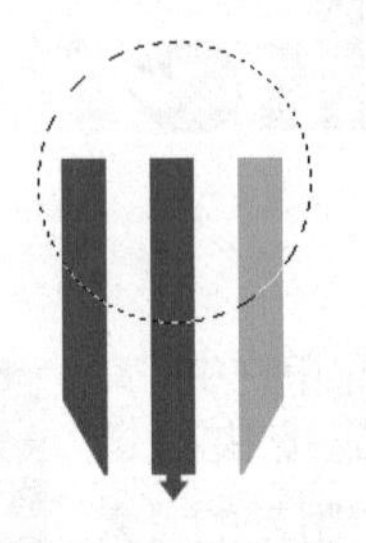

图 12-34 合并图层并绘制正圆选区

步骤 6 ▶▶ 执行菜单栏中“滤镜 / 扭曲 / 旋转扭曲”命令，打开“旋转扭曲”对话框，参数设置如图 12-35 所示。

步骤 7 ▶▶ 设置完毕后，单击“确定”按钮，按快捷键 Ctrl+D 去掉选区，效果如图 12-36 所示。

步骤 8 ▶▶ 新建一个图层，使用 (椭圆工具) 在旋转中心位置绘制一个青色正圆，效果如图 12-37 所示。

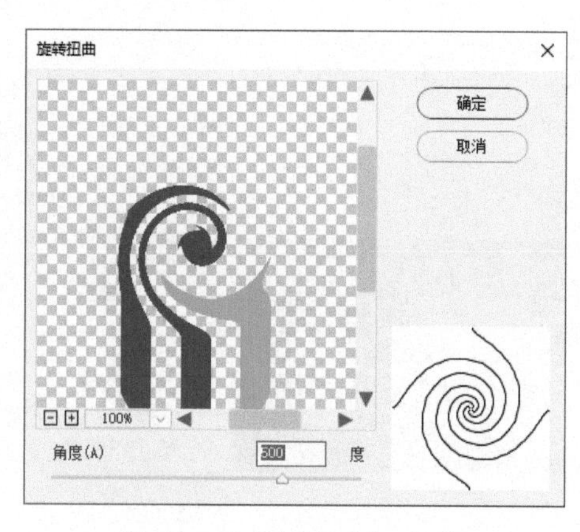

图 12-35　“旋转扭曲”对话框

图 12-36　旋转扭曲后　　图 12-37　绘制正圆

步骤 9 ▶▶ 将图层 1 和图层 2 一同选取，按快捷键 Ctrl+T 调出变换框，将图形旋转，效果如图 12-38 所示。

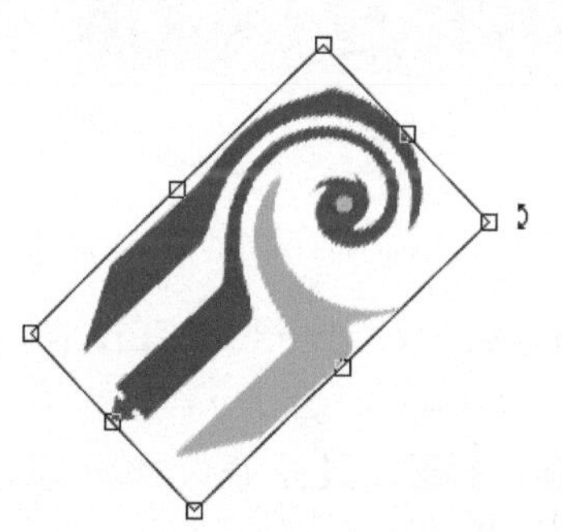

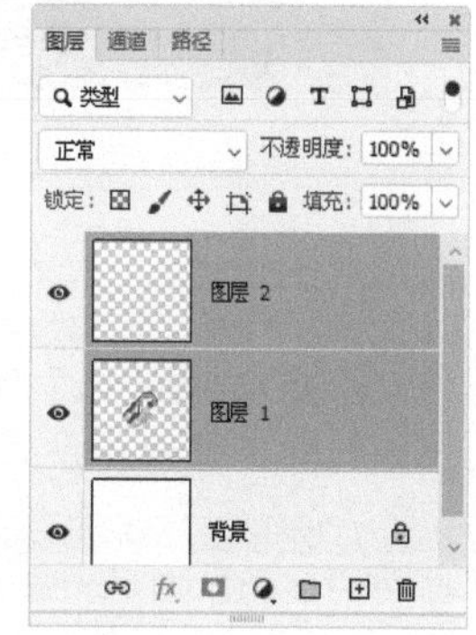

图 12-38　变换

步骤 10 ▶▶ 按回车键完成变换，使用 T（横排文字工具）键入蓝色中文、青色英文。至此本例制作完毕，效果如图 12-39 所示。

图 12-39　最终效果

步骤 11 ▶▶ 调整一下图形和文字的位置，将 logo 调整成另一种效果，如图 12-40 所示。

图 12-40　最终效果

实例 112 名片

名片的设计要求

名片是现代社会中应用较为广泛的一种交流工具，也是现代交际中不可或缺的展现个性风貌的必备工具。名片的标准尺寸为 90mm×55mm、90mm×50mm 和 90mm×45mm。如果加上上、下、左、右各 3mm 的出血，制作尺寸则必须设定为 96mm×61mm、96mm×56mm、96mm×51mm。设计名片时还得确定名片上所要印刷的内容。名片的主体是名片上所提供的信息，名片信息主要有姓名、工作单位、电话、手机、职称、地址、网址、E-mail、经营范围、企业标志、图片、公司的企业语等。

01 实例目的

了解综合运用在本例中的使用。

02 实例要点

- 新建文档。
- 填充渐变色。
- 绘制正圆和矩形。
- 设置混合模式。
- 键入美术文字。

03 制作步骤

名片正面

步骤 1 ▸▸ 执行菜单栏中“文件 / 新建”命令或按快捷键 Ctrl+N，新建一个“宽度”为 9.6 厘米、“高度”为 5.1 厘米、“分辨率”为 150 像素 / 英寸的空白文档，使用 ▣（渐变工具）填充“从灰色到深灰色”的“径向渐变”，效果如图 12-41 所示。

步骤 2 ▸▸ 新建图层使用 ▢（矩形工具）和 ◯（椭圆工具），在页面中绘制黄色矩形和正圆，如图 12-42 所示。

图 12-41　新建文档并填充渐变色

图 12-42　绘制图案

步骤 3 ▸▸ 将上一实例制作的 logo 拖曳到当前文档中，调整大小和位置，效果如图 12-43 所示。

图 12-43　移入图像

步骤 4 ▸▸ 按住 Ctrl 键的同时，单击 logo 所在的图层缩览图，调出选区后，新建一个图层，将选区填充“白色”，如图 12-44 所示。

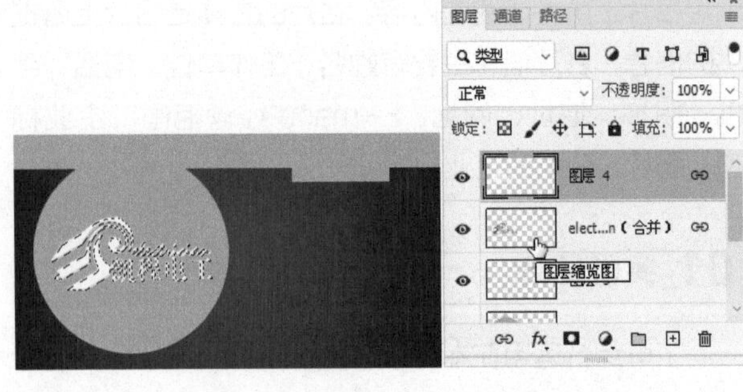

图 12-44　调出选区并填充白色

步骤 5 ▸▸ 按快捷键 Ctrl+D 去掉选区，设置“混合模式”为“饱和度”，效果如图 12-45 所示。

步骤 6 ▸▸ 新建一个图层，使用 ✿（自定义形状工具）绘制两个黑色箭头，效果如图 12-46 所示。

步骤 7 ▸▸ 使用 T（横排文字工具）在名片页面右边键入文字，调整文字位置。至此本例制作完毕，效果如图 12-47 所示。

图 12-45　设置混合模式

图 12-46　绘制箭头

图 12-47　最终效果

名片背面

步骤 1 ▸▸ 新建一个与名片正面大小一致的空白文档，将名片正面的背景拖曳到新建文档中，新建图层使用 ▢（矩形工具）和 ◯（椭圆工具），在页面中绘制黄色矩形和正圆，如图 12-48 所示。

步骤 2 ▸▸ 新建一个图层，使用 ✿（自定义形状工具）绘制两个黑色箭头，效果如图 12-49 所示。

图 12-48　新建文档并移入图形

图 12-49　绘制箭头

步骤 3 ▸▸ 使用 ✥（移动工具），将名片正面中的 logo 部分拖曳到新建文档中并调整其大小和位置，如图 12-50 所示。

步骤 4 ▶▶ 使用 T（横排文字工具）在 logo 下方键入公司名称。至此本例制作完毕，效果如图 12-51 所示。

图 12-50　移入图形

图 12-51　名片背面

实例 113 纸杯展开图

01 实例目的

了解综合运用在本例中的使用。

02 实例要点

- 新建文档。
- 绘制形状并设置描边。
- 移入图形并调整图形。

03 制作步骤

步骤 1 ▶▶ 执行菜单栏中“文件 / 新建”命令或按快捷键 Ctrl+N，新建一个“宽度”为 18 厘米、“高度”为 13.5 厘米、“分辨率”为 150 像素 / 英寸的空白文档，使用 ○（椭圆工具），在页面中绘制椭圆形的形状，设置“填充”为“无”、“描边”为“灰色”、“描边宽度”为 9.18 点，效果如图 12-52 所示。

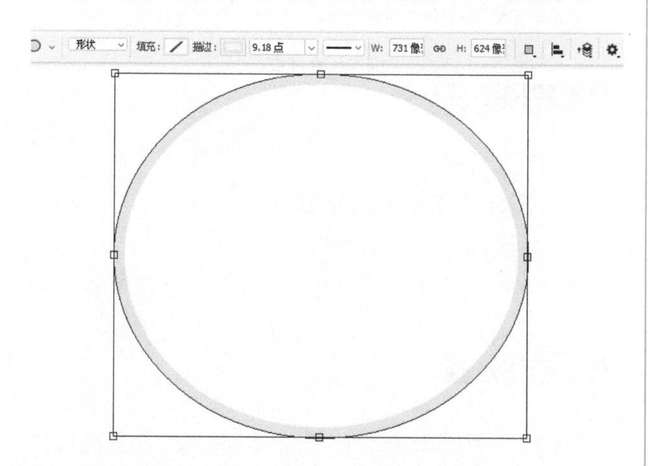

图 12-52　新建文档并绘制形状

步骤 2 ▶▶ 使用（添加锚点工具），分别在右上角和左上角处添加锚点，如图 12-53 所示。

图 12-53　添加锚点

步骤 3 ▶▶ 使用（直接选择工具），选择底部的三个锚点，按 Delete 键将其删除，效果如图 12-54 所示。

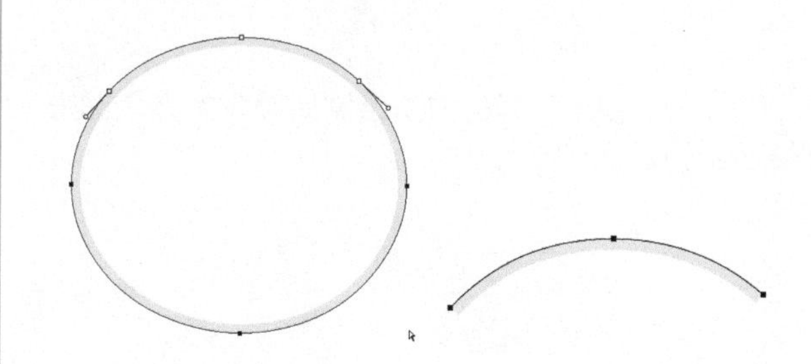
图 12-54　删除锚点

步骤 4 ▶▶ 重新设置“描边宽度”，将其尽量调整得宽一点，效果如图 12-55 所示。

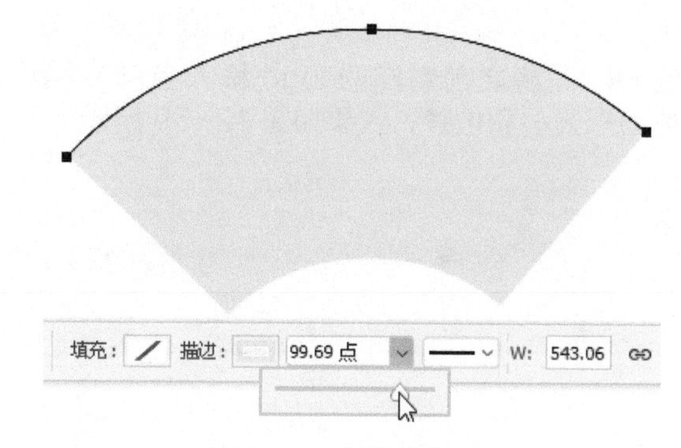

图 12-55　设置描边宽度

步骤 5 ▶▶ 执行菜单栏中“图层 / 栅格化 / 形状”命令，将形状图层变为普通图层，将图像调整得大一些，效果如图 12-56 所示。

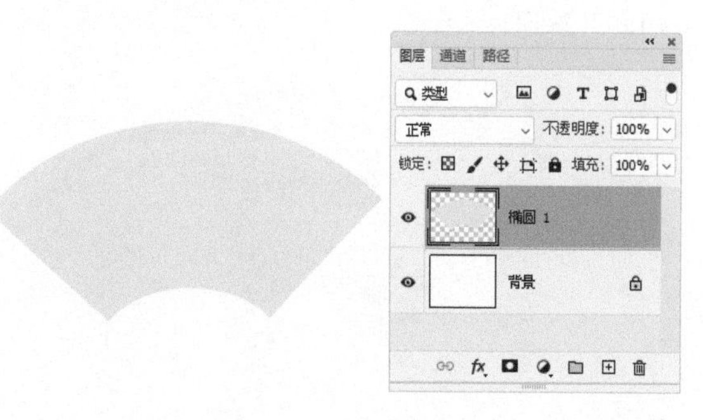

图 12-56　栅格化形状

步骤 6 ▶▶ 使用（钢笔工具），在顶部绘制一条“填充”为“无”、“描边”为“青色”、“描边宽度”为 9.18 点的图形，效果如图 12-57 所示。

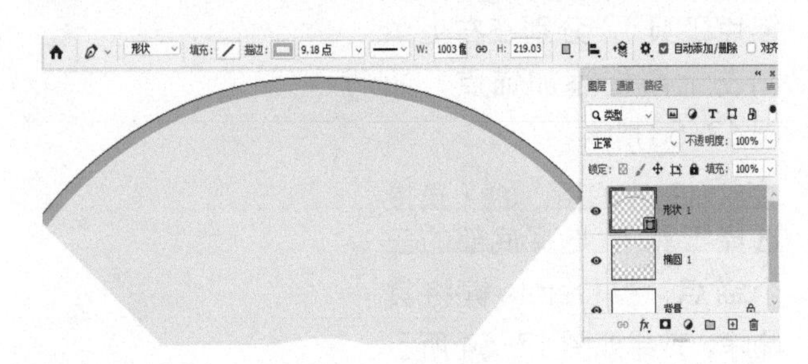

图 12-57　绘制图形（1）

步骤 7 ▶▶ 使用同样的方法绘制另外 3 条青色图形，效果如图 12-58 所示。

图 12-58　绘制图形（2）

步骤 8 ▶▶ 将之前制作的 logo 移入当前文档中，调整图形大小和位置，效果如图 12-59 所示。

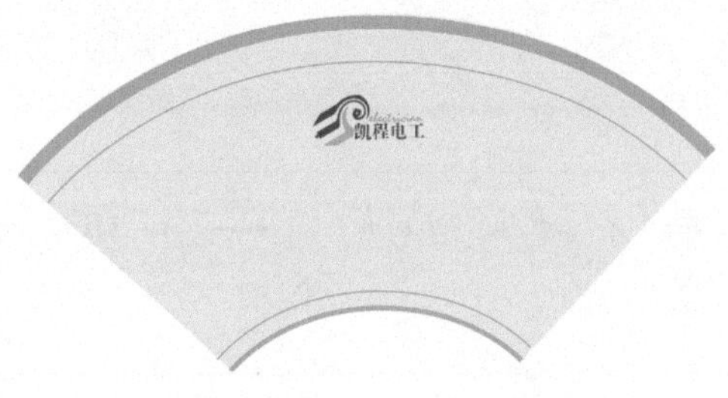

图 12-59　移入图形

步骤 9 ▶▶ 执行菜单栏中“编辑 / 变换 / 变形”命令，调出变形变换框，拖动控制点调整图形，效果如图 12-60 所示。

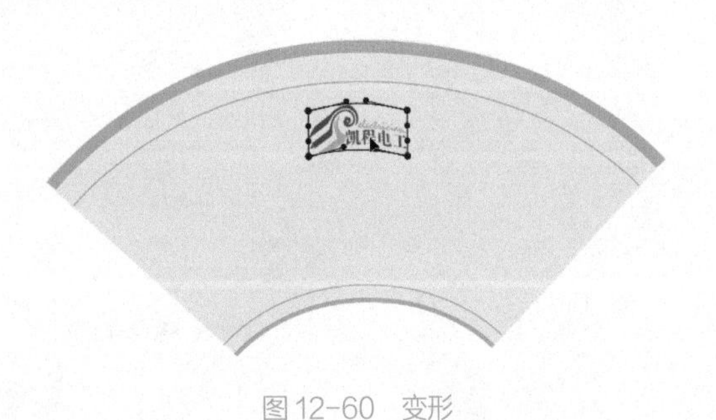

图 12-60　变形

步骤 10 ▶▶ 调整完毕后，按回车键完成变换，效果如图 12-61 所示。

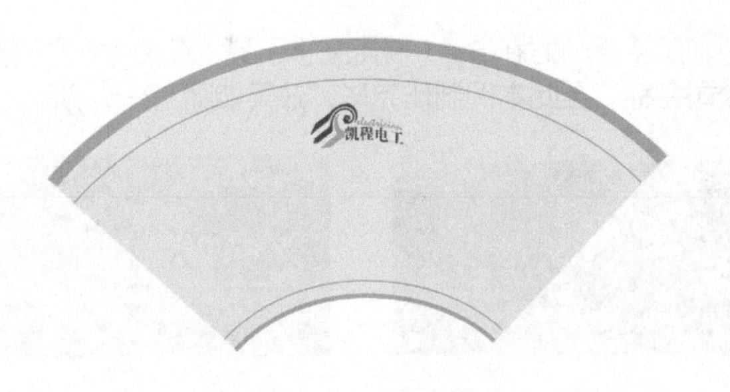

图 12-61　变换后

步骤 11 ▶▶ 复制 logo，将副本向下移动，执行菜单栏中“图像 / 调整 / 去色”命令或按快捷键 Ctrl+Shift+U，将 logo 副本去色，再将去色后的图像调整得小一点，然后再复制一个副本，调整好位置。至此本例制作完成，效果如图 12-62 所示。

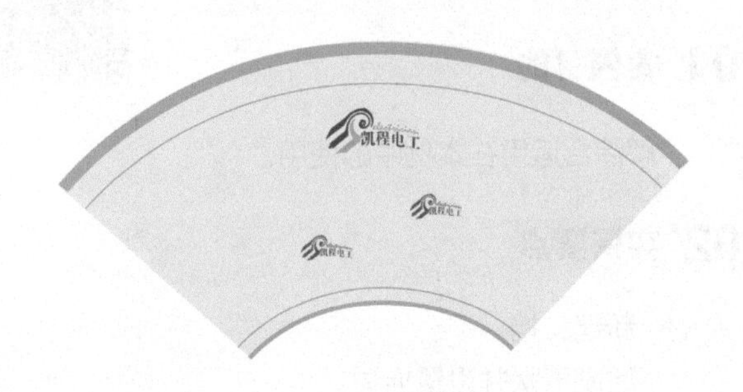

图 12-62　最终效果

纸杯正面图

01 实例目的

了解综合运用在本例中的使用。

02 实例要点

- 新建文档。
- 绘制路径并调整路径形状。
- 绘制形状并设置描边。
- 移入图形并调整图形。

03 制作步骤

步骤 1 ▶▶ 执行菜单栏中“文件 / 新建”命令或按快捷键 Ctrl+N，新建一个“宽度”为 12 厘米、“高度”

为 12 厘米、“分辨率”为 150 像素 / 英寸的空白文档，使用（钢笔工具），在页面中绘制梯形路径，效果如图 12-63 所示。

步骤 2 ▶▶ 使用（添加锚点工具），在底部添加锚点，将路径调整成圆弧状，如图 12-64 所示。

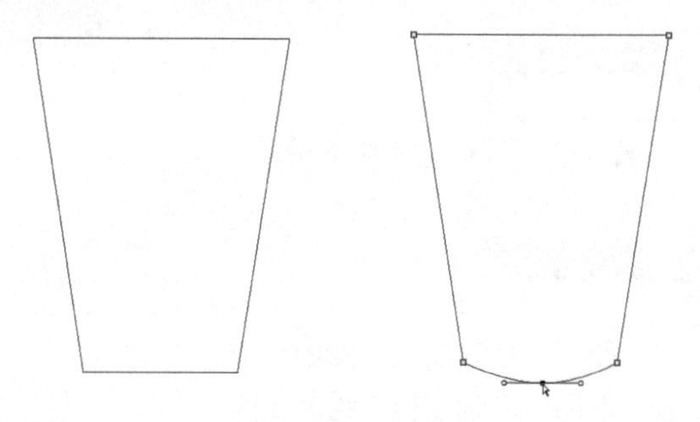

图 12-63　新建文档并绘制路径　图 12-64　添加锚点、调整形状

步骤 3 ▶▶ 新建一个图层，按快捷键 Ctrl+Enter 将路径转化成选区，使用（渐变工具）为选区填充“灰色、浅灰色、灰色”的线性渐变，效果如图 12-65 所示。

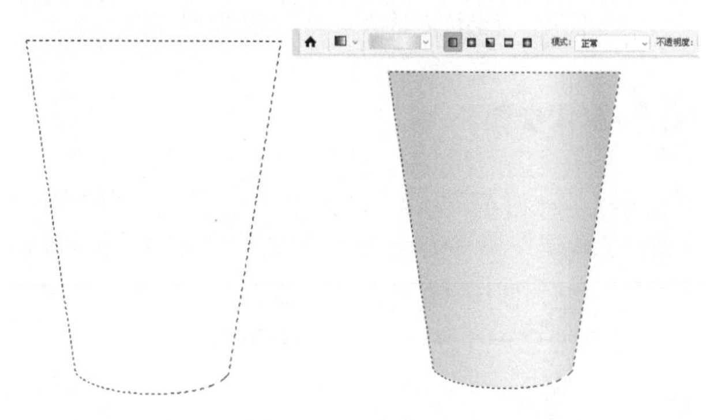

图 12-65　转换成选区并填充渐变色

步骤 4 ▶▶ 使用（椭圆工具），绘制一个椭圆形，设置“填充”为“渐变色”、“描边”为“无”，效果如图 12-66 所示。

图 12-66　填充渐变

步骤 5 ▶▶ 复制椭圆形，设置“填充”为“无”、“描边”为“青色”、“描边宽度”为 4.61 点，效果如图 12-67 所示。

图 12-67　设置描边

步骤 6 ▶▶ 执行菜单栏中“图层 / 图层样式 / 内发光”命令，打开“内发光”面板，参数设置如图 12-68 所示。

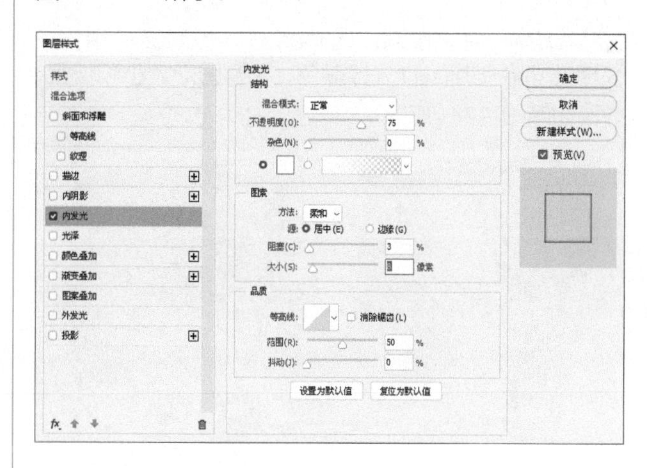

图 12-68　设置内发光

步骤 7 ▶▶ 设置完毕后，单击“确定”按钮，效果如图 12-69 所示。

步骤 8 ▶▶ 使用（钢笔工具），在杯子上绘制 3 条青色图形，效果如图 12-70 所示。

图 12-69　添加内发光　图 12-70　绘制图形

步骤 9 ▶▶ 将之前制作的 logo 移入当前文档中，效果如图 12-71 所示。

步骤 10 执行菜单栏中“编辑/变换/变形”命令，调出变形变换框，拖动控制点并调整图形，效果如图 12-72 所示。

图 12-71 移入图形

图 12-72 变形

步骤 11 按回车键完成变换，效果如图 12-73 所示。

步骤 12 将之前制作的 logo 移入当前文档中，按快捷键 Ctrl+Shift+U 去掉颜色，调整图形大小和位置，效果如图 12-74 所示。

图 12-73 变形后

图 12-74 移入图像

步骤 13 执行菜单栏中“图层/创建剪贴蒙版”命令，为 logo 创建剪贴蒙版。至此本例制作完毕，效果如图 12-75 所示。

图 12-75 最终效果

实例 115 UI 能量回收图标

01 实例目的

了解综合运用在实例中的使用。

02 实例要点

- 新建文档并填充渐变色。
- 使用“椭圆工具”绘制正圆。
- 设置正圆“填充”和“形状描边”。
- 添加锚点并删除锚点。
- 设置“圆头端点”。
- 添加“斜面和浮雕”“内阴影”“渐变叠加”“投影”图层样式。
- 使用“自定义形状工具”绘制回收图形。

03 制作步骤

步骤 1 打开 Photoshop 软件，执行菜单栏中“文件/新建”命令，新建一个 800 像素 ×600 像素的空白文档，使用 （渐变工具）在文档中从上向下拖曳为其填充一个从淡灰色到灰色的径向渐变色，如图 12-76 所示。

图 12-76 新建文档并填充渐变色

步骤 2 使用 （椭圆工具）在文档中间绘制一个白色正圆图形，如图 12-77 所示。

图 12-77　绘制正圆

步骤 3 执行菜单栏中“图层 / 图层样式 / 内阴影、渐变叠加、投影”命令，分别打开“内阴影”“渐变叠加”“投影”面板，参数设置如图 12-78 所示。

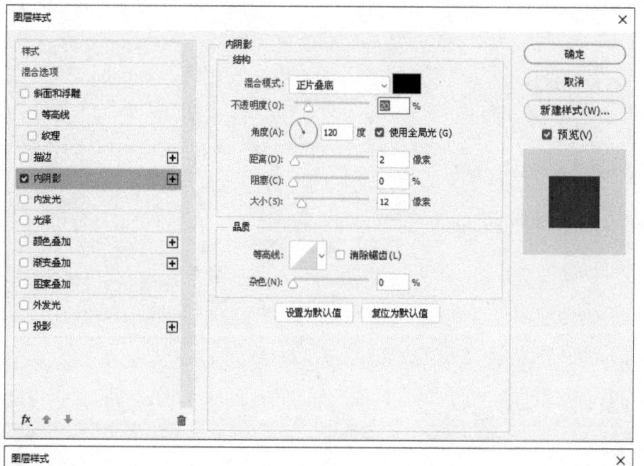

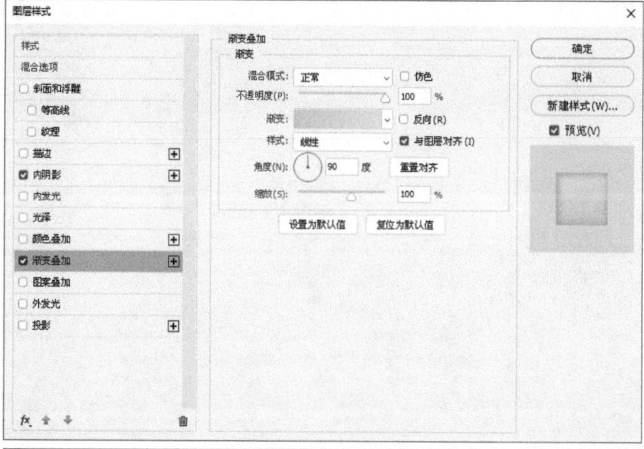

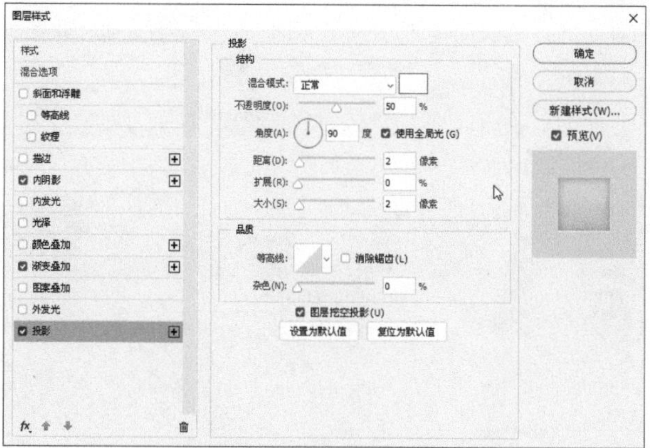

图 12-78　设置图层样式

步骤 4 设置完毕后，单击“确定”按钮，效果如图 12-79 所示。

步骤 5 复制椭圆 1 图形，得到一个“椭圆 1 拷贝”层，删除图层样式，在属性栏中设置“填充”为“无”，设置“描边”为“白色”、“形状描边宽度”为 22 点，效果如图 12-80 所示。

图 12-79　添加图层样式

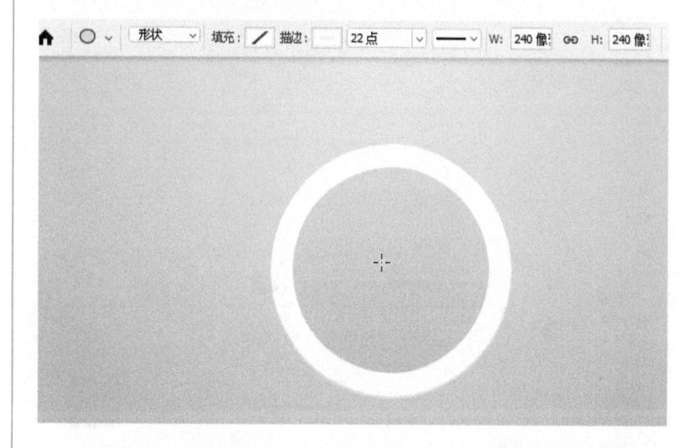

图 12-80　设置描边

步骤 6 使用（添加锚点工具）在形状路径上添加锚点，使用（直接选择工具）选择左侧的两个锚点，按 Delete 键将其删除，效果如图 12-81 所示。

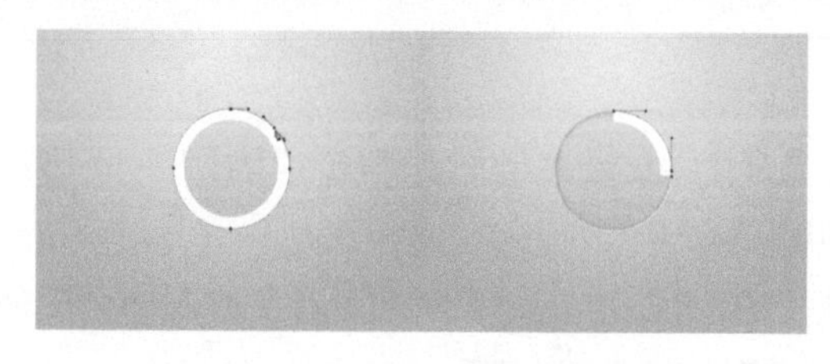

图 12-81　添加与删除锚点

步骤 7 在“描边选项”选区设置“端点”为圆头，效果如图 12-82 所示。

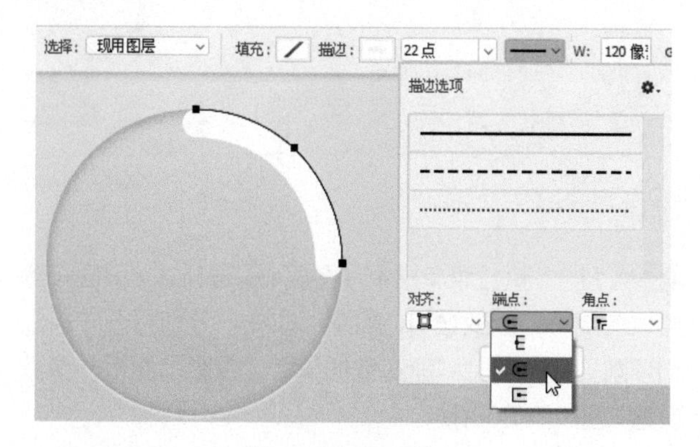

图 12-82　设置端点

步骤 8 ▶▶ 执行菜单栏中“图层/图层样式/内发光、颜色叠加”命令，分别打开“内发光”与“颜色叠加”面板，其中的参数设置如图 12-83 所示。

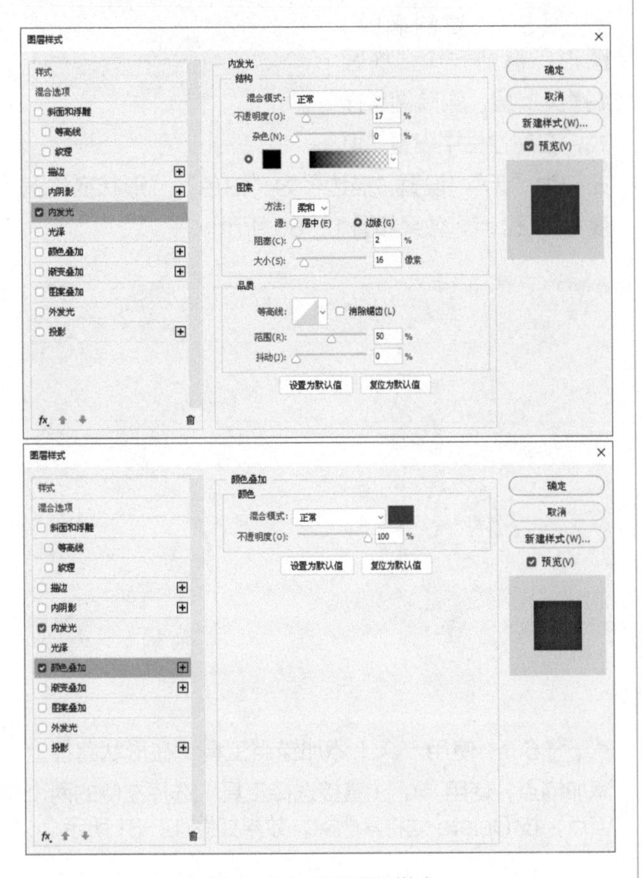

图 12-83 设置图层样式

步骤 9 ▶▶ 设置完毕后，单击“确定”按钮，效果如图 12-84 所示。

步骤 10 ▶▶ 使用 ◯（椭圆工具）绘制一个白色正圆，效果如图 12-85 所示。

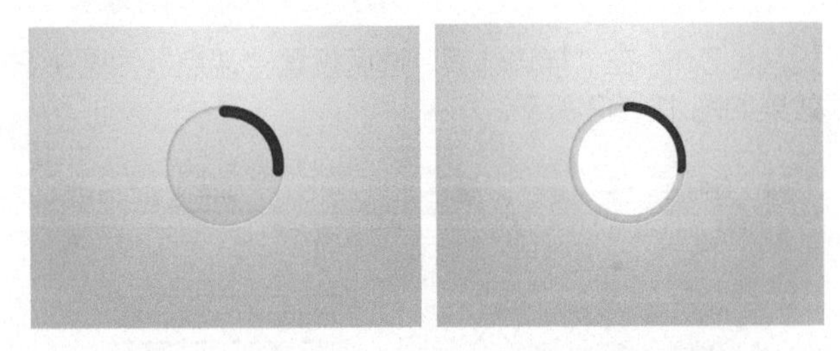

图 12-84 添加图层样式　　图 12-85 绘制正圆

步骤 11 ▶▶ 执行菜单栏中“图层/图层样式/斜面和浮雕、内阴影、渐变叠加、投影”命令，分别打开“斜面和浮雕”“内阴影”“渐变叠加”和“投影”面板，参数设置如图 12-86 所示。

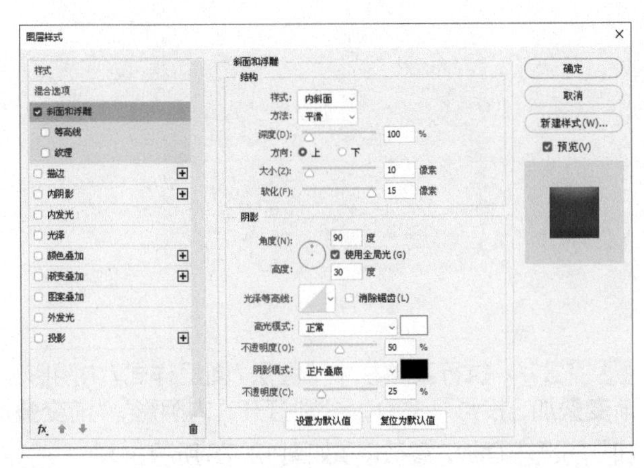

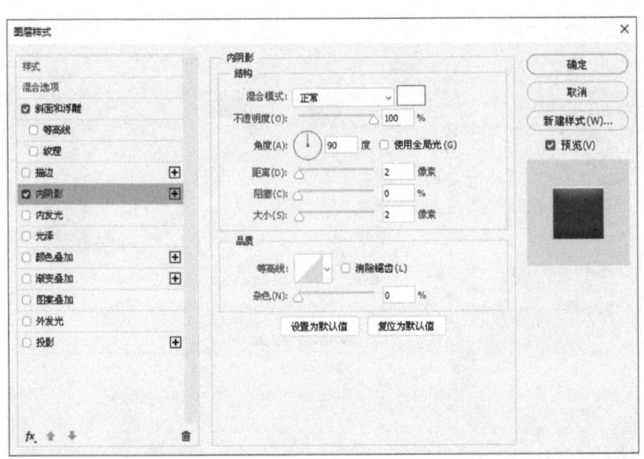

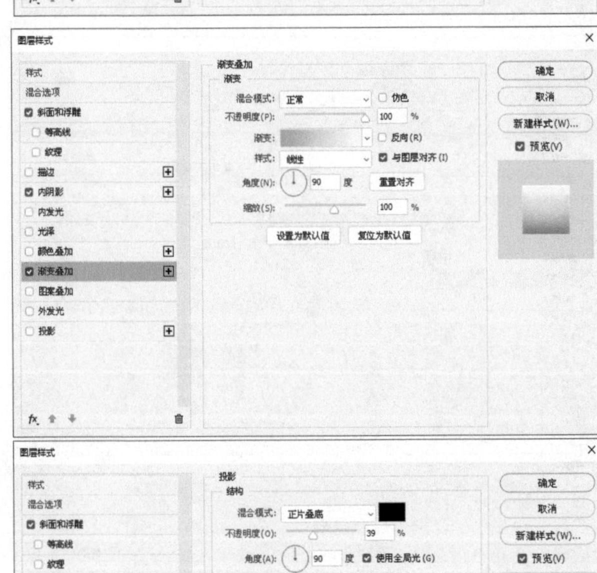

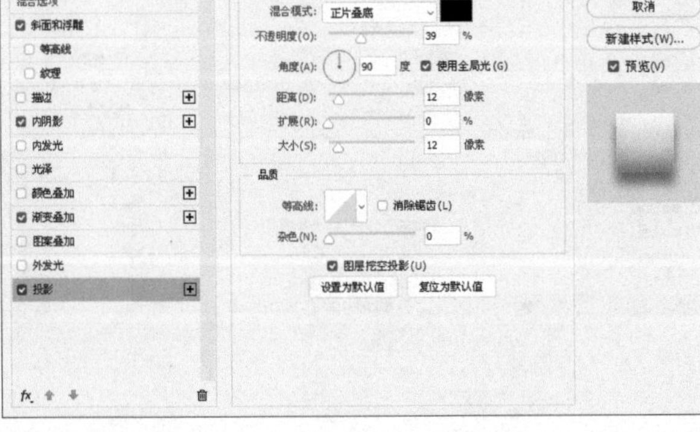

图 12-86 设置图层样式

步骤 12 ▶▶ 设置完毕后，单击“确定”按钮，效果如图 12-87 所示。

步骤 13 ▶▶ 使用 （椭圆工具）绘制一个小一点的白色正圆，效果如图 12-88 所示。

图 12-87　添加图层样式

图 12-88　绘制正圆

步骤 14 ▶▶ 执行菜单栏中“图层 / 图层样式 / 内阴影、渐变叠加、投影”命令，分别打开“内阴影”“渐变叠加”“投影”面板，参数设置如图 12-89 所示。

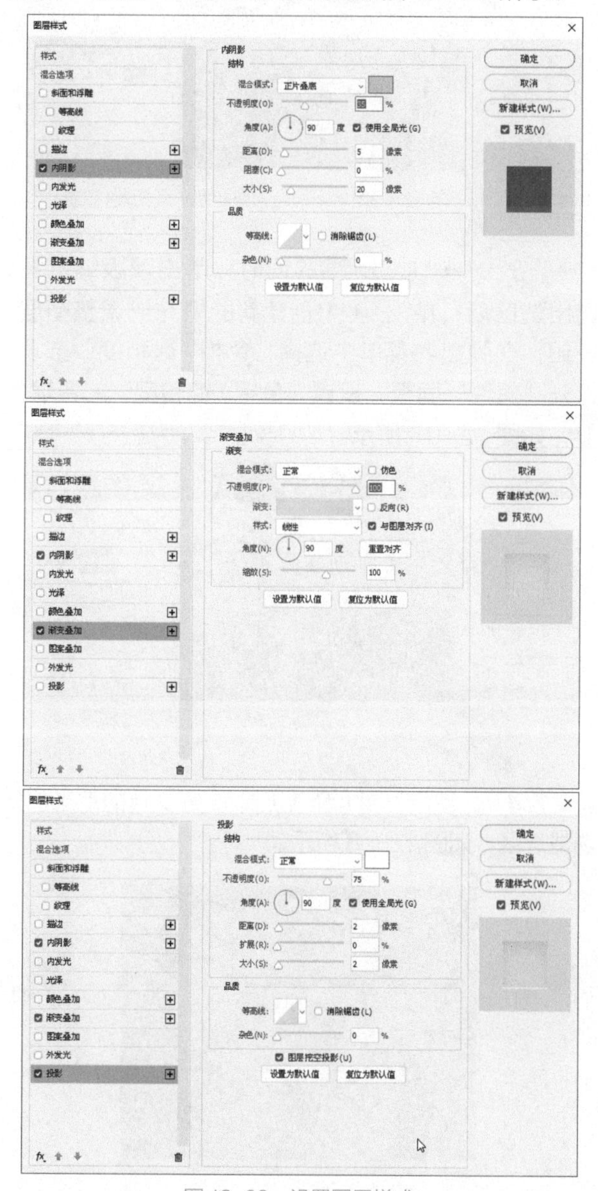

图 12-89　设置图层样式

步骤 15 ▶▶ 设置完毕点击“确定”按钮，效果如图 12-90 所示。

图 12-90　添加图层样式

步骤 16 ▶▶ 使用 （自定形状工具）绘制一个灰色回收图形，效果如图 12-91 所示。

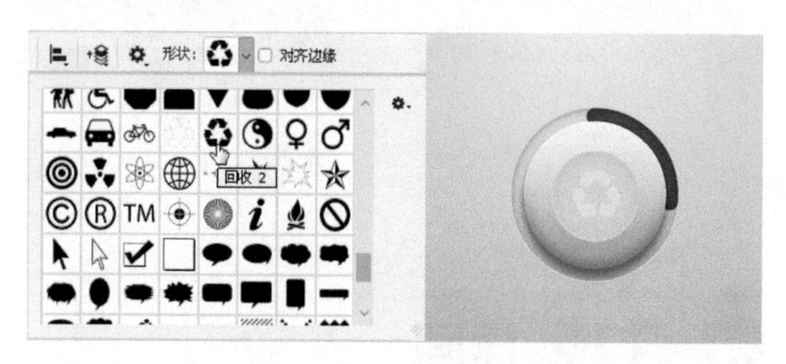

图 12-91　绘制图形

步骤 17 ▶▶ 执行菜单栏中“图层 / 图层样式 / 内阴影、投影”命令，分别打开“内阴影”与“投影”面板，参数设置如图 12-92 所示。

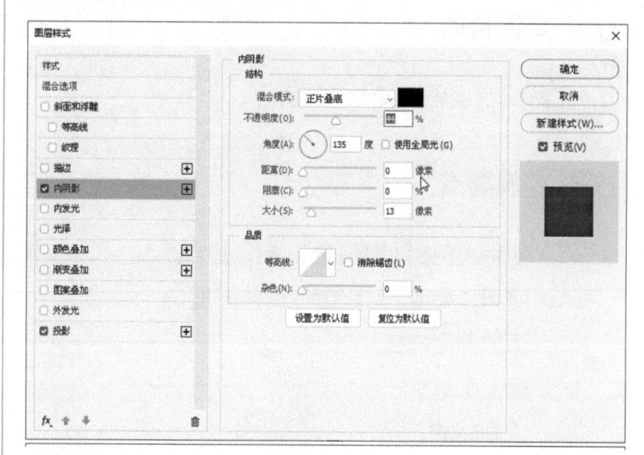

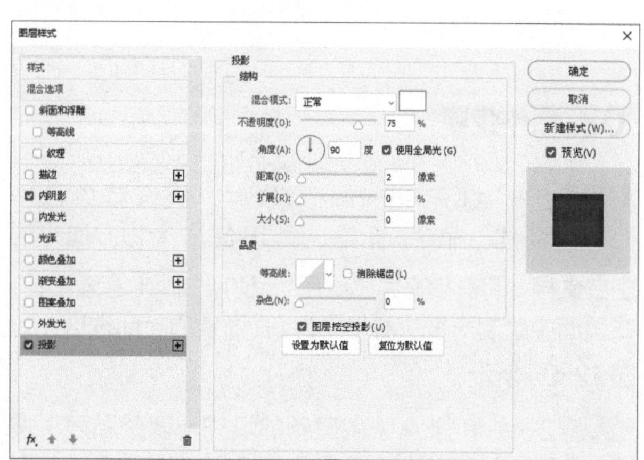

图 12-92　设置图层样式

步骤 18 ▶▶ 设置完毕后，单击“确定”按钮，效果如图 12-93 所示。

步骤 19 ▶▶ 使用 T（横排文字工具）键入灰色文字。至此本例制作完毕，效果如图 12-94 所示。

图 12-93　添加图层样式

图 12-94　最终效果

实例 116 插画

01 实例目的

了解综合运用在实例中的使用。

02 实例要点

- 使用“色相 / 饱和度”调整图层。
- 使用“亮度 / 对比度”调整图层。
- 添加图层样式。
- 导入画笔。
- 绘制画笔。
- 移入素材。

03 制作步骤

步骤 1 ▶▶ 打开 Photoshop 软件，执行菜单栏中“文件 / 新建”命令，新建一个 18 厘米 ×13.5 厘米的空白文档，将其填充为“绿色”，使用（套索工具）在页面中绘制一个“羽化”为 50 像素的封闭选区，如图 12-95 所示。

步骤 2 ▶▶ 单击（创建新的填充或调整图层）按钮，在弹出的菜单中选择“亮度 / 对比度”选项，打开“属性”面板，设置“亮度 / 对比度”的各项参数，如图 12-96 所示。

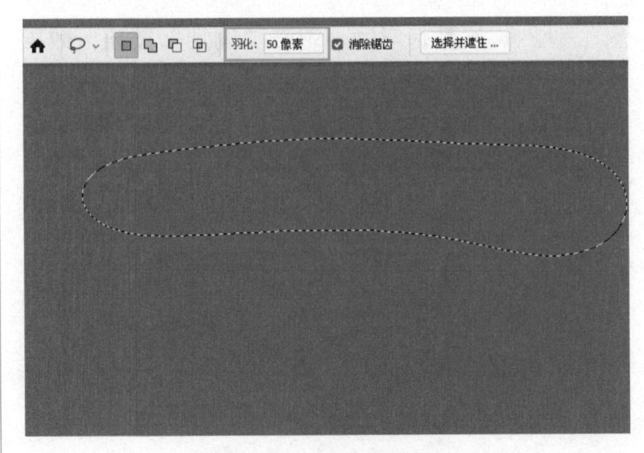

图 12-95　新建文档并绘制选区

图 12-96　设置“亮度 / 对比度”参数

步骤 3 ▶▶ 按住 Ctrl 键的同时，单击蒙版缩览图，调出选区后，单击（创建新的填充或调整图层）按钮，在弹出的菜单中选择“色相 / 饱和度”选项，打开“属性”面板，设置“色相 / 饱和度”的各项参数，如图 12-97 所示。

图 12-97　设置“色相 / 饱和度”参数

步骤 4 ▶▶ 使用（套索工具），在文档的上半部分创建选区，如图 12-98 所示。

图 12-98　创建选区

步骤 5 单击 ◙（创建新的填充或调整图层）按钮，在弹出的菜单中选择“色相 / 饱和度”选项，打开“属性”面板，设置“色相 / 饱和度”的各项参数，如图 12-99 所示。

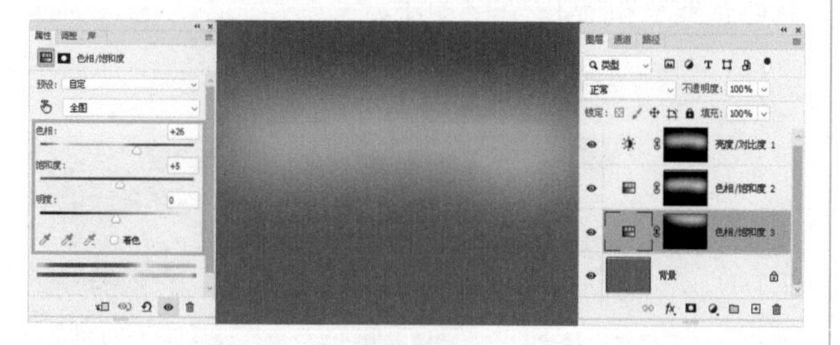

图 12-99　设置“色相 / 饱和度”参数

步骤 6 新建图层命名为“星”，使用 🖌（画笔工具）在页面中绘制一星形画笔，效果如图 12-100 所示。

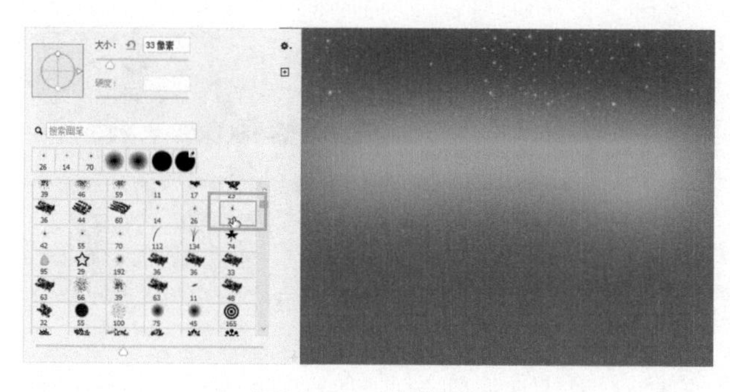

图 12-100　绘制画笔

步骤 7 打开随书附带的“素材 / 第 12 章 / 月亮”文件，使用 ✥（移动工具）将“月亮”素材中的图像拖曳到新建文档中，调整图像大小和位置，效果如图 12-101 所示。

图 12-101　移入月亮

步骤 8 执行菜单栏中“图层 / 图层样式 / 外发光”命令，打开“外发光”对话框，参数设置如图 12-102 所示。

步骤 9 设置完毕后，单击“确定”按钮，效果如图 12-103 所示。

步骤 10 单击 ◙（创建新的填充或调整图层）按钮，在弹出的菜单中选择“色相 / 饱和度”选项，打开“属性”面板，设置“色相 / 饱和度”的各项参数，如图 12-104 所示。

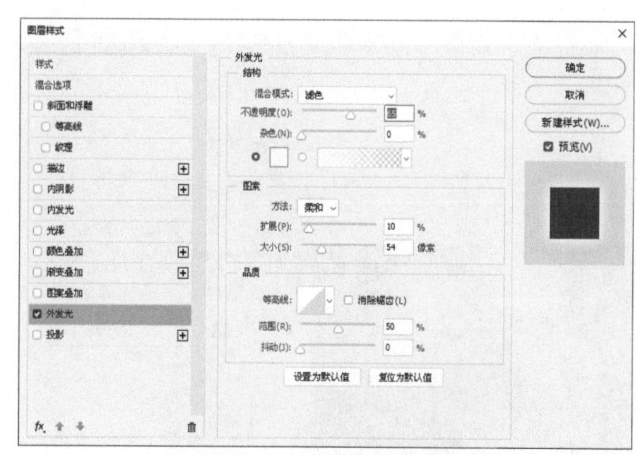

图 12-102　设置外发光

图 12-103　添加外发光

图 12-104　设置“色相 / 饱和度”参数

步骤 11 新建一个图层并命名为“云彩”，选择 🖌（画笔工具）后，将“云彩”画笔导入画笔中，选择云彩画笔，在页面中绘制云彩，效果如图 12-105 所示。

图 12-105　绘制云彩

步骤 12 ▶▶ 设置“不透明度”为40%，效果如图12-106所示。

图12-106　设置不透明度

步骤 13 ▶▶ 新建一个图层命名为“草”，将前景色和背景色都设置成“黑色”，使用 （画笔工具）在页面绘制黑色的草，效果如图12-107所示。

图12-107　绘制草

步骤 14 ▶▶ 新建一个图层命名为“树”，使用 （画笔工具）在页面绘制黑色的树，效果如图12-108所示。

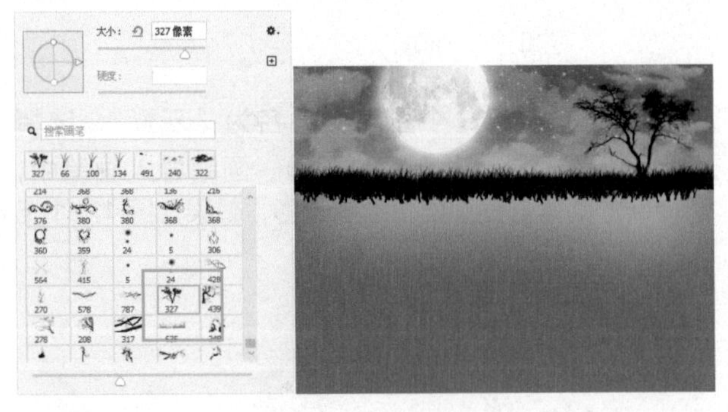

图12-108　绘制树

步骤 15 ▶▶ 新建一个图层并命名为“人”，使用 （画笔工具）在页面绘制黑色的人，效果如图12-109所示。

步骤 16 ▶▶ 新建一个图层并命名为“狗”，使用 （自定义形状工具）在页面绘制黑色的狗，效果如图12-110所示。

步骤 17 ▶▶ 打开随书附带的“素材/第12章/自行车”文件，使用 （移动工具）将“自行车”素材中的图像拖曳到新建文档中，调整图像大小和位置，效果如图12-111所示。

步骤 18 ▶▶ 按快捷键Ctrl+Shift+Alt+E，将图层进行盖印，效果如图12-112所示。

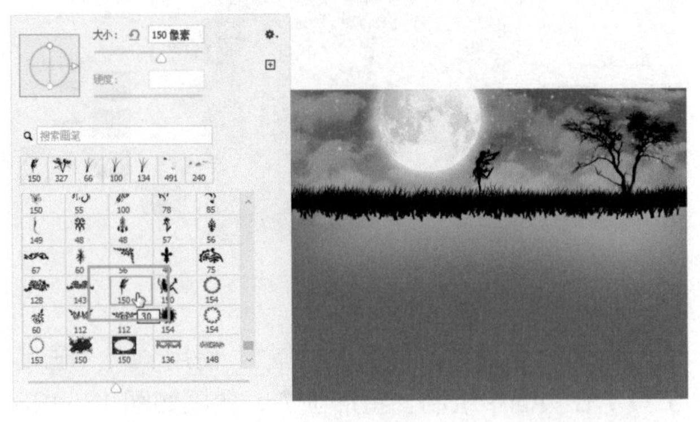

图12-109　绘制人

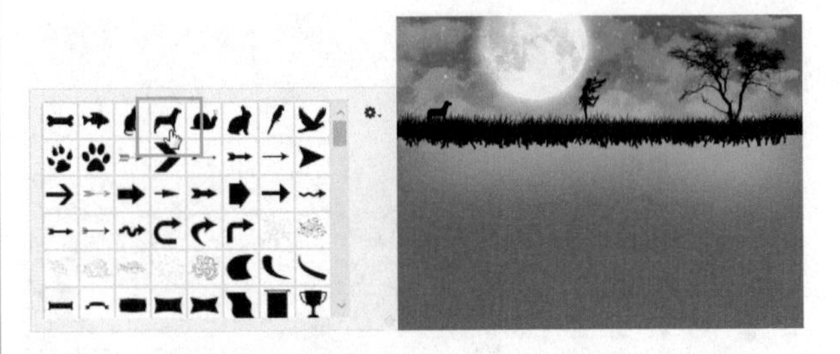

图12-110　绘制狗

图12-111　移入自行车　　　图12-112　盖印图层

步骤 19 ▶▶ 使用 （矩形选框工具）在顶部绘制一个矩形选区，效果如图12-113所示。

步骤 20 ▶▶ 按快捷键Ctrl+J得到一个图层2，按快捷键Ctrl+T调出变换框，拖动控制点将其进行变换调整，效果如图12-114所示。

步骤 21 ▶▶ 按回车键完成变换，执行菜单栏中“滤镜/模糊/高斯模糊”命令，打开“高斯模糊”对话框，参数设置如图12-115所示。

步骤 22 ▶▶ 设置完毕后，单击“确定”按钮，效果如图 12-116 所示。

图 12-113　绘制矩形

图 12-114　变换

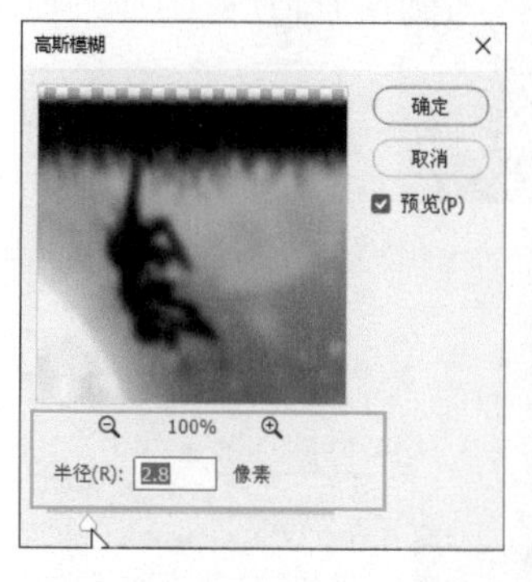

图 12-115 “高斯模糊”对话框

图 12-116　模糊后

步骤 23 ▶▶ 单击 （添加图层蒙版）按钮，为图层添加图层蒙版，使用 （渐变工具）从下向上拖曳鼠标为其填充“从黑色到白色”的线性渐变，此时“图层”面板如图 12-117 所示。

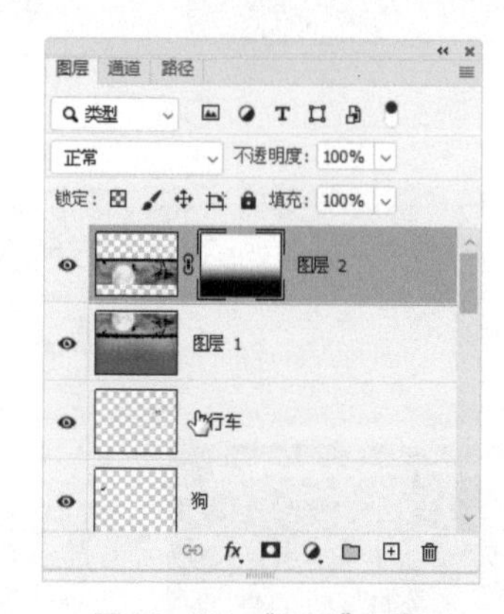

图 12-117 “图层”面板

步骤 24 ▶▶ 至此本例制作完毕，效果如图 12-118 所示。

图 12-118　最终效果

实例 117 图像合成

01 实例目的

了解综合运用在实例中的使用。

02 实例要点

- 为图层添加图层蒙版。
- 设置混合模式。
- 使用渐变工具编辑蒙版。
- 使用画笔工具编辑蒙版。

03 制作步骤

步骤 1 ▶▶ 打开 Photoshop 软件，执行菜单栏中“文件 / 新建”命令，新建一个 18 厘米 ×13.5 厘米的空白文档；执行菜单栏中“文件 / 打开”命令或按快捷键 Ctrl+O，打开随书附带的“素材 / 第 12 章 / 人物 01”文件，使用 （移动工具）将“人物 01”素材中的图像拖曳到新建文档中，如图 12-119 所示。

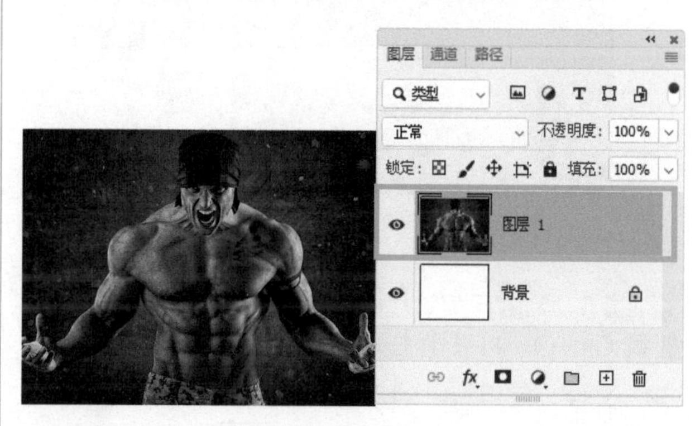

图 12-119　新建文档并移入素材

步骤 2 ▶▶ 执行菜单栏中“文件 / 打开”命令或按快捷键 Ctrl+O，打开随书附带的“素材 / 第 12 章 / 火山”素材，使用 （移动工具）将“火山”素材中的图像拖曳到新建文档中，如图 12-120 所示。

步骤 3 ▶▶ 单击 （添加图层蒙版）按钮，为图层添加图层蒙版，使用 （渐变工具）在蒙版中填充从白色到黑色的径向渐变，设置“混合模式”为“变亮”，效果如图 12-121 所示。

图 12-120　移入素材

图 12-121　渐变工具编辑蒙版

步骤 4 ▶▶ 将前景色设置为“黑色”，使用 (画笔工具)在蒙版中涂抹黑色，效果如图 12-122 所示。

图 12-122　画笔工具编辑蒙版

步骤 5 ▶▶ 执行菜单栏中“文件/打开”命令或按快捷键 Ctrl+O，打开随书附带的“素材/第 12 章/人物 02”文件，使用 (移动工具)将“人物 02”素材中的图像拖曳到新建文档中；单击 (添加图层蒙版)按钮，为图层添加图层蒙版；使用 (渐变工具)在蒙版中填充从白色到黑色的径向渐变，设置“混合模式”为“变亮”，使用 (画笔工具)在蒙版中涂抹黑色，效果如图 12-123 所示。

步骤 6 ▶▶ 执行菜单栏中“文件/打开”命令或按快捷键 Ctrl+O，打开随书附带的“素材/第 12 章/岛屿”文件，使用 (移动工具)将“岛屿”素材中的图像拖曳到新建文档中；单击 (添加图层蒙版)按钮，为图层添加图层蒙版；使用 (画笔工具)在蒙版中身体以外的区域涂抹黑色，设置“混合模式”为“叠加”，效果如图 12-124 所示。

图 12-123　移入素材、添加蒙版并进行编辑

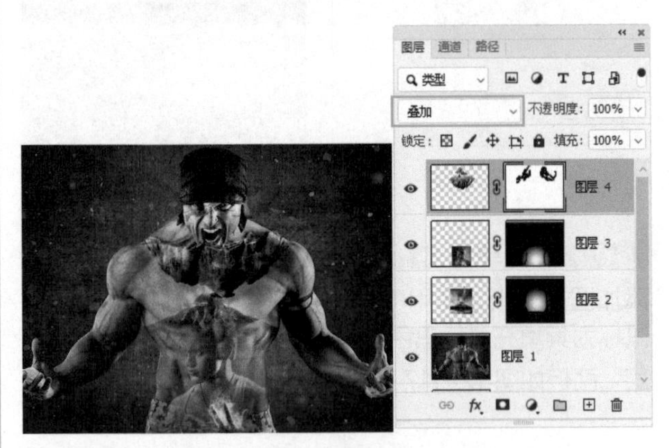
图 12-124　移入素材、添加蒙版并使用画笔编辑

步骤 7 ▶▶ 在“图层”面板中将“岛屿”所在的图层调整到图层 1 的上方，效果如图 12-125 所示。

图 12-125　调整图层顺序

步骤 8 ▶▶ 执行菜单栏中“文件/打开”命令或按快捷键 Ctrl+O，打开随书附带的“素材/第 12 章/翅膀”文件，使用 (移动工具)将“翅膀”素材中的图像

拖曳到新建文档中，使用（快速选择工具）在人物区域创建选区，如图 12-126 所示。

图 12-126　移入素材并创建选区

步骤 9 ▶▶ 按住 Alt 键并单击（添加图层蒙版）按钮，为图层添加图层蒙版，效果如图 12-127 所示。

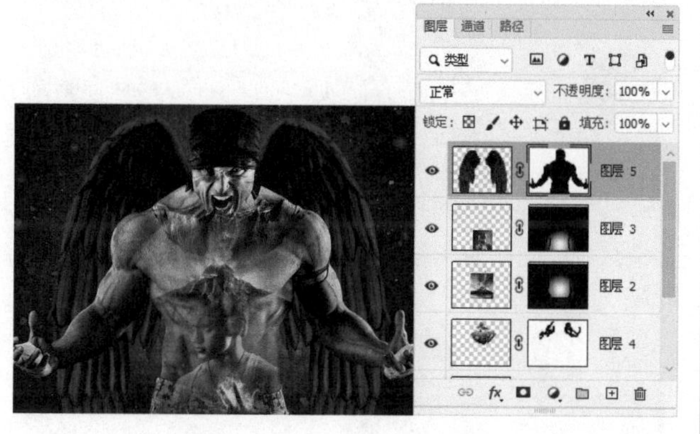

图 12-127　为选区创建蒙版

步骤 10 ▶▶ 按住 Ctrl 键并单击翅膀所在图层的缩览图，调出图层的选区，选择（渐变工具）后，单击“渐变类型”打开“渐变编辑器”对话框，从左向右依次设置颜色为橘色、绿色、紫色，如图 12-128 所示。

步骤 11 ▶▶ 新建一个图层，使用（渐变工具），在选区内从上向下拖曳鼠标，为其填充渐变色，效果如图 12-129 所示。

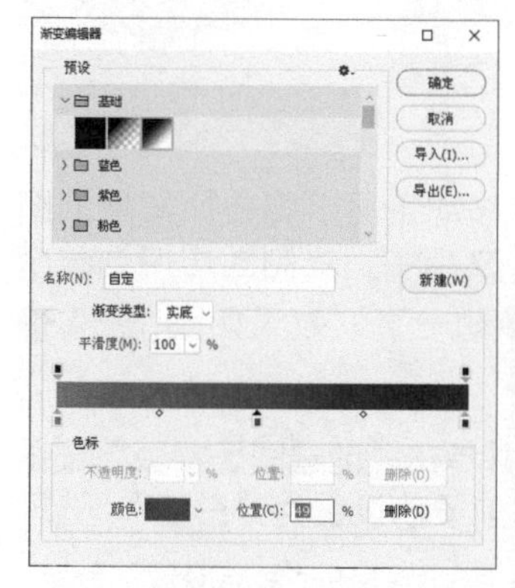

图 12-128　设置渐变色

图 12-129　填充渐变色

步骤 12 ▶▶ 设置“混合模式”为“柔光”、“不透明度”为 64%，效果如图 12-130 所示。

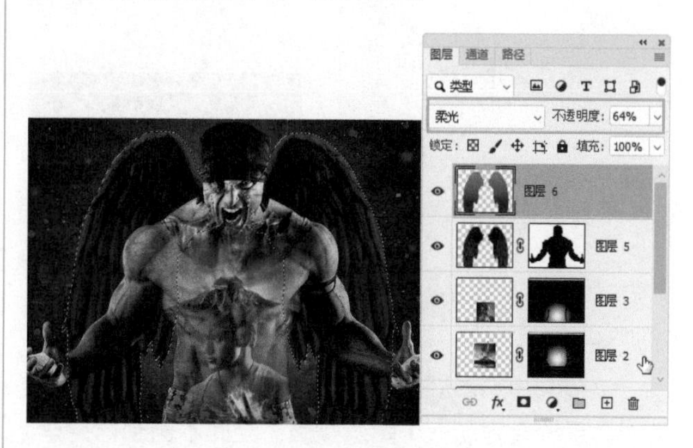

图 12-130　设置混合模式

步骤 13 ▶▶ 按住 Alt 键并拖曳图层 5 中的蒙版到图层 6 中，系统会复制一个图层蒙版，效果如图 12-131 所示。

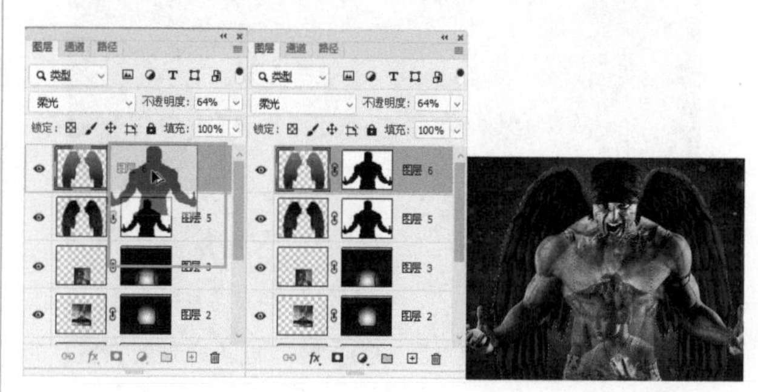

图 12-131　复制蒙版

步骤 14 ▶▶ 新建一个图层，将选区填充“白色”，效果如图 12-132 所示。

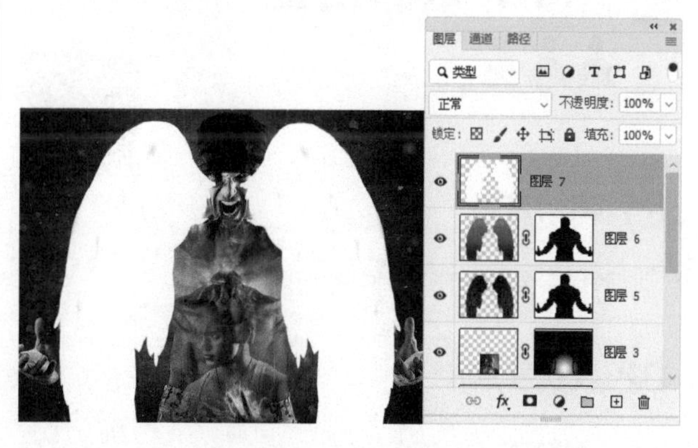

图 12-132　填充

步骤 15 ▶▶ 执行菜单栏中“滤镜/模糊/高斯模糊”命令，打开“高斯模糊”对话框，参数设置如图 12-133 所示。

步骤 16 ▶▶ 设置完毕后，单击“确定”按钮，效果如图 12-134 所示。

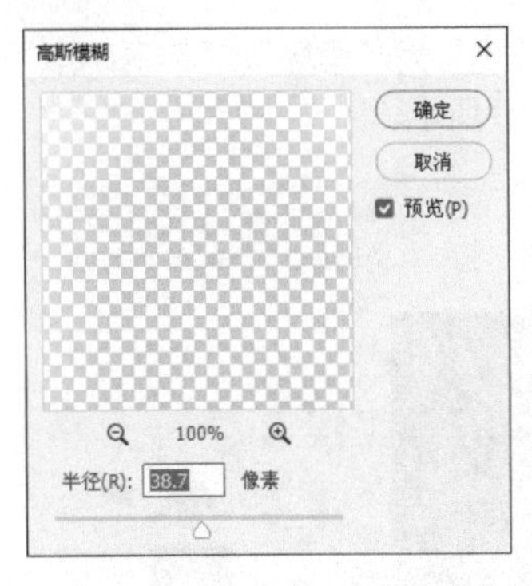

图 12-133 “高斯模糊”对话框

图 12-134 高斯模糊后

步骤 17 ▶▶ 按住 Alt 键并拖曳图层 6 中的蒙版到图层 7 中，系统会复制一个图层蒙版。至此本例制作完毕，效果如图 12-135 所示。

图 12-135 最终效果

实例 118 电影海报

01 实例目的

了解综合运用在本例中的应用。

02 实例要点

- 打开文件、移入素材。
- 清除图像背景。
- 添加蒙版。
- 添加“投影”图层样式。
- 创建图层。
- 混合模式。

03 制作步骤

步骤 1 ▶▶ 在菜单栏中执行“文件 / 打开”命令或按快捷键 Ctrl+O，打开随书附带的“素材 / 第 12 章 / 蓝天草地”文件，如图 12-136 所示。

图 12-136 素材

步骤 2 ▶▶ 新建一个图层 1，使用 △（三角形工具）绘制一个倒三角的青色图形，设置“不透明度”为 29%，效果如图 12-137 所示。

图 12-137 绘制倒三角形

步骤 3 ▶▶ 打开随书附带的“素材 / 第 12 章 / 岛屿”文件，使用（魔术橡皮擦工具）在白色背景上单击去掉背景，再使用（橡皮擦工具）擦除多余图像，效果如图 12-138 所示。

图 12-138 打开素材、擦除多余图像

步骤 4 ▶▶ 使用（移动工具）将去掉背景的图像拖动到“蓝天草地”文档中，复制图层得到一个拷贝层，将图像向下移动一下，效果如图 12-139 所示。

步骤 5 ▶▶ 按住 Alt 键并单击“创建图层蒙版”按钮添加一个黑色蒙版，将前景色设置为“白色”，选择（画笔工具）后，按 F5 键打开“画笔设置”面板，在面板中设置画笔笔触，之后使用 （画笔工具）在蒙版中对黑色蒙版进行编辑，效果如图 12-140 所示。

图 12-139　移动

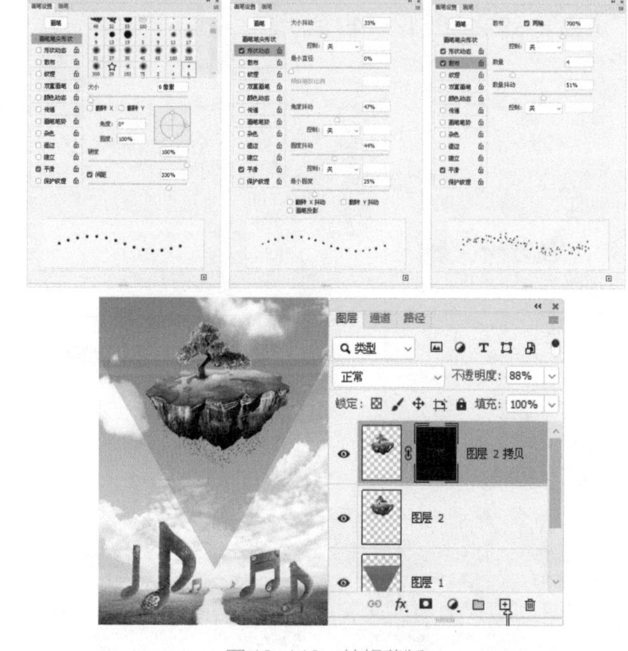

图 12-140　编辑蒙版

步骤 6 ▶▶ 所有图层一同选取，按快捷键 Ctrl+Alt+Shift+E 盖印图层，得到一个图层 3，在图像中使用 （圆角矩形工具）在文档中绘制一个半径为 20 像素的圆角矩形路径，效果如图 12-141 所示。

步骤 7 ▶▶ 按快捷键 Ctrl+Enter 将路径转换为选区，按快捷键 Ctrl+J 复制选区内的图像，效果如图 12-142 所示。

步骤 8 ▶▶ 执行菜单栏中“编辑 / 描边”命令，打开“描边”对话框，参数设置如图 12-143 所示。

图 12-141　盖印图层并绘制路径

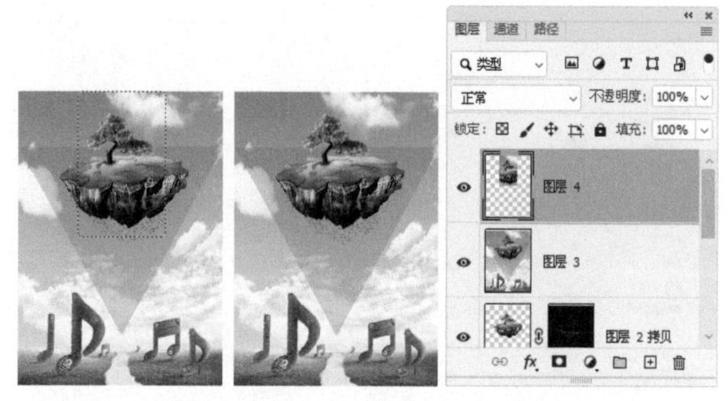

图 12-142　盖印图层绘制路径

步骤 9 ▶▶ 设置完毕后，单击“确定”按钮，选择盖印后得到的图层 3，按快捷键 Shift+Ctrl+U 将图像变为黑白效果，如图 12-144 所示。

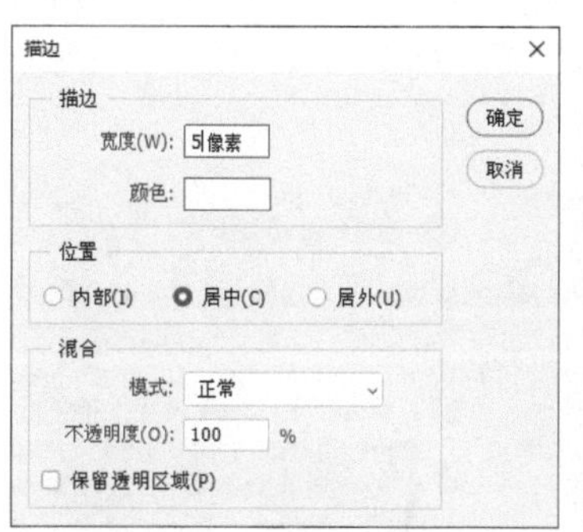

图 12-143　“描边”对话框

图 12-144　描边后将盖印图层去色

步骤 10 ▶▶ 为去色后的图层添加一个空白蒙版，使用 （渐变工具）在蒙版中从上向下填充从白色到黑色的渐变，效果如图 12-145 所示。

步骤 11 ▶▶ 选择图层 4，执行菜单栏中“图层 / 图层样式 / 投影”命令，打开“投影”面板，参数设置如图 12-146 所示。

图 12-145　编辑蒙版

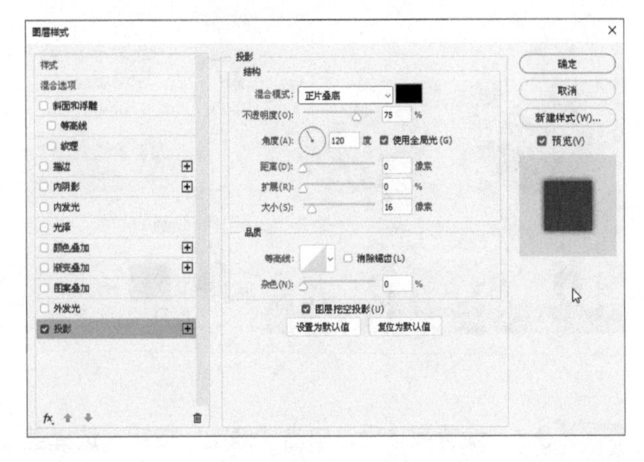

图 12-146　“投影”面板

步骤 12 ▶▶ 设置完毕后，单击“确定”按钮，再执行菜单栏中“图层 / 图层样式 / 创建图层”命令，效果如图 12-147 所示。

图 12-147　创建图层

步骤 13 ▶▶ 选择投影层后，为其添加一个空白蒙版，使用（椭圆选框工具）在蒙版中绘制羽化为 40 的椭圆选区，将其填充为黑色，效果如图 12-148 所示。

图 12-148　编辑蒙版

步骤 14 ▶▶ 在图层 4 的下面单击（创建新的填充或调整图层）按钮，在弹出的菜单中选择“渐变映射”选项，在弹出的“属性”面板中设置“渐变映射”，创建一个“渐变映射”调整图层，设置“混合模式”为“浅色”，效果如图 12-149 所示。

图 12-149　创建渐变映射

步骤 15 ▶▶ 键入文字并为文字添加黑色投影，效果如图 12-150 所示。

步骤 16 ▶▶ 再键入一个“笔”字，执行菜单栏中“图层 / 图层样式 / 内发光、渐变叠加”命令，分别打开“内发光”和“渐变叠加”面板，参数设置如

图 12-151 所示。

图 12-150　键入文字并添加黑色投影

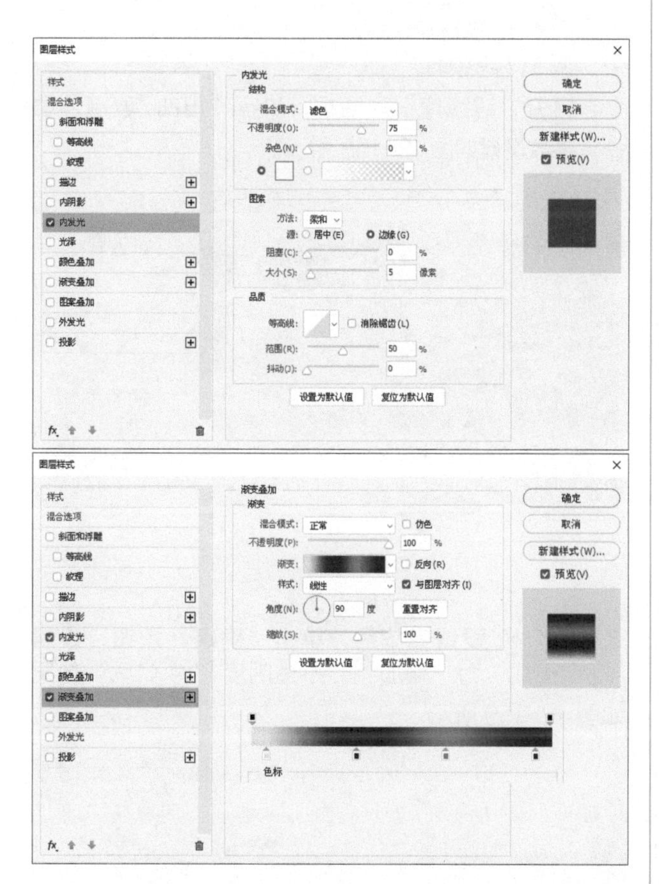

图 12-151　设置图层样式

步骤 17 ▶▶ 设置完毕后，单击“确定”按钮，效果如图 12-152 所示。

步骤 18 ▶▶ 打开随书附带的“素材 / 第 12 章 / 火焰”文件，将其移动到“蓝天草地”素材中。将新建的图层命名为“火”并将其调整到“笔”图层的下方，设置“混合模式”为“排除”，为图层添加一个空白蒙版，使用（画笔工具）对火焰涂抹黑色对其进行编辑，效果如图 12-153 所示。

图 12-152　添加图层样式

图 12-153　编辑蒙版

步骤 19 ▶▶ 复制“火”图层，设置“混合模式”为“滤色”，效果如图 12-154 所示。

图 12-154　复制图层并设置混合模式

步骤 20 ▶▶ 打开随书附带的“素材 / 第 12 章 / 三维卡通人”文件，将其拖动到“蓝天草地”文档中，新建图层在小人脚底处绘制一个“羽化”为 15 像素的椭圆，将其填充“黑色”，设置“不透明度”为 64%；再新建一个图层，绘制一个透明度为 30% 的黑色矩形，最后键入文字。至此本例制作完毕，效果如图 12-155 所示。

图 12-155 最终效果

实例119 详情广告区

01 实例目的

了解综合运用在实例中的使用。

02 实例要点

- 新建文档并填充颜色。
- 绘制选区并填充颜色。
- 应用“云彩”滤镜。
- 应用“玻璃”滤镜。
- 添加图层样式。
- 设置混合模式和不透明度。
- 移入素材。
- 键入文字。

03 制作步骤

步骤 1 ▶▶ 打开 Photoshop 软件，执行菜单栏中“文件/新建”命令，新建一个 750 像素 ×500 像素的空白文档，将其填充为“粉色”；新建一个图层 1，使用 （多边形套索工具）绘制一个选区，将其填充“青色”，如图 12-156 所示。

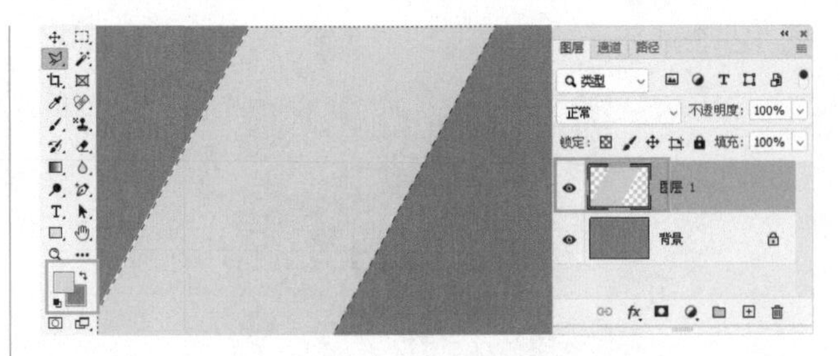

图 12-156 新建文档并填充颜色

步骤 2 ▶▶ 新建一个图层 2，执行菜单栏中“滤镜/渲染/云彩”命令，效果如图 12-157 所示。

图 12-157 应用云彩

步骤 3 ▶▶ 执行菜单栏中“滤镜/滤镜库”命令，打开“滤镜库”对话框，执行“扭曲/玻璃”命令，参数设置如图 12-158 所示。

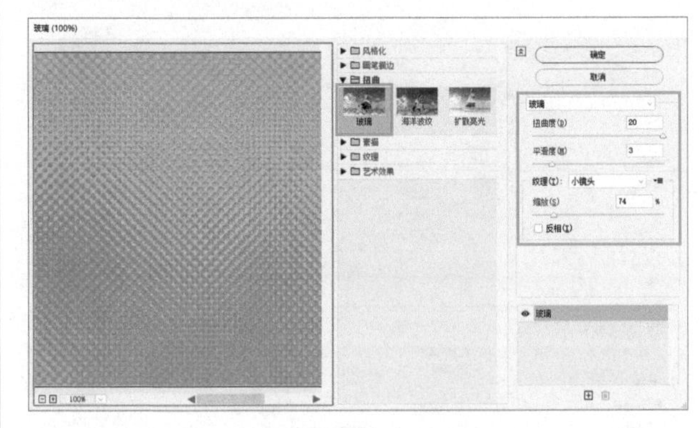

图 12-158 滤镜库

步骤 4 ▶▶ 设置完毕后，单击“确定”按钮，设置“混合模式”为“叠加”、“不透明度”为 41%，效果如图 12-159 所示。

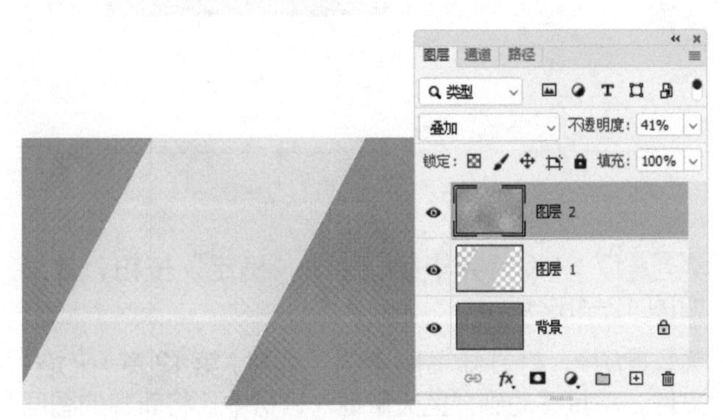

图 12-159 应用玻璃后

步骤 5 ▶▶ 打开随书附带的“素材/第 12 章/高跟鞋”文件，使用 ✥（移动工具）将素材中的图像拖曳到新建文档中，按快捷键Ctrl+T调出变换框，将其调整大小并进行旋转，如图12-160所示。

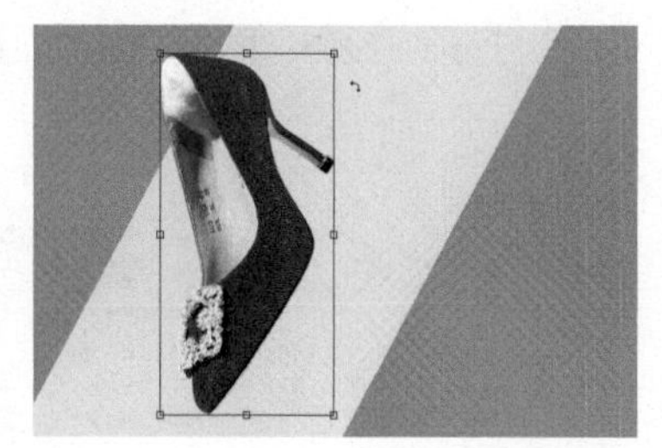

图 12-160　移入素材

步骤 6 ▶▶ 按回车键完成变换。执行菜单栏中“图层 / 图层样式 / 投影”命令，打开“投影”面板，参数设置如图12-161所示。

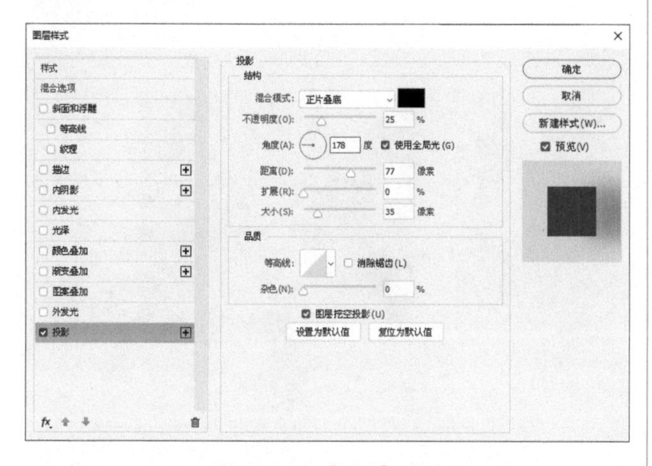

图 12-161　“投影”面板

步骤 7 ▶▶ 设置完毕后，单击“确定”按钮，效果如图12-162所示。

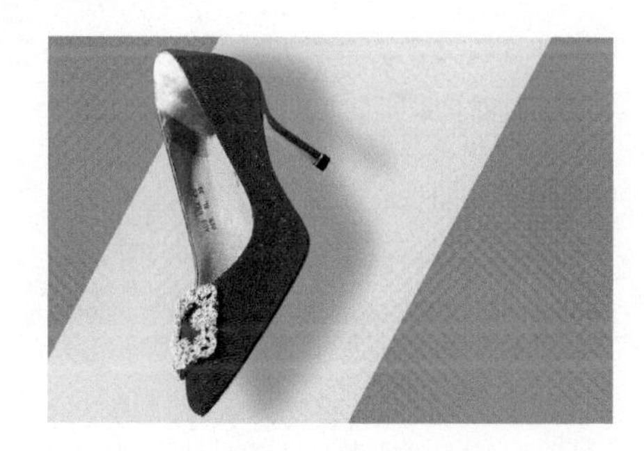

图 12-162　添加投影后

步骤 8 ▶▶ 新建一个图层4，将前景色设置为“白色”、背景色设置为“淡灰色”。执行菜单栏中“滤镜 / 渲染 / 云彩”命令，应用“云彩”滤镜后，再执行菜单栏中“滤镜 / 滤镜库”命令，打开“滤镜库”对话框，执行“扭曲 / 玻璃”命令，参数设置如图12-163所示。

步骤 9 ▶▶ 单击 ◙（添加图层蒙版）按钮，为图层添加一个空白蒙版，使用 ⬚（矩形选框工具）绘制矩形选区后，在蒙版中填充“黑色”，设置“不透明度”为71%，效果如图12-164所示。

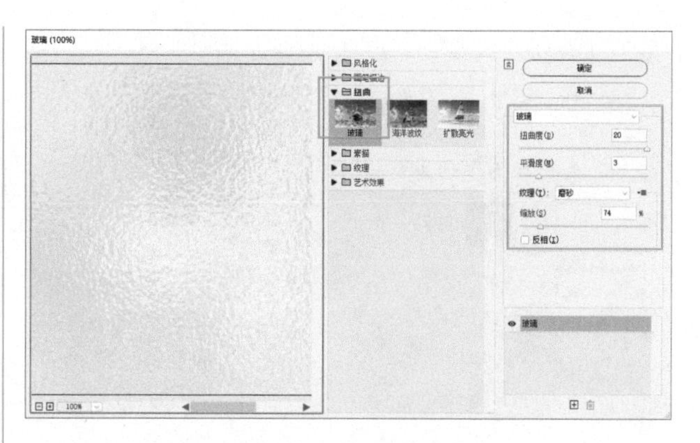

图 12-163　滤镜库

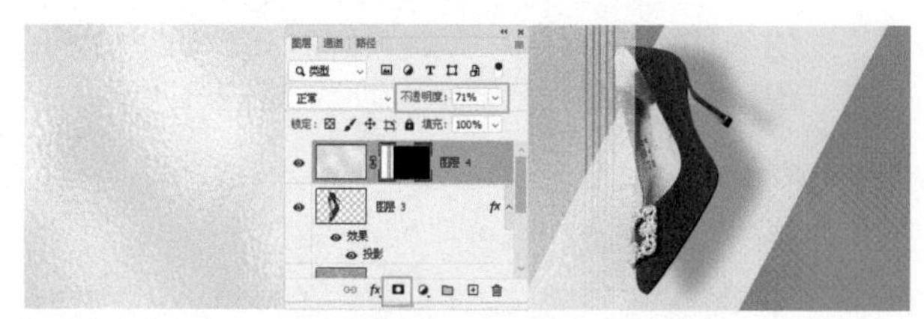

图 12-164　编辑蒙版

步骤 10 ▶▶ 执行菜单栏中“图层 / 图层样式 / 投影”命令，打开“投影”面板，参数设置如图12-165所示。

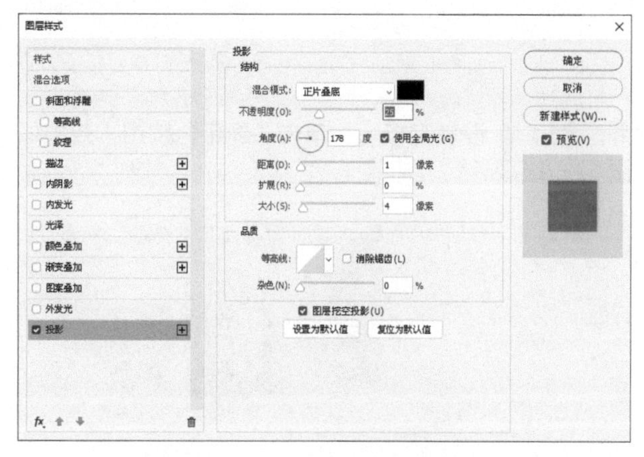

图 12-165　“投影”面板

步骤 11 ▶▶ 设置完成后单击“确定”按钮，效果如图12-166所示。

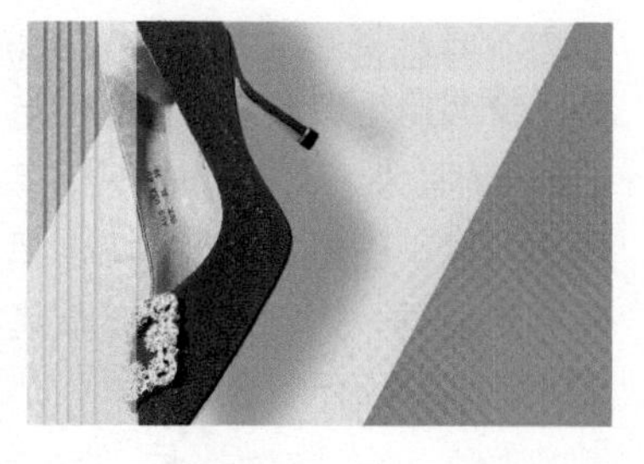

图 12-166　添加投影后

步骤 12 ▶▶ 选择图层3，按住Ctrl键的同时，单击图层4的蒙版缩览图，调出选区后，按快捷键Ctrl+J得到图层5，如图12-167所示。

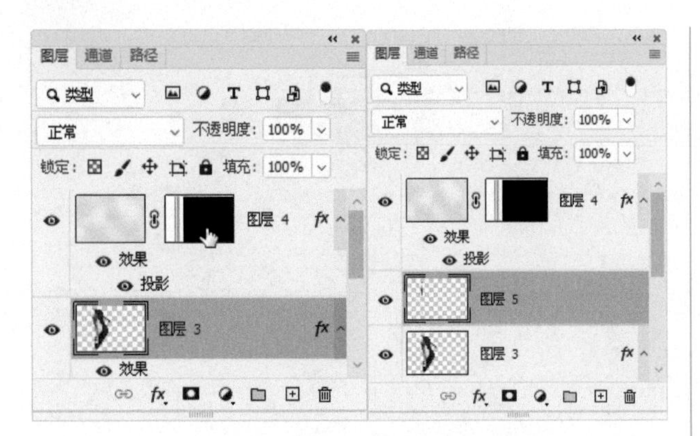

图 12-167　复制选区内容

步骤 13 ▶▶ 执行菜单栏中“滤镜 / 模糊 / 高斯模糊”命令，打开“高斯模糊”对话框，参数设置如图 12-168 所示。

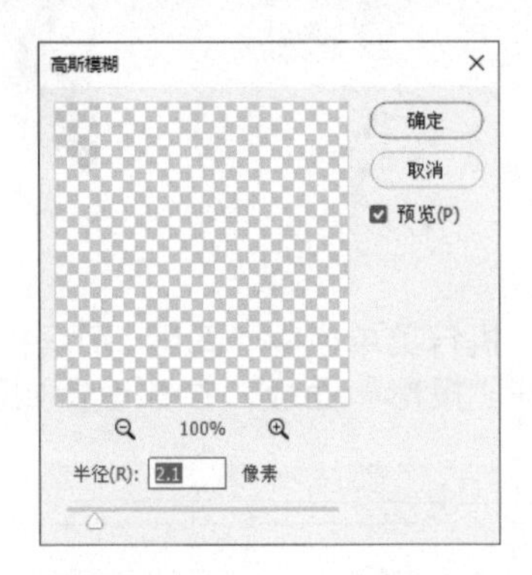

图 12-168　“高斯模糊”对话框

步骤 14 ▶▶ 设置完毕后，单击“确定”按钮，效果如图 12-169 所示。

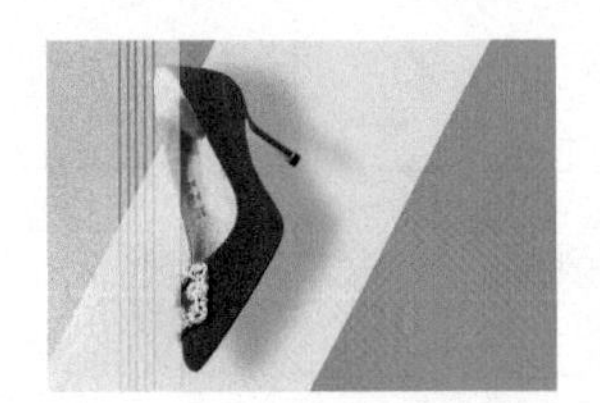

图 12-169　模糊后

步骤 15 ▶▶ 新建一个图层 6，使用 （圆角矩形工具）并结合 （自定义形状工具），在页面中绘制一个圆角矩形和箭头。调出选取后，执行菜单栏中“滤镜 / 渲染 / 云彩”命令，应用“云彩”滤镜后，再执行菜单栏中“滤镜 / 滤镜库”命令，打开“滤镜库”对话框，执行“扭曲 / 玻璃”命令，参数设置如图 12-170 所示。

步骤 16 ▶▶ 设置完毕后，单击“确定”按钮，效果如图 12-171 所示。

步骤 17 ▶▶ 按快捷键 Ctrl+D 去掉选区，设置“不透明度”为 71%，执行菜单栏中“图层 / 图层样式 / 投影”命令，打开“投影”面板，参数设置如图 12-172 所示。

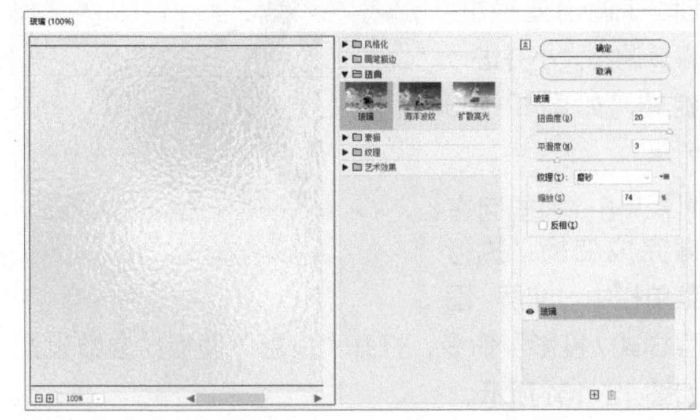

图 12-170　滤镜库

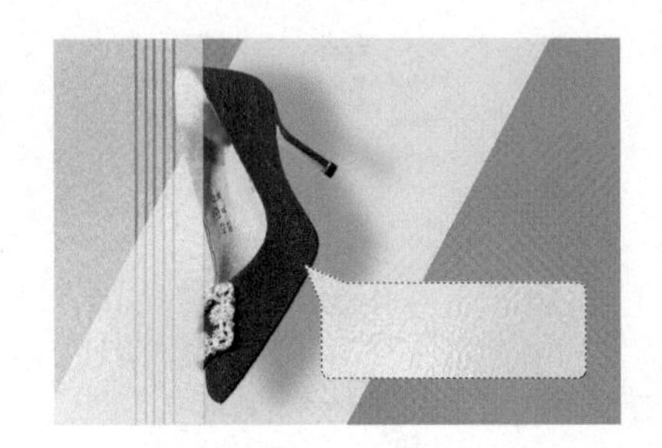

图 12-171　应用玻璃

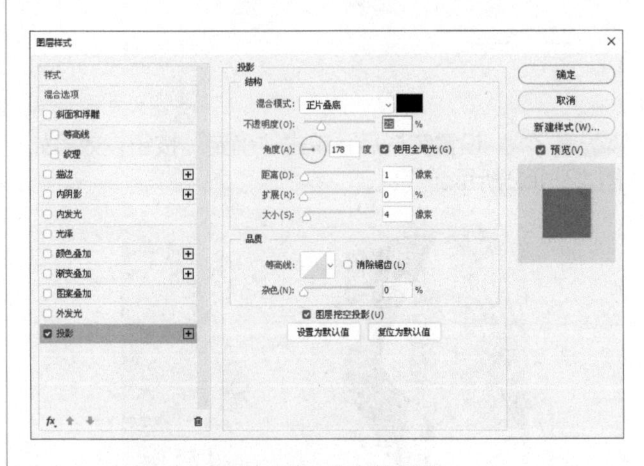

图 12-172　“投影”面板

步骤 18 ▶▶ 设置完毕后，单击“确定”按钮，复制一个副本并将其垂直翻转，效果如图 12-173 所示。

图 12-173　翻转

步骤 19 ▶▶ 使用 ○（椭圆工具）和 ／（直线）绘制一个白色正圆和两条白色直线，效果如图 12-174 所示。

图 12-174　绘制直线和正圆

步骤 20 ▶▶ 使用文字工具键入本实例对应的文字，效果如图 12-175 所示。

图 12-175　键入文字

步骤 21 ▶▶ 使用 ✥（移动工具）再次移入几个高跟鞋素材，调整大小和透明度。至此本例制作完毕，效果如图 12-176 所示。

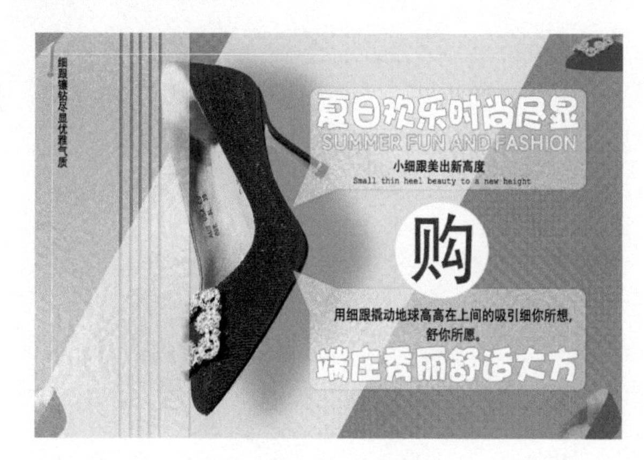

图 12-176　最终效果

习题答案

第一章　1. B　2. C　3. A　4. B

第二章　1. B　2. C　3. D　4. B　5. B

第三章　1. A　2. B　3. A　4. B

第四章　1. A　2. A　3. C

第五章　1. B　2. B　3. A

第六章　1. C　2. B　3. D

第七章　1. C　2. AB　3. AD　4. ABCD

第八章　1. A　2. ACD　3. A　4. AC　5. AB　6. AD　7. C

第九章　1. ABC　2. B　3. C　4. B

第十章　1. C　2. C　3. A　4. BC　5. D